U0228986

超级电容器
关键材料制备及应用

魏 颖 主编　　　张光菊　郎笑石　副主编

化学工业出版社

·北京·

电极和电解质是超级电容器的重要组成部分，其种类和性质直接影响超级电容器的各方面性能。本书在介绍超级电容器的基本概念和研究进展的基础上，着重对超级电容器的电极材料及电解质的种类、特点、制备方法和发展应用等进行阐述。电极材料涉及碳基电极材料、金属氧化物、导电聚合物等；电解质包括水系电解液、有机电解液、离子液体电解质、固态电解质等。全书取材丰富，在介绍传统电容器材料的同时，注意吸收当今电容器领域的最新成就，运用大量图表对这些材料进行较为全面的概述和反映。

本书适合企业、科研院所等从事电容器研究和生产的科技人员阅读，也可供高等院校相关专业师生学习参考。

图书在版编目（CIP）数据

超级电容器关键材料制备及应用/魏颖主编 . —北京：化学工业出版社，2018.1（2023.9重印）
ISBN 978-7-122-31157-3

Ⅰ．①超… Ⅱ．①魏… Ⅲ．①电容器-电工材料-材料制备 Ⅳ.①TM205

中国版本图书馆 CIP 数据核字（2017）第 300831 号

责任编辑：曾照华　　　　　　　　　　　　文字编辑：李 玥
责任校对：王 静　　　　　　　　　　　　装帧设计：王晓宇

出版发行：化学工业出版社（北京市东城区青年湖南街 13 号　邮政编码 100011）
印　　装：北京科印技术咨询服务有限公司数码印刷分部
710mm×1000mm　1/16　印张 13¼　字数 236 千字　　2023 年 9 月北京第 1 版第 8 次印刷

购书咨询：010-64518888　　　　　　　　售后服务：010-64518899
网　　址：http://www.cip.com.cn
凡购买本书，如有缺损质量问题，本社销售中心负责调换。

定　　价：68.00 元

　　超级电容器是介于传统电容器和蓄电池之间的一种新型储能装置，其比容量通常为传统电容器的数十倍至几百倍，比功率一般大于 $1000W \cdot kg^{-1}$，循环寿命可高达百万次，容量远远高于传统电容，并且可以快速地进行充/放电。而且超级电容器对环境友好、污染小，是一种高效、实用、环保的"绿色"能量储蓄装置。在电子、军事、新能源等高新技术领域具有广泛的应用，尤其是在新能源领域所表现出的巨大潜力，使很多发达国家都已经把超级电容器项目作为国家重点研究和开发项目，超级电容器的相关研究及市场化进程正呈现出前所未有的飞速发展态势。

　　超级电容器的性能主要由电极和电解质两种关键材料的性能水平所决定。根据电容器的作用原理不同，通常可分为双电层超级电容器和赝电容超级电容器两大类。在双电层超级电容器中，其电极材料通常以碳基材料为主，如：活性炭、碳气凝胶、活性炭纤维材料、碳纳米管、石墨烯等。而赝电容超级电容器的电极材料，正极一般采用金属氧化物或导电聚合物，常见的金属氧化物有 NiO_x、MnO_2、Co_3O_4 等，导电聚合物有 PPy、PTh、PANi、PAS、PFPT 等，经 p 型或 n 型或 p/n 型掺杂制备电极；负极材料通常采用活性炭等。超级电容器的电解质通常包括水性电解质和有机电解质两种。水性电解质有酸性、碱性、中性之分，不同特性的电解质组成也不相同。有机电解质一般选择锂盐、季铵盐等作为电解质，并根据使用需要添加 PC、ACN、GBL、THL 等溶剂。

　　随着人们对于超级电容器研究的不断深化，各种新型、高性能或具有特定效能的电极材料和电解质不断出现，也在不断提升着超级电容器的性能，以适应目前在新能源、军事、航空航天、电动汽车等新应用领域的需要。鉴于此，本书编者基于超级电容器中最关键的电极材料和电解质的相关理论和应用进展，并根据多年从事超级电容器相关材料研究的科研经验，特向感兴趣的读者们推出这本反映超级电容器关键技术进展的图书，期望能抛砖引玉，为超级电容器的相关发展尽绵薄之力。

　　在本书的编写过程中，参考了很多相关的文献和资料，在此对这些文献和资料的作者表示衷心的感谢！

　　特别感谢在编写过程中，渤海大学王秀丽教授、蔡克迪教授、王桂强教授的指导与帮助。

参与本书编撰工作的还有刘凡、徐君君、张鑫源、郭景阳、张文博、徐童童、杨慧歌、修思琦、陶明松、邸阳。

超级电容器的理论和技术一直在飞速发展，由于编写时间和编者水平有限，书中可能有很多不足之处，敬请广大专家、读者不吝批评指正。

编者

2017 年 12 月

目录
CONTENTS

第1章
超级电容器简介

1.1 电容器的历史发展

电容器最早出现是在 18 世纪中叶，荷兰莱顿大学马森布罗克（Pieter Van Musschenbrock）与德国冯·克莱斯特（Ewald Geory Von Kleist）研制出莱顿 (leyden) 瓶，被公认为是所有电容器的原型。1879 年，亥姆霍茨（Hermann Ludwig Ferdinand Von Helmholtz）发现界面双电层现象。1957 年，Becker 获得了双电层电容器的专利，使电容器的产品化有了新的突破。20 世纪 60 年代后期，一种超级电容器的出现又使电容器的研究和应用得到了飞速的发展。对于超级电容器的研究主要集中在开发新颖的电极材料、选择合适的电解液、优化电容器的组装技术。目前电极材料可以分为三类：第一类是碳材料，第二类是过渡金属氧化物，第三类是导电聚合物材料。实际上，后两种物质作电极的性能要优于碳材料，但贵金属材料高昂的价格以及导电聚合物掺杂性能的不稳定，使得后两类超级电容器的研究多限于实验室阶段，短期内不太可能进行商业化。此外，还有利用不同正、负电极材料组装成非对称型超级电容器（又称混合超级电容器或杂化超级电容器），储能能力得到显著提升。

1969 年 SOHIO 公司首先实现了碳材料电化学电容器的商业化；1979 年日本 NEC 公司开始生产超级电容器；1980 年 NEC/Tokin 公司与 1987 年松下三菱公司率先实现超级电容器的商业化生产。到 20 世纪 90 年代，Econd 公司和 Elit 公司又推出了适合于大功率启动动力场合的电化学电容器。如今，Panasonic、NEC、EPCOS、Maxwell、PowerStor、Evans、Saft、Cap-XX、Ness 等公司在超级电容器方面的研究均非常活跃。目前美国、日本、俄罗斯的产品几乎占据了整个超级电容器市场[1]。

1.2　超级电容器的定义及特性

1.2.1　超级电容器定义

超级电容器（supercapacitor），又叫电化学电容器（electrochemical capacitor，EC）、黄金电容、法拉第电容，是一种介于电池和平板电容器之间的新型储能装置。不同于电池，超级电容器在充/放电时不发生化学反应，电能的储存或释放是通过静电场建立的物理过程，电极和电解液几乎不会老化，因此使用寿命长，并能实现快速充电和大电流放电。另外，其储存电荷的能力比普通电容器高出近 3～4 个数量级，因此被称为"超级"电容器。

1.2.2　超级电容器特性

作为介于传统电容器和充电电池之间的一种新型绿色储能装置，超级电容器具有如下性能优势：

（1）超高电容量（0.1～6000F）。传统电容器的电容量较小，而超级电容器电容量高达 6000F，是钽、铝等电解电容器的数千倍，可满足复杂设备的运行要求。

（2）高功率密度。超级电容器输出的功率密度可达 $10kW \cdot kg^{-1}$，是化学电池的数百倍，能在很短的时间内放出几百安到几千安的电流，可用于高功率输出设备。

（3）充电速度快。由于超级电容器充/放电是物理过程或电极表面快速可逆的化学过程，可采用大电流充电，在几十秒到数分钟内就能完成，实现真正意义上的快速充电。

（4）超长循环寿命。超级电容器是基于离子的高度可逆吸/脱附机理，不易出现活性物质晶型转变、脱落等影响使用寿命的现象，碳基电容器的理论循环寿命为无穷，实际可达到十万次以上，比化学电池高百倍。

（5）使用温度范围宽。超级电容器电极材料表面的可逆吸/脱附过程受温度的影响很小，故可用于较宽的温度范围（−40～+70℃）。

（6）充/放电效率高。超级电容器由于高度可逆，充/放电效率最高可达 98%，明显优于化学电池。

（7）质量轻，免维护，污染小，安全环保。

1.3 超级电容器的组成

1.3.1 电极材料

电极是超级电容器的核心组成部分，主要是产生双电层和积累电荷，因此要求电极材料应具有大的比表面积、不与电解液反应、导电性好等性能特点。常见的有碳材料、金属氧化物和导电聚合物等。

1.3.1.1 碳电极材料

碳材料是超级电容器最常用的电极材料，也是目前商业化较成功的电极材料。碳材料具有较高的比表面积和良好的电子传导性，另外含量丰富、成本较低、易于加工、无毒性、化学稳定性高。目前常用的碳材料主要包括活性炭、碳气凝胶、碳纳米管和石墨烯等。虽然碳材料具有较高的比表面积，但基于碳材料的超级电容器性能并不十分理想，质量比电容只有 $40 \sim 200 F \cdot g^{-1}$。影响碳基超级电容器性能的重要因素主要是其比表面积、孔径分布、孔形状和结构、表面官能团及电导率，其中比表面积和孔径分布是最重要的两个因素。目前，提高碳材料比电容的方法主要有活化改性，在材料表面引入官能团或氧、氮、硫等杂原子等方法。

1.3.1.2 金属氧化物电极材料

一般来说，过渡金属氧化物具有比传统碳材料更高的能量密度，比导电高分子更稳定的电化学性能。它不仅可以像碳材料一样产生双电层储存电荷，还能与电解液离子发生法拉第反应进而产生赝电容。目前应用于电容器的金属氧化物材料有钌、钴、镍、锰、锌、铁等元素的氧化物。其中研究最多的是氧化钌，它具有优异的氧化还原可逆性、高的导电性、宽的电化学窗口，因而具有高的能量密度、功率密度和循环稳定性。但钌高昂的成本和环境有害性限制了其在商业超级电容器中的应用。近年来，廉价、环境友好的金属氧化物电极材料受到研究者越来越多的关注，如 MnO_2、NiO、Co_3O_4 和 Fe_3O_4 等。其中 MnO_2 由于具有相对低的成本、低毒性、环境友好且理论容量高（$1100 \sim 1300 F \cdot g^{-1}$）的特点受到了最多的关注。近年来，随着石墨烯、碳纳米管等材料的逐步发展，将石墨烯、碳纳米管引入到过渡金属氧化物中制备复合材料成为研究的热点。与单一电极材料相比，复合材料具有更好的电化学性能。

1.3.1.3 导电聚合物电极材料

导电聚合物是有本征导电特性的一类高分子材料，具有成本低、电导率高、电化学窗口宽及理论容量高等特点，尤其适用于现在的电池工艺来制备超级电容器。目前研究最多的导电聚合物有聚苯胺（PANi）、聚吡咯（PPy）和聚噻吩（PTh）及它们的衍生物等。导电聚合物通过氧化还原反应储存能量，当发生氧化反应时，电解液离子转移到聚合物的骨架中；当发生还原反应时，离子又从聚合物的骨架中释放到电解液中。这些氧化还原反应发生在导电聚合物的整个材料里，不仅仅只在材料的表面进行，整个充/放电过程不涉及材料结构的改变，因此反应是高度可逆的。但在离子嵌入和脱嵌的过程中，导电聚合物的体积会膨胀和收缩，导致电化学性能下降，循环稳定性降低，因此限制了导电聚合物作为超级电容器的电极材料。目前解决其循环稳定性差的方法主要有：

（1）改善其结构和形态　如将其制备成纳米线、纳米棒和纳米管等来减小循环过程中产生的体积膨胀。

（2）制备非对称电容器　因为导电高分子的 p 型掺杂态要比 n 型掺杂态更稳定，用碳材料取代 n 型掺杂的高分子作负极，可有效提高电容器的循环稳定性。

（3）制备复合电极　如将其与碳材料或金属氧化物复合能够改善其链结构、电导率、机械稳定性、可加工性以及分散应力，从而提高其电化学稳定性。

1.3.2　电解液

电解液是超级电容器的重要组成部分，一般由溶剂、电解液和添加剂构成，与电极材料共同决定着电容器的性能。目前，超级电容器的电解液主要分为水系、有机系、离子液体及固态电解质等。

1.3.2.1　水系电解液

水系电解液是最早应用于超级电容器的电解液。水系电解液被广泛应用到超级电容器中，具有较高的电导率、电解质粒子直径较小、容易与微孔充分浸渍、便于充分利用材料表面积且价格便宜的特点，常用的水系电解液主要有酸性电解液、碱性电解液和中性电解液。在酸性电解液中最常用的是 H_2SO_4 水溶液，具有高电导率及离子浓度高、电阻低的优点。碱性电解液最常用的是 KOH 水溶液，也具有电导率高、内阻低等优点。中性电解液虽然电导率不及二者，但腐蚀性较小、安全性高。水系电解液的主要缺点是电化学窗口窄、氧化分解电压低、能量密度较低并且低温性能较差。较早研究的 C/PbO_2 混合体系是典型的酸性体系，其正极采用薄型铅酸电池的正极，利用 $PbSO_4/PbO_2$ 电对的氧化还原反应，负极采用涂膜活性炭或活性炭纤维布，采用硫酸水溶液作为电解质溶液。此外，研究较多的是正极采用 NiO 或 $NiOOH/Ni(OH)_2$，负极采用活性炭的碱性电化学混合电容器，其电解液采用的是 KOH 水溶液，体系的充电电压约为 1.5V。Y. G. Wang 还报道了以锂离子嵌入化合物为正极、活性炭为负极、Li_2SO_4 水溶液为电解液的中性混合电容器体系。尽管水系混合电容器的应用广泛，但水系电解液分解电压较低（水的理论分解电压为 1.23V），水的凝固点至沸点的温度范围使电容器的低温性能较差，且其中的强酸或强碱有较强的腐蚀性，不利于操作，也不利于封装。

1.3.2.2 有机系电解液

相对于水系电解液而言，有机系电解液具有电化学窗口宽泛稳定、分解电压高（2~4V）、腐蚀性弱、工作温度范围宽等优点。常用的有机电解液的阳离子主要有季铵盐（R_4N^+），如四甲基铵（TMA^+）、四乙基铵（TEA^+）、三甲基乙基铵（$TMEA^+$）等，此外锂盐和季鏻盐（R_4P^+）也有报道。常用的阴离子主要包括四氟硼酸阴离子（BF_4^-）、高氯酸阴离子（ClO_4^-）和六氟磷酸阴离子（PF_6^-）等。与水系电解液相比，有机系电解液的缺点是电导率低、内阻较大、大倍率充/放电时性能差，同时由于有机溶剂中可溶解的电解质盐的量有限，导致有机电解液中的导电离子浓度较低，在较高电压充电过程后期，容易出现"离子匮乏效应"。

目前，对于有机电解液的研究主要集中在开发新型电解质盐和优化有机溶剂系统，以提高有机电解液的电导率，降低电解液的黏度等，使电解液在高电压和低温等领域具有优异的电化学性能。

双吡咯烷四氟硼酸盐（$SBPBF_4$）具有优异的电化学性能，引起了人们的广泛关注。$SBPBF_4$ 电解质盐在许多有机溶剂中的溶解度高于传统季铵盐电解质盐（四乙基铵四氟硼酸盐 $TEABF_4$，三乙基甲基铵四氟硼酸盐 $TEMABF_4$）。在相同浓度的 $SBPBF_4/PC$、$TEABF_4$ 和 $TEMABF_4$ 电解液中，$SBPBF_4/PC$ 电解液具有较高的电导率和较宽的电化学窗口。K. Chiba 等[2,3] 研究表明，$SBPBF_4/PC$ 具有较高的电导率、良好的倍率性能和优异的低温性能。Naoi 等[4] 研究发现，将 $SBPBF_4$ 溶解到碳酸丙烯酯（PC）和碳酸二甲酯（DMC）混合溶剂中，配制出的电解液的耐电压可达到 3V。将烷基化环碳酸酯和线型有机溶剂用到电解液中，配制出的 $SBPBF_4$ 电解液的耐电压可达到 3.2V。将低黏度和中等介电常数的甲氧基丙腈（MP）溶剂加入到碳酸乙烯酯（EC）和乙酸乙酯（EA）溶剂中，并用 $SBPBF_4$ 替代 $TEABF_4$，可有效提高超级电容器的低温性能和循环性能。在工作电压为 2.3V 时，使用碳酸乙烯酯（EC）和乙酸乙酯（EA）的混合溶剂能明显提高双电层电容器的循环性能。由于双电层电容器电解液使用的溶剂存在凝固点，低于溶剂的凝固点后，电容器的性能迅速衰减。常用的乙腈溶剂体系（AN 基）和碳酸丙烯酯（PC 基）溶剂体系的双电层电容器电解液的最低工作温度分别为 $-45℃$ 和 $25℃$，大大地限制了这些电解液在更低温度下的应用。为了拓宽双电层电容器的低温应用范围，需要开发新的低温电解液体系。四乙基铵四氟硼酸盐（TEABF₄）和三乙基甲基铵四氟硼酸盐（TEMABF₄）是双电层电容器最常用的有机电解液。许多研究者都在研究改性或者优化这种电解液体系。Jänes 等[5] 将乙酸甲酯（MA）、乙酸乙酯（EA）和甲酸甲酯（MF）有机溶剂中加入四乙基铵四氟硼酸盐/碳酸乙烯酯，得到的混合溶剂电解液在低温下的电导率比 PC 单溶剂的电解液的电导率明显提升。Brandon 等[6] 在 TEABF₄/AN 电解液中加入适当比例的 EA、MA、MF 或者 1,3-二氧戊环等低熔点、低黏度以及中等介电常数的溶剂，得到混合溶剂体系的电解液，从而拓宽超级电容器的低温应用范围。研究表明，用 SBPBF₄ 电解质盐替代 TEABF₄ 电解质盐溶解到各种特性的有机溶剂中，配制出的电解液在极限低温条件下仍表现出十分优异的电化学性能。Chiba 等[3] 发现将 SBPBF₄ 溶解到 DMC＋PC 二元溶剂体系得到的电解液在 $-40℃$ 的条件下仍能达到 $15.7 F \cdot g^{-1}$ 的放电比电容（基于两电极体系）。当 DMC 体积含量为 30％时，二元溶剂体系的电解液比 PC 一元溶剂电解液的放电比电容高至少 10％。Korenblit 等[7] 研究发现，使用 SBPBF₄/AN＋MF 电解液和沸石模板炭在 $-70℃$ 低温时能量密度仍能达到室温能量密度的 86％，Perricone 等[8] 研究表明，将甲氧基丙腈（MP）加到 $1 mol \cdot L^{-1}$ SBPBF₄/EC 电解液中得到的混合溶剂，电解液在 $-25℃$ 时具有 $5.2 mS \cdot cm^{-1}$ 的电导率。

1.3.2.3 离子液体体系电解液

室温离子液体（或室温熔盐、室温熔融盐、有机离子液体），简称离子液体。是一种由阴、阳离子构成的物质，在室温或接近室温附近的温度下呈现液态。由于可根据研究者的需求来对阴、阳离子进行设计，制备出具有某种特殊性质的离子液体，所以离子液体又被一些研究者称为"可设计溶剂"。离子液体是最小活动粒子为离子的一类液态物质，其阴、阳离子的大小差距很大，结构不对称，造成空间位阻较小，可以自由移动。用作超级电容器电解液中综合性能较好的离子液体主要包括咪唑盐、烷基季铵盐、吡咯烷盐、烷基哌啶盐、烷基吡啶盐等。一般情况下，乙基咪唑盐的电导率较高，约为 $10 mS \cdot cm^{-1}$，其他几种电解液的电导率略低，在 $0.1 \sim 5 mS \cdot cm^{-1}$。由于纯离子液体的黏度较大，且电导率较低，不适宜直接作为电解液使用，但是当添加适当的溶剂后，电解液的黏度明显降低，电导率迅速升高，较为符合超级电容器电解液的应用要求。

1.3.2.4 固态电解质

固态电解质是将电解液和隔膜整合到同一种材料中，在电容器发生破坏时无电解液泄漏，在应用过程中具有很好的安全性和可靠性。固体聚合物电解质具有质量较轻、黏弹性好、稳定性佳等优点，可促进电容器向小型化和超薄型化发展。但是由于固态电解质膜存在机械性差、液体电解质的析出、电解质溶解度低和电导率较低等问题，仍达不到实际应用标准。目前的研究大多仍未走出实验室，距商业化的大规模生产和应用仍有一定距离[9]。

1.4 电容器的分类

根据不同的标准，超级电容器可分为不同的种类，具体分类情况如下所示。

按照储能机理的不同可分为：双电层超级电容器（electrostatic double-layer capacitor）、赝电容超级电容器（electrochemical pseudocapacitor）和混合型超级电容器三种。其中混合型超级电容器是将双电层和法拉第赝电容的电极材料组装结合而产生混合电容，储能机理比较复杂，通常认为兼有双电层和法拉第赝电容机理，其组装过程需考虑正、负两极材料各自的电容值和它们之间的质量比例。

按照电极材料的不同可以分为：碳基电极电容器、金属氧化物电极电容器、导电聚合物电容器和复合电极电容器。

按照电解液的不同可以分为：液态电解液超级电容器、固态电解液超级电容器。其中液态电解液电容器按溶剂不同又分为水系超级电容器和有机系超级电容器。

按其正、负极构成与电极上发生反应的不同可分为：对称型超级电容器和非对称型超级电容器。对称型电容器即两个电极的组成相同且电极反应相同，反应方向相反，如碳电极双电层电容器、贵金属氧化物电容器等。此外，还有少数使用不同正、负电极材料的非对称型超级电容器也称混合超级电容器或杂化超级电容器，是在两极分别采用不同的电极材料，如一极是形成双电层电容的碳材料，另一极是利用法拉第准电容储能的金属氧化物电极。在电压保持不变或略有提升的基础上，利用金属氧化物超级电容器的超大比能量与双电层超级电容器的有效配比，获得了比双电层超级电容器高倍的比能量。此类电容器在工作时，既有双电层电容的贡献，又包含准电容的作用，因而其比能量较单纯的双电层电容器大大提高，同时可以具备较高的比功率和循环寿命。

1.5　应用

　　超级电容器以其众多的优点，一经问世便受到人们的广泛关注，已在很多领域得到成功的应用。充当记忆器、电脑、计时器等电子产品的后备电源，用于电动汽车及混合动力汽车、太阳能、风能发电装置辅助电源，还可应用于军事、航空航天等领域。

1.5.1　电子行业

　　超级电容器可以在短时间内充电完毕，并能提供比较大的能量，可用作存储器、微型计算机、系统主板和钟表等的备用电源。当主电源中断或由于接触不良等原因引起系统电压降低时，超级电容器就可以起后备补充作用，可以避免因突然断电而对仪器造成的影响。超级电容器可取代电池作为电动玩具、钟表、照相机、录音机、便携式摄影机等小型电器的电源。超级电容器还是数字无线应用的理想选择[10]。超级电容器还可以用于在相当苛刻环境中工作的数据记录设备上，例如点货设备或者包裹检测器等。目前处于实用阶段的是新型小体积、低高度的柱形脉冲超级电容器。

1.5.2　电动汽车及混合动力汽车

　　电动汽车对动力电源的要求引起了世界范围对超级电容器这一新型储能装置的广泛重视。包括燃料电池在内的二次电池在高功率输出、快速充电、宽温度范围使用等方面存在一定的局限性，而超级电容器能较好地满足电动车，特别是混合动力型电动车在启动、加速、爬坡时对功率的需求。若与动力电池配合使用，则可充当大电流或能量缓冲区，减少大电流充/放电对电池的伤害，延长电池的使用寿命。同时还能较好地通过再生制动系统将瞬间能量回收于超级电容器中，提高能量利用率[11]。美国 Maxwell 公司所开发的超级电容器已在各种类型电动车上得到良好应用。本田公司在其开发出的第三代和第四代燃料电池电动车 FCX-V3 和 FCX-V4 中分别使用了自行开发研制的超级电容器来取代二次电池，减少了汽车的重量和体积，使系统效率增加，同时可在刹车时回收能量。2006 年 8 月，上海奥威科技开发有限公司与上海巴士电车等合作开发的超级电容器电车，在上海市中心的繁华地段成功实现了商业化运营，为发展城市公交提供了全新的思路。上海 11 路超级电容公交电车已经正式运行3 年多，17 辆公交车总运行里程超过 150 万千米，完成载客 680 万人次，平均能耗仅为 $0.98kW \cdot h \cdot km^{-1}$（运行能耗成本 0.7 元/km）。正是这些优点，2010

年上海世博会期间，超级电容器公交车数量提高到 36 辆。

1.5.3 太阳能、风能发电装置辅助电源

超级电容器可以作为太阳能或风能发电装置的辅助电源，将发电装置因风源和光源强度的不稳定而产生的瞬间大电流以较快的速度储存起来，并按照设计要求释放，从而大大增加电网的工作稳定性。另外超级电容器的长寿命、免维护和环保等特点也便于在野外长期免维护工作，成为真正的绿色能源。例如航标灯，在白天由太阳能提供电源并对超级电容器充电，晚上则由超级电容器提供电源。由于超级电容器的使用维护要求极低，使用寿命可达 10 年，这种新型的航标灯可以大大减轻日常维护工作的强度，并能保证长时间可靠工作。

1.5.4 军事、航空航天

新一代航天飞行器在发射阶段除了具有常规高比能量电池外，还必须与超大容量电容器组合才能构成"致密型超高功率脉冲电源"。通过对脉冲释放率、脉冲密度、峰值释放功率的调整，使脉冲电起飞加速器、电弧喷气式推进器等装置实现在脉冲状态下达到任何平均功率水平的状态。Evans 公司开发了一种大型的超级电容器，工作电压为 120V，存储的能量超过 35kJ，功率高于 20kW[12]。

超级电容器以其超大容量和高储能密度作为一种新型储能元件，在电动车、电磁武器和不间断电源等方面的应用具有很大的潜力。在实用化进程中，尤其是推广到更广阔的脉冲功率技术的应用中，尚需解决它的工作电压低和内电阻大等问题。超级电容器的两个主要应用，即高功率脉冲应用和瞬时功率保持应用。高功率脉冲应用的特征是瞬时流向负载大电流。瞬时功率保持应用的特征是要求持续向负载提供功率，持续时间一般为几秒或几分钟。瞬时功率保持的一个典型应用是断电时磁盘驱动头的复位。不同的应用对超级电容器的参数要求也是不同的。高功率脉冲应用是利用超级电容器较小的内阻（R），而瞬时功率保持应用是利用超级电容器大的静电容量（C）。

今后超级电容器的研究重点仍然是通过开发和设计新材料，得到理想的电极材料和体系，提高电容器的性能，制备出性能好、价格低、使用便捷的新型电源以满足市场的需求。

参 考 文 献

[1] 杨盛毅, 文方. 超级电容器综述[J]. 现代机械, 2009, 4: 82-84.

[2] CHIBA K, UEDA T, YAMAMOTO H. Performance of electrolyte composed of spiro-type quaterna-

ry ammonium salt and electric double-layer capacitor using it[J]. Electrochemistry, 2007, 75(8): 664-667.

[3] CHIBA K, UEDA T, YAMAMOTO H. Highly conductive electrolytic solution for electric double-layer capacitor using dimethylcarbonate and spiro-type quaternary ammonium salt[J]. Electrochemistry, 2007, 75(8): 668-671.

[4] NAOI K. 'Nanohybrid capacitor': the next generation electrochemical capacitors[J]. Fuel cells, 2010, 10(5): 825-833.

[5] JÄNES A, LUST E. Use of organic esters as co-solvents for electrical double layer capacitors with low temperature performance[J]. Journal of Electroanalytical Chemistry, 2006, 588(2): 285-295.

[6] BRANDON E J, WEST M C, SMART L D, et al. Extending the low temperature operational limit of double-layer capacitors[J]. Journal of Power Sources, 2007, 170(1): 225-232.

[7] KORENBLIT Y, KAJDOS A, WEST W C, et al. In situ studies of ion transport in microporous supercapacitor electrodes at ultralow temperatures[J]. Advanced Functional Materials, 2012, 22(8): 1655-1662.

[8] PERRICONE E, CHAMAS M, COINTEAUX L, et al. Investigation of methoxypropionitrile as co-solvent for ethylene carbonate based electrolyte in supercapacitors a safe and wide temperature range electrolyte[J]. Electrochimica Acta, 2013, 93: 1-7.

[9] 于学文. 层状炭材料的制备及离子插层特性研究[D]. 天津: 天津工业大学, 2013.

[10] REYNOLDS C. 超级电容器进展[J]. 今日电子, 2010, 1: 6-7.

[11] 田艳红, 付旭涛, 吴伯荣. 超级电容器用多孔碳材料的研究进展[J]. 电源技术, 2002, 26(6): 466-469.

[12] 陈英放, 李媛媛, 邓梅根. 超级电容器的原理及应用[J]. 电子元件与材料, 2008, 27(4): 6-9.

第2章
碳基电极材料

碳元素作为地球上最为丰富的元素之一，对人类生活和社会发展起着至关重要的作用。位于元素周期表第二周期ⅣA族，最外层 4 个价电子，能以 sp^3 杂化方式形成单键，以 sp^2 杂化形成双键以及以 sp 杂化形成三重键，多种成键性能赋予碳多样的存在形态。仅单质而言，碳的同素异形体就包括了三维的金刚石、二维的石墨片层和石墨烯、一维的卡宾和碳纳米管、零维的富勒烯和量子点等结构和性质完全不同的形式。碳材料的结构多种多样，性能也各不相同，可以说碳材料几乎包括了地球上所有物质所具有的特性，这使得碳材料的应用范围相当广泛。

在超级电容器电极材料中，研究最早技术最成熟的是碳材料，其研究是从 1957 年 Beck 发表的相关专利开始的，其发展已 60 余年。碳材料之所以成为制备超级电容器电极的首选材料，是因为它们通常具有以下特点：

① 化学惰性，在各种酸、碱溶液中稳定，不与电极反应；

② 比表面积大、孔隙结构发达且开口气孔率高，能吸附大量电解质溶液；

③ 纯度高，导电性好，漏电流小；

④ 热稳定性高，在很宽的温度范围内性能稳定；

⑤ 易加工成各种形状的电极；

⑥ 价格低廉、来源丰富。

目前，研究较多的超级电容器电极材料主要有活性炭、活性碳纤维、碳气凝胶、碳纳米管和石墨烯等。

2.1 活性炭

活性炭的工业生产和应用历史悠久，由于其丰富的孔隙结构和巨大的比表面积，使其具有较强的吸附性和催化性能，广泛应用于环保、化工、能源、医药等领域。活性炭是超级电容器最早采用的碳电极材料。

2.1.1 活性炭的结构

活性炭属于一种无定形碳,是由已石墨化的活性炭微晶和未石墨化的非晶碳质相互连接构筑成的块体和孔隙结构。其中的石墨微晶类似石墨的二维结构,是由 sp^2 混合杂化的碳形成的六角环形构成的平面网状结构。这些石墨微晶的粒径很小(约1～3nm),无规则松散地排列着,我们将这种排列称为"螺层形结构"或"乱层结构",如图2-1所示。

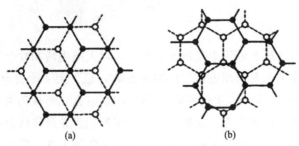

(a)   (b)

图 2-1 石墨的螺层形结构(a)与石墨微晶的乱层结构(b)

由于石墨微晶的排列是无规则、紊乱的,微晶与非晶碳质及各微晶之间形成大小、形状不同的孔隙,有开孔形、半闭孔形和间充笼形。按照孔隙的尺寸又可分为:大孔(孔隙直径大于50nm)被称为补给或传输孔,所占的比例很少,吸附性能较弱,主要起着为吸附质分子的进入提供通道的作用,这对吸附的速度起着重要作用;中孔(孔隙直径在2～50nm)也称介孔,一方面与大孔作用相同,可为吸附质分子进入微孔起到通道作用,另一方面介孔能吸附不能进入微孔的大分子物质;微孔(孔隙直径小于2nm)又称吸附孔,活性炭90％以上的比表面积和孔容量都来自于微孔的贡献,微孔对气体和液体小分子具有很强的吸附作用,在很大程度上决定整个活性炭的吸附性能。三种孔隙错落交叉,形成树状结构,如图2-2所示。

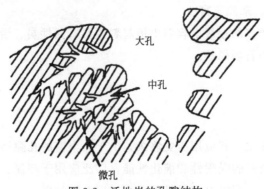

大孔

中孔

微孔

图 2-2 活性炭的孔隙结构

另外，活性炭的孔径结构与吸附质的分子尺度的关系不同，吸附状态也不同。当活性炭孔径远小于吸附质分子直径时，分子无法进入孔隙，活性炭不起吸附作用；当活性炭孔径与吸附质分子直径相近时，活性炭对分子的吸附捕捉能力最强，即使浓度较低的分子也可被吸附；当活性炭孔径大于吸附质分子直径时，分子在孔内发生毛细凝聚，可使吸附量增加；当活性炭孔径远大于吸附质直径时，分子易被吸收，但同时也极易发生脱附，使最后吸附量较小。因此，只有当活性炭孔径与吸附质分子相互匹配时，吸附过程才能较有效地进行[1]。

2.1.2 活性炭的性能特点

活性炭作为研究最早，使用最广泛的超级电容器电极材料，具有如下的性能优势。

① 比表面积大，活性炭的理论比表面积为 $500 \sim 3000 m^2 \cdot g^{-1}$，将其制成超级电容器电极，单电极理论比电容可高达 $500F \cdot g^{-1}$ 以上，但实际比电容要远小于这个值。

② 孔隙结构发达，孔隙数量约为 1020 个$\cdot g^{-1}$，能吸附大量电解质溶液分子。

③ 化学稳定性高，不发生化学反应，不易被酸、碱等溶液腐蚀。

④ 纯度高，导电性好，具有良好的热稳定性。

⑤ 易于加工，与其他材料相容性好。

⑥ 价格低廉，来源丰富。

2.1.3 活性炭的制备

2.1.3.1 制备原料

可用于制备活性炭的原料来源丰富，一般只要是富含碳的材料均可作为制备活性炭的原料。根据原料的来源可分为植物类原料和矿物类原料两大类。其中，植物类原料资源范围很广，除了传统的木材、椰壳、胡桃壳、杏核、橄榄核、稻壳等，还有农林副产物和废弃物生活用炭，如木屑、树皮、竹子、棉秆、花生壳、废旧塑料、城市垃圾等。目前普遍认为果壳是制备活性炭的最佳原料，所得活性炭具有较高的强度和极精细的微孔，但果壳资源有限且不易集中储存。矿物类原料又包括煤系原料和石油类原料。由于煤炭资源储量丰富、廉价易得，在相当长的一段时期内，煤系原料是我国制备活性炭的主要原料。石油类原料主要指石油生产炼制过程中的含碳产品及废料，如沥青、油渣、石油焦等。其中石油焦具有含碳量高、灰分含量低、导电性好等优点，适合用作活性炭的制备原材料。

2.1.3.2 制备方法

活性炭的制备一般分为两个步骤：炭化和活化。炭化是指在隔绝空气或在惰性气体保护的条件下，将原材料加热到一定温度，使原料中的可挥发性非碳成分分解排出。整个过程可根据温度变化分为四个阶段：第一个阶段为干燥过程，温度在 120～150℃，主要把原材料中的水分蒸发除去，这个阶段温度不高、原材料化学成分没有变化；第二个阶段为预炭化过程，温度升高到 150～275℃，原材料热分解明显，材料的化学组分开始发生变化，内部结构发生重组，一些不稳定的成分开始分解；第三个阶段为炭化过程，这是活性炭炭化的关键环节，反应温度达到 400℃左右，原材料急剧分解产生大量气体和液体；第四个阶段为煅烧过程，体系温度达到 500℃，原料进一步煅烧，排出残留的少量挥发性物质，得到固定碳含量增加的炭材料。炭化的实质就是原料中的有机物热分解和热缩聚的过程，其中炭化温度、炭化时间、升温速率等参数是影响炭化产物品质的重要因素，也会对后续的活化过程产生一定的影响。

活化过程是活性炭制备过程中的最关键步骤，可有效调控活性炭的比表面积和孔隙结构。活化过程是活化剂与炭材料之间进行的复杂的化学反应。这个过程可以分为三个主要阶段：第一阶段是在高温下，初始孔隙在活化剂的作用下原来被无序的碳原子及杂原子所堵塞的孔隙被打开得到进一步扩展，这称为横向扩孔；第二阶段是在新开的孔隙边缘的不饱和碳原子与活化剂进一步反应，使得孔隙不断向纵深发展，达到孔隙之间的合并或联通；第三阶段是新的不饱和碳原子或活性点暴露于微晶表面，微晶表面的不均匀燃烧导致大量新孔隙的形成。改变活化反应的温度、时间、气态环境等条件，能够在一定程度上调控活性炭的孔隙率、孔径分布以及内表面的性质。目前，常用的活化方法包括物理活化法、化学活化法、物理-化学联合活化法及其他活化法。

(1) 物理活化法　物理活化，也称为气体活化或热活化，是将炭材料与水蒸气、二氧化碳、氧气、空气等具有氧化特性的气体在 600～1200℃ 的高温下加热进行活化的方法。其本质是原料中位于微晶边角或基底面缺损部位的不饱和状态的碳原子与氧化性气体发生的氧化反应，在消除炭材料中残留的挥发性热解产物同时极大地增加孔体积和所得活性炭材料的比表面积。物理活化法的主要优点是生产工艺简单、污染少、产品免清洗可直接使用，但该方法活化温度较高、活化时间较长、耗能高且所制得的活性炭孔隙不够发达、比表面积偏低。

(2) 化学活化法　化学活化法是将含碳原料与化学试剂的浓溶液混合，搅拌均匀后加热升温、热解、冷却后经洗涤剂不断浸洗除去活化剂的方法，图 2-3 为其工艺流程[2]。其实质是通过化学试剂对原材料的脱水、润胀及骨架作用，使二者发生一系列的缩聚和交联反应，从而脱出原料中的部分碳原子，同时使氢与氧以水蒸气的形式释放，形成大量的孔隙[1]。

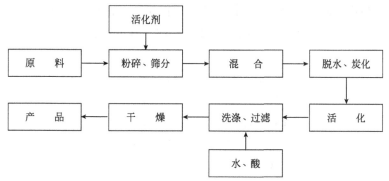

图 2-3　化学活化法制备活性炭的工艺流程[2]

在化学活化法中，常见的活化剂有氯化锌（$ZnCl_2$）、磷酸（H_3PO_4）、氢氧化钾（KOH）、氢氧化钠（NaOH）、氯化钙（$CaCl_2$）等。这些活化剂对炭原料的作用过程各不相同，但作用机理相似，都是通过活化剂的添加，使原料中所含的部分碳、氢、氧以二氧化碳、一氧化碳和水蒸气等气态形式分解、脱离，同时明显地降低炭化温度。

① $ZnCl_2$ 活化法　$ZnCl_2$ 活化法是最早的一种制备活性炭的化学活化方法，它的强脱水作用使活化温度显著降低，一般在 500～700℃。其活化机理是 $ZnCl_2$ 作为一种路易斯酸与含氧官能团相互作用，使炭原料中的氢和氧以水蒸气的形式释放，导致碳链的芳构化形成孔结构，同时改变原料热分解过程，抑制焦油的生成。由于反应温度低于 700℃，$ZnCl_2$ 以液态的形式均匀分布在活性炭内部，当用水把 $ZnCl_2$ 洗涤除去后，就形成了发达的微细孔，但洗除的同时也造成了 $ZnCl_2$ 消耗大，活化成本高，且对环境造成污染。

② KOH 活化法　KOH 是碱活化剂中最具代表性的一种，由美国AMOCO公司研究发现，向煤或石油焦中加入 KOH，活化后可得比表面积为 $2500\ m^2 \cdot g^{-1}$ 的高比表面积活性炭。该方法制得的活性炭产品微孔分布集中、孔隙结构均匀发达、比表面积大，近年来受到了国内外学者的大量关注。具体过程是将碱按照一定的混合比例加入到原料中，经研磨混合均匀后，在惰性气体或封闭系统加热至 700～800℃炭化、活化，即得到具有大量笼状微孔结构的活性炭。根据体系温度的不同，整个活化过程分为四个阶段[1]：第一阶段，低温脱水（＜300℃），原料表面的附着水及反应生成的化合水以水蒸气的形式溢出；第二阶段，预活化（300～500℃），产生水蒸气及二氧化碳、一氧化碳等气体并挥发；第三阶段，中温活化（500～600℃），分子发生交联或缩聚反应，一些非碳元素挥发出来；第四阶段，高温活化（＞600℃），KOH 几乎全

部转化成 K_2CO_3 和 K_2O，生成的这两种化合物进一步和炭料反应，生成高活性的钾，当温度高于 762℃时，钾单质以气体状态扩散形成纵向的扩孔，使最终的活性炭产品具有大量的微孔及高比表面积。整个过程中发生的主要化学反应如下：

$$2KOH \longrightarrow K_2O+H_2O \qquad (2\text{-}1)$$

$$C+2H_2O \longrightarrow 2H_2+CO_2 \qquad (2\text{-}2)$$

$$CO+H_2O \longrightarrow H_2+CO_2 \qquad (2\text{-}3)$$

$$4KOH+C \longrightarrow K_2CO_3+K_2O+2H_2 \qquad (2\text{-}4)$$

$$K_2O+C \longrightarrow 2K+CO \qquad (2\text{-}5)$$

$$K_2CO_3+2C \longrightarrow 2K+3CO \qquad (2\text{-}6)$$

在 KOH 活化过程中，影响产品性能的因素很多，主要的影响因素有以下几个方面。

a. 剂料比：即选用的活化剂 KOH 与含炭原料之间的质量比，它对活性炭产品的性能影响极大。当 KOH 与炭料的比例较低时，活化反应不充分，形成的产品孔隙较少，比表面积较低[3]。而碱炭比过大时，多余的 KOH 会引起活性炭的过度反应，使一些已经形成的较好的孔隙坍塌串联成大孔，使产品的比表面积和孔容都出现减小的不良现象。因此要根据炭原料的材质与粒径及具体过程选择合适的剂料比。

b. 原料粒径：原料粒径的大小直接影响原料与活化剂接触的充分程度。相同条件下，原料粒径越小，产品孔隙结构越发达[4]，但粒径过小会给制样及过滤带来困难，影响产率。

c. KOH 的加入方式：KOH 的加入方式主要有简单掺和法和浸渍法[5]。简单掺和法是把 KOH 粉末和炭原料简单地固固混合，操作简单但产率低，产物比表面积和孔容量都很小；浸渍法是先将 KOH 配成一定浓度的溶液，再将炭原料加入到溶液中，通过浸渍将 KOH 吸附到原料表面和内部孔隙中去，这种加入方式能使活化剂和炭料更加充分地接触，损失率低且得到的产品比表面积更大。

d. 活化温度：理论上，温度越高，分子活化能越大，反应程度越高，得到的产品比表面积越大，同时也会有扩孔的现象，但也会导致产率有所降低[6]。

e. 活化时间：一定条件下，随着活化时间的增加，产品的收率下降，而材料的比表面积、微孔容积随之增加[7]，但当活化时间达到一定数值后，由于生成的微孔被进一步的反应而坍塌成中孔或大孔，比表面积及微孔容积不再增加，反而有减小的现象。另外，过程最后的 KOH 活性剂洗出和产品干燥的操作对活性炭性能也有很大的影响。

碱性活化法制备的活性炭比表面积较大，活化时间短，工艺较成熟；但碱本身对设备的腐蚀性强、回收难，另外还存在活化温度高、能量消耗大等缺点，因此将其大规模工业化生产还存在许多问题。

③ H₃PO₄ 活化法　H₃PO₄ 活化法对环境的污染程度较轻，生产成本较低，是活性炭制备的最常用方法之一。其活化机理与 ZnCl₂ 类似，H₃PO₄ 在活化过程中表现出以下几方面作用。

a. 脱水作用：在无 H₃PO₄ 作用下，多数的氢和氧以有机物方式挥发脱除，而在 H₃PO₄ 作用下以水蒸气的形式脱除，可保留更多的碳，提高产率。

b. 润胀作用：低温时，H₃PO₄ 渗透到原料内部，通过电离作用加速原料中纤维素、木质素等的润胀、溶解，促进后续水解反应和氧化反应的发生[8]。

c. 氧化作用：H₃PO₄ 具有一定的氧化性，在 200℃ 以上，H₃PO₄ 通过交联缩聚反应形成焦磷酸盐网络结构，焦磷酸具有较强的腐蚀性和氧化性，进一步氧化侵蚀炭料，使其形成更多的微孔和介孔[9]。

d. 芳香缩合作用：当温度继续升高，通过磷脂键与有机物或其他聚合物进行缩聚、环化、交联而形成缩聚碳结构，这种结构在适当温度下活化、转化成炭的乱层微晶结构[10]。

总之，在整个活化过程中，H₃PO₄ 可以促进热解反应过程，降低活化温度，阻止高温条件下颗粒的收缩，减少焦油的形成，洗涤除去磷酸盐后，即可得到具有发达孔隙结构的活性炭产品。

磷酸活化法制备的产品孔径分布较宽、中孔发达，磷酸本身腐蚀性低、对环境污染较小，生产出的活性炭均匀稳定，沉降性能良好，应用领域广泛。

（3）物理-化学联合活化法　物理-化学联合活化法是将物理活化和化学活化的优点联合起来，先采用简单的物理活化再加上化学活化的二次活化方式。但该方法仍无法克服一些不利因素的影响，且多加了额外的步骤。目前，多采取化学浸渍加物理活化的复合型活化技术，通过控制活化剂原料浸渍质量比、浸渍时间、活化温度、活化时间等因素，可制得吸附性能优良、孔径分布合理的活性炭材料。Hu 等[11]用 ZnCl₂ 浸渍，再用 CO₂ 高温下活化的方法活化椰壳，制备得到孔隙结构可控的系列高比表面积中孔活性炭。张文辉等[12]在以煤基炭源为原料，用 KOH 浸渍试样再用水蒸气活化，较短时间里得到比表面积大于 1500m² · g⁻¹ 且吸附性能佳的产物。

2.1.4　活性炭改性

随着对炭基材料的性能要求越来越高，简单的炭化、活化工艺已经很难满足，因此，活性炭的后期调控改性技术越来越受到重视。活性炭的改性包括两个方面：一是表面结构改性，指的是活性炭在制备过程中通过物理或者化学的方法来增加活性炭材料的比表面积，调整活性炭的孔隙结构及分布，使其孔结构发生改变，从而改变其吸附及储能性能。二是活性炭的表面化学性质改性，是通过一定的方法改变其表面的官能团种类和数量、表面的杂原子及其周边氛围的构造，使活性位点增多，从而控制其与被吸附物的结合能力。

目前，以活性炭改性和修饰的后期制备技术研究已经备受关注，根据技术处理依据的原理和特性的不同，可将改性技术分为以下几种。

2.1.4.1　热处理法

热处理法是指在一定条件下将活性炭在高温下加热处理的过程。通过热处理可以改变原炭材料的初始孔径、孔容及材料表面的官能团等化学结构，从而得到孔隙发达、低氧、耐氧化的活性炭材料。Kim[13]利用高温、氮气环境热处理活性炭，得到表面含有吡咯型氮的活性炭，大大提高了活性炭的亲水性和润湿性。除了采用普通的加热方式，微波加热改性活性炭的方法具有很多优势，日益受到研究者的关注和重视。微波加热主要通过快速、高效的热作用引起炭骨架的收缩，从而导致孔径、孔容等的变化。另外，在不同气氛下利用微波热处理活性炭会影响其表面基团的性质，如氧化性气氛有利于酸性基团的形成，还原性气氛有利于碱性基团的形成。

2.1.4.2　表面氧化法

在适当的条件下，通过使用氧化剂对活性炭表面进行氧化处理，去除表面的一些杂质，提高表面含氧官能团（如羧基、酚羟基、酯基等）的含量，可以改善炭表面的浸润性，也能起到一定的扩孔作用。氧化改性常用的氧化剂有硝酸、双氧水、硫酸、臭氧、过硫酸铵等，使用的氧化剂不同，产物的含氧官能团的数量和种类就不同。另外改性后的活性炭的孔隙结构、比表面积、容积和孔径也会发生改变。硝酸是最常用的强氧化剂，有关研究被广泛报道。杜嫌等[14]以椰壳活性炭和杏壳活性炭为原料，采用浓硝酸表面改性后制成超级电容器用电极，放电比电容显著增加；冉龙国等[15]以不同浓度的硝酸对活性炭进行处理，其中用10%的硝酸处理后的活性炭比表面积高达$2361m^2 \cdot g^{-1}$。

2.1.4.3　表面还原法

表面还原改性是指在适当的温度下，利用合适的还原剂对活性炭表面官能团进行还原，达到增加活性炭表面碱性官能团含量，增强其表面非极性的目的，从而提高其对非极性物质的吸附能力。常用的还原剂有氢气、氮气、氢氧化钠、氢氧化钾和氨水等。其中使用氢气或氨气是制备碱性活性炭最常用的方法。在400~900℃下，通入氨气后，活性炭表面可生成酰胺类、芳香胺类物质，在更高的温度下，可生成吡啶类物质，这些含氮官能团均会增强活性炭表面的碱性[16]。另外，将活性炭在氨水中浸渍处理也能得到含量较高的含氮官能团。Huang 等[17]研究发现活性炭渗氨改性后样品中的含氮量显著增加。

2.1.4.4 负载原子法

负载原子改性法是通过将活性炭浸渍在一定溶液中，利用活性炭巨大的比表面积和孔容，通过液相沉积的方法将金属离子或者其他杂原子引入到活性炭孔道内，增加活性炭对吸附质的吸附效果。常用于负载的金属离子有铜离子、铁离子、铝离子和银离子等，负载后的活性炭在吸附氟离子、氰化物和重金属等污染物方面表现出很好的潜力。

2.1.4.5 低温等离子体法

等离子体改性是利用非聚合性等离子气体对材料表面进行修饰的过程。等离子体是指具有足够数量而电荷数近似相等的正、负带电粒子的物质聚集态。用于活性炭改性的低温等离子体主要是由电晕放电、辉光放电和微波放电产生的。最常用的是氧气等离子体，它具有较强的氧化性，当等离子体撞击炭材料表面时，能将晶角、晶边等缺陷或双键结构氧化成含氧官能团。采用低压氧气、氮气等离子体进行改性，可得到表面富含硝基、氨基和酰氨基的活性炭[18]。低温等离子体改性技术操作简便、反应条件温和、价格便宜、环境安全性好等，且处理效果只局限于表面而不影响材料本体性能。

除以上改性方法外，活性炭改性方法还有表面酸碱改性法、臭氧氧化法、微波辐射法、有机物接枝法等等。这些方法各有特点，可单独使用也可结合起来对活性炭进行改性，从而达到更好的改性效果。在使用过程中，需根据吸附质的性质有目的性的选择较为合适的改性方法。

2.1.5 活性炭在超级电容器中的应用

活性炭是超级电容器最早采用的炭电极材料，由于其具有原料丰富、价格低廉、比表面积高等特点，至今仍是商业化超级电容器的首选材料。自 1954年 Beck 提出用活性炭作为双电层电容器电极以来，活性炭在超级电容器中的应用研究一直备受关注。按照原料炭来源的不同，我们将活性炭在超级电容器中的应用情况简要介绍。

2.1.5.1 果壳基活性炭

侯敏等[19]以椰壳炭材料为原料，KOH 为活化剂，讨论了碱炭比、活化温度及活化时间对活性炭结构及性能的影响（表 2-1），在碱炭比 4∶1，活化温度 800℃，活化时间 60min 的条件下，可制备出比表面积 2891$m^2 \cdot g^{-1}$、总孔容积 1.488$cm^3 \cdot g^{-1}$、孔径主要分布在 2～4nm、中孔率 73.6%、平均孔径 2.025nm 的优质活性炭材料。该活性炭用作电极材料，在 1mol·L^{-1} H_2SO_4 电解液中比电容可达 235$F \cdot g^{-1}$，具有优异的电化学性能；杨静等[20]以核桃壳为原料，采用 $ZnCl_2$ 和 CO_2 二次活化法制备活性炭，5mA 充/放电时，质量比电容高达 $292F\cdot g^{-1}$，电容器能量密度高达 $7.3W\cdot h\cdot kg^{-1}$。陈晓妹等[21]以胡桃壳为前驱体，采用 $ZnCl_2$ 化学活化法制备活性炭电极材料，KOH 为电解液构成超级电容器，测试表明，制备的活性炭电极材料有理想的电化学电容行为，比电容高达 $271.0F\cdot g^{-1}$，漏电流和等效串联电阻分别只有 0.25mA 和 0.39Ω，循环充/放电 5000 次后，电容量仍保持 88% 以上。

表 2-1   不同活化工艺制备活性炭材料的孔结构参数[19]

项目		比表面积 /m²·g⁻¹	总孔容积 /cm³·g⁻¹	中孔容积 /cm³·g⁻¹	中孔率 /%	平均孔径 /nm	得率 /%
碱炭比	2∶1	924	0.371	0.014	3.8	1.669	60.65
	3∶1	2686	1.329	0.826	62.1	2.011	55.02
	4∶1	2891	1.488	1.095	73.6	2.025	49.24
	5∶1	2451	1.366	1.009	72.9	2.130	40.44
活化温度	600℃	1222	0.593	0.033	5.6	1.740	63.31
	700℃	2282	1.121	0.542	48.4	1.905	55.93
	800℃	2891	1.488	1.095	73.6	2.025	49.24
	900℃	2508	1.467	1.059	72.2	2.026	42.05
活化时间	30min	2674	1.357	0.818	60.3	1.998	54.86
	60min	2891	1.488	1.095	73.6	2.025	49.24
	90min	2700	1.394	0.987	70.8	2.016	47.76
	120min	2657	1.356	0.951	70.1	2.010	44.33

2.1.5.2 稻壳基活性炭

宋晓岚等[22]以稻壳为原料，NaOH 为活化剂，800℃下活化得到比表面积为 $2760m^2\cdot g^{-1}$ 的活性炭，在 $6mol\cdot L^{-1}$ 的 KOH 电解液中，电容器比电容达 $267.2F\cdot g^{-1}$，经过 5000 次循环后，其电容保持率仍有 83.7%。He 等[23]以稻壳为原料，NaOH 为活化剂，微波加热得到比表面积为 $1442m^2\cdot g^{-1}$ 的活性炭，经过 1000 次循环后，其比电容仍可达 $243F\cdot g^{-1}$。Liu 等[24]将稻壳经过 500℃ 氮气气氛炭化，HF 浸渍及 KOH 活化，最终得到含大尺寸中孔和丰富微孔的分级孔隙结构的活性炭，其比表面积高达 $2804m^2\cdot g^{-1}$，能量密度达 $7.4W\cdot h\cdot kg^{-1}$。

2.1.5.3 竹炭基活性炭

竹材作为一种可再生的生物质原料，具有生长快、更新迅速、再生能力强等特点，而且我国竹类资源丰富、分布广泛，为我们提供了原材料上的便利。竹炭是以竹材为原料，经高温无氧条件炭化处理而获得的固体产物，具有机械强度高、孔结构发达、比表面积大、导电性能好等特点。Lee 等[25]实验发现竹质活性炭具有较好的微孔结构，中孔率高，在用于超级电容器电极时，作为离子的快速通道，能显著提高电解液的渗透率。白翔等[26]以竹材为原料，将炭化所得竹炭先进行物理活化，再在800℃KOH活化，得到比表面积达2365m²·g⁻¹的竹炭基活性炭，孔径分布在1.8～3.5nm之间，比容量高达205F·g⁻¹，并显示出很好的大电流充/放电性能。杨胜杰等[27]以毛竹为原料，氢氧化钠为活化剂，惰性气氛保护下高温制备活性炭，得到最佳工艺条件为活化时间2h，活化温度900℃，碱炭比3∶1（质量比），制备材料的首次放电比电容为143.2F·g⁻¹，200次循环比电容保持率为99.5%，漏电流仅为0.06mA。

2.1.5.4　煤基活性炭

煤基活性炭产量占我国活性炭总产量的70%以上，是我国活性炭生产的主要品种。煤基活性炭具有生产成本低、来源广泛、制备方法简单、导电性好、比表面积高、耐腐蚀性强、孔结构可控以及电化学性能稳定等特点，因此，以煤基活性炭作为电极材料具有广阔的应用前景。张传祥等[28]以太西无烟煤为原料，KOH为活化剂，在炭碱比4∶1条件下，活化1h制得比表面积为3059m²·g⁻¹的活性炭，中孔率为63%，在3mol·L⁻¹的KOH电解液中比电容高达322F·g⁻¹，且在大电流密度下充/放电时的比电容保持率高，漏电流仅为0.06mA。邢宝林等[29]以河南永城无烟煤为原料，制得高比表面积煤基活性炭，比电容高达324F·g⁻¹，经1000次循环后，比电容保持率达92%。Zhang等[30]以烟煤为原料，采用KOH快速活化法制备出一种中等比表面积（1950m²·g⁻¹）的富氧活性炭，该富氧活性炭作电极材料具有更高的能量密度和功率密度，在50mA·g⁻¹和20A·g⁻¹电流密度下，其比电容分别高达370F·g⁻¹和270F·g⁻¹。

2.1.5.5　石油基活性炭

石油焦是石化炼化行业的副产物，其资源丰富、分布广、价格低、碳含量高，生产的活性炭收率高、比表面积大。另外，石油焦的灰分、挥发分低，生产的活性炭杂质含量低，性能优良。宋燕等[31]通过正交试验考查了不同影响因素对活性炭产物性能的影响，其作用程度大小顺序为：原料焦微观结构＞活化温度＞碱炭比＞原料粒度＞活化时间（"＞"表示"优于"）。在最优组合条件下，以盘锦石油焦为原料，KOH活化制得比表面积为3730m²·g⁻¹的活性炭，同时发现原料中具有小晶粒、细镶嵌型光学结构的生焦与活化剂的反应活性最高，而且所制备的活性炭比表面积也最大。谭明慧等[32]在以石油焦为原料，KOH活化后得到多孔炭的基础上，将其浸渍于硝酸铁溶液后炭化及二氧化碳高温活化，制得比表面积为2738m²·g⁻¹，总孔容为1.51cm³·g⁻¹的活性炭。经过金属盐浸渍二次活化后，多孔炭的中孔率由43.2%提高到70.7%，显著提高了电极的充/放电速率。肖荣林等[33]通过引入活性气体氢气，在降低碱用量的条件下，获得高比表面积的活性炭，且比未引入氢气时制备的活性炭表现出更优异的性能。加入的氢气可与活性炭表面的官能团反应，提供更多的活性点，促进活性炭孔隙结构的发展，同时调节孔隙结构分布。

2.1.5.6 沥青基活性炭

沥青是由不同分子量的烃类化合物及其非金属衍生物组成的黑褐色、高黏度的复杂混合物，主要可以分为煤焦沥青、石油沥青和天然沥青三种。其中，煤焦沥青是炼焦的副产品，具有不受季节干扰、价格便宜、炭化产率高等优点，被大量研究者用于超级电容器电极材料。Inagaki 等[34]使用氧化镁为模板，煤沥青为碳源一步加热制备了中孔活性炭材料，材料有较高的比电容，在 $20mA \cdot g^{-1}$ 和 $1000mA \cdot g^{-1}$ 电流密度下比电容分别为 $300F \cdot g^{-1}$ 和 $120F \cdot g^{-1}$。李晶等[35]以炭化后的中间相沥青为前驱体、KOH 为活化剂制备了超级电容器用活性炭电极材料，考察了 KOH 活化温度、碱炭比和工艺条件对活性炭孔隙结构和电化学行为的影响。结果表明，于 800℃活化温度和 4:1 碱炭比条件下制备的活性炭电极在 $1mol \cdot L^{-1}$ TEA-BF_4/PC 时的最大比电容可达 $103.2F \cdot g^{-1}$，活性炭孔结构和比电容的变化依赖于具体的处理工艺，中孔含量对活性炭电极的比电容会产生重要影响。He 等[36]以煤沥青为原料，仅使用少量 KOH 活化剂，在微波辅助下加热 30min，即得比表面积为 $1786m^2 \cdot g^{-1}$ 的活性炭。研究其作为超级电容器电极材料在不同电解液中的性能，发现在 $6mol \cdot L^{-1}$ 的 KOH 电解液中比电容较高（$267F \cdot g^{-1}$），在 $0.5mol \cdot L^{-1}$ 的 K_2SO_4 溶液中有较高的能量密度（$12.0W \cdot h \cdot g^{-1}$）。

2.1.5.7 酚醛树脂基活性炭

酚醛树脂是酚类化合物与醛类化合物缩聚得到的，其中以苯酚与甲醛缩聚得到的树脂最为重要。酚醛树脂作为最早出现的人工合成聚合物，因其生产工艺成熟、价格低廉、炭化收率高、易于活化造孔、比表面积大等特点而受到人们的关注。Teng 等[37]以酚醛树脂为原料，采用 KOH 为活化剂制得比表面积为 $1900m^2 \cdot g^{-1}$ 的活性炭，其在 $1mol \cdot L^{-1}$ H_2SO_4 中比容量为 $100F \cdot g^{-1}$。耿新等[38]以水溶性酚醛树脂为原料，采用 KOH 活化法制备超级电容器用高比表面积活性炭。结果显示，在 650℃所制得的活性炭具有最大的比表面积和最小的微孔比率；而在 700℃和 750℃所制得的活性炭微孔相互贯通，导电性和离子迁移阻力均优于前者。王仁清等[39]以硅溶胶为模板，酚醛树脂为碳源，采用模板法制备了比表面积为 $1840m^2 \cdot g^{-1}$ 的活性炭，在 $7.5 \times 10^{-3} A \cdot cm^{-2}$ 的电流密度下，其比电容可达到 $290F \cdot g^{-1}$。另外，在酚醛树脂中掺入易于裂解且残炭量低的物质如聚乙烯醇或聚乙烯醇缩丁醛，可控制产品炭的孔径及孔径分布。

2.2　活性炭纤维

活性炭纤维（ACF），亦称纤维状活性炭，是 20 世纪 70 年代发展起来的一种继粉状和粒状活性炭之后的第三代活性功能材料。它由有机纤维经高温炭化、活化制备而成，其中超过 50％的碳原子位于内、外表面，构筑成独特的吸附结构，被称为表面性固体。因其具有比表面积大、微孔含量丰富、孔径分布窄、吸附速度快、导电率与热膨胀系数小及耐腐蚀等优点，被广泛应用于环保、电子、化工与辐射防护、医药卫生、食品等领域。

2.2.1　活性炭纤维的结构

ACF 是由微晶、表面杂环或官能团以及极狭小的孔隙三部分组成的。其中微晶是由碳原子以类石墨晶片堆砌的形式形成的三维结构，其有序性差、尺寸小。ACF 的孔隙结构不同于活性炭，如图 2-4 所示，ACF 的孔隙 90％以上是微孔，且直接开口于纤维表面，孔径一般在 1~4nm，分布狭窄，几乎没有大孔，只有少量中孔。这些微孔是在制备过程中微晶间的各种碳化物或无序碳被除去后产生的，由纤细的毛细管壁构成，是吸附的主要孔结构[40]。相距很近的相对微孔壁之间发生吸附叠加，引起微孔内吸附势的增加，另外暴露在表面的微孔能直接接触吸附质分子，缩短吸附路径，驱动力大，吸附速度快，使得 ACF 的吸附容量大，吸附效率高。ACF 含碳量在 90％以上，其余是少量的氢、氧及由化学活化剂引入的氮、磷、硫等。这些非碳原子与 ACF 表面不饱和碳原子结合，构成独特的表面结构。活化方法不同，得到的表面基团的种类、分布、极性及酸碱性也不同。这些表面不饱和结构主要有羧基、羰基、酚基、醌基、内酯基等含氧基团以及氨基、亚氨基及磺酸基等含有硫、氮、卤素等的官能团，这些官能团一方面起到吸附作用，另一方面具有氧化还原功能，对某些化学反应能起到催化作用。

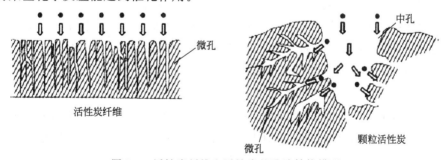

图 2-4　活性炭纤维和活性炭的孔隙结构模型

2.2.2　活性炭纤维的性能及特点

2.2.2.1　活性炭纤维的特点

① 比表面积大，一般可达 $1000\sim2500m^2\cdot g^{-1}$，与吸附质接触面积大。

② 微孔结构发达，孔容达 $1\sim2mL\cdot g^{-1}$，吸附容量是普通粒状活性炭的 $1.5\sim10$ 倍，因而其具有很高的吸附效率。

③ 表面含有大量的活性官能团，使其具有很强的氧化还原能力，可对某些反应起到催化作用。

④ 成型性好，不易粉化，可做成毡、布、纸、线等各种形式，方便不同用途和需要。

⑤ 耐酸、耐碱，具有良好的导电性和耐热性。

2.2.2.2　活性炭纤维的性能

（1）吸附性能　ACF 的结构属于非极性吸附剂，其比表面积和孔径结构是影响吸附性能的关键因素。与一般活性炭相比，ACF 有许多优异的吸附性能。

① 吸附容量大　ACF 的吸附容量可达到传统粒状活性炭的几倍甚至几十倍，不仅对无机、有机气体有很好的吸附能力，对水溶液中的无机化合物、有机染料、有机磷化物等吸附量也可达到活性炭的 5 倍。另外，对一些微生物和细菌也有较好的吸附效果，如对大肠杆菌的吸附率达 $94\%\sim99\%$。

② 吸附力强　在表面吸附中，孔径越小，其吸附力场越大。由于活性炭纤维微孔窄小，其吸附力场具有较大的握持作用，使吸附能力显著增强，因而在对低浓度物质的吸附时要比普通吸附材料更强，即使对 10^{-6} 数量级的低浓度吸附质仍有很高的吸附量。

③ 吸附速度快　对于气体的吸附一般能在数十秒或数分钟内达到平衡，对液体的吸附也仅需几分钟至几十分钟就达平衡。同样，由于纤维较细，外表面容易被加热，所以脱附速度也很快。

（2）氧化还原性能　ACF 表面由于带有一系列含氧官能团，使其具有氧化还原特性，这一特性表现为其能将从水溶液中吸附的一些电极电位较高的金属离子还原为零价或低价，并富集于 ACF 的表面。例如，将水溶液中的 Au^{3+}、Ag^+、Pt^{4+} 还原为 Au、Ag、Pt，利用这种还原特性，可将其用于微量贵金属的富集、回收和冶炼等方面。

（3）导电性　ACF 同碳纤维一样具有优良的导电性，可将其作为电极降解废水中的有机污染物。由于 ACF 对有机物的富集作用有利于消除浓差极化效应，可以有效改善电解速率和降解效率。

（4）催化特性　ACF 还具有气相氧化和催化还原的特性，可在氨气存在下将一氧化氮还原为氮气。若在其表面负载其他金属催化剂后，其催化效果更为显著。

2.2.3　活性炭纤维的制备

制备 ACF 的原料种类主要有黏胶基、酚醛基、沥青基、聚丙烯腈基、聚乙烯醇基、聚苯乙烯基、木质素基（焦木素）及天然植物纤维基（剑麻、大麻、亚麻、黄麻）等多种类型。其中前四种制备工艺成熟，在工业上已规模化生产。由各种不同原料制备 ACF 的特点见表 2-2[41]。

表 2-2　不同原料制备活性炭纤维的主要特点[41]

原料	特点
黏胶基	原料价格低,比表面积大,收率低,强度低,工艺较复杂
酚醛基	收率高,不需进行预处理,比表面积高,工艺简单
沥青基	原料价廉,收率高,不易制得连续长丝,深加工困难,强度低
聚丙烯腈基	结构中含氮,对氮硫系化合物有催化作用,具有高吸附性、强度高、工艺简单

利用不同的纤维原料，制备 ACF 的具体条件也各不相同，但其基本工艺流程一般都包括预处理、炭化和活化三个主要环节。

2.2.3.1　预处理

预处理包括盐或碱浸渍和预氧化两种方式。盐或碱浸渍是将原料纤维充分浸渍在盐或碱（磷酸盐、硫酸盐、铵盐或碱性等）溶液中，然后使其干燥。在浸渍的过程中盐或碱分子浸入到原料纤维内部，可起到溶胀、催化脱水或交联等作用，防止纤维分子在热处理过程中碎片化逸散，从而提高活性炭纤维的强度、产率及吸附性能[42]。预氧化是将原料纤维置于含氧气氛中，在一定的温度范围内，缓慢预氧化一定时间或按着一定升温程序升温预氧化[43]。原料纤维经预氧化处理后，其中的线型高分子链会发生氧化、脱氢、环化等反应而转变为耐热、稳定的梯形结构，从而使纤维在高温炭化过程中，不易熔融变形，仍保持纤维的形状，并提高其在炭化及活化后的产率[44]。

2.2.3.2　炭化

炭化是生产 ACF 最为重要的环节。主要是将原料纤维在惰性气体（如氮气或氩气等）环境下加热升温一定时间，排除原料中的大部分非碳成分，剩余的碳元素利用热缩聚反应重新排列成类似石墨微晶结构的炭纤维的过程。经过炭化，原料纤维变成具有一定机械强度和适宜活化的初始孔隙结构的炭材料，这对 ACF 的生产起到决定性作用，还对后续的活化反应构成影响，从而直接影响 ACF 的结构性能。炭化过程的主要影响因素有：炭化温度、升温速率、炭化时间、炭化气氛和纤维张力的控制等。

2.2.3.3 活化

活化是在高温下用氧化性气体刻蚀炭化纤维，通过表面处理使 ACF 形成发达的微孔结构或者扩大孔径，进而调控其比表面积和表面含氧官能团。活化过程较复杂，但基本原理都是活化分子与纤维上的碳原子发生反应，形成丰富的微孔及表面含氧官能团。活化的方法包括物理活化法、化学活化法、化学-物理联合活化法等。

（1）物理活化法 物理活化法是目前工业上主要采用的方法，利用氧气、水蒸气或二氧化碳作活化剂，在 $700 \sim 1000 \, ℃$ 的高温下，使原料纤维中无序的碳部分被刻蚀氧化成孔[45]。有研究认为物理活化可分为三个基本过程：非石墨碳和异原子的气化；石墨碳的反应；石墨层面的重整[46]。首先阻塞孔的无定形碳被气化，孔被打开；进一步活化，表面晶格上、位错和边缘上的碳原子以不同速率反应形成气体离开表面，造成新孔；深度活化时，孔被进一步扩宽。

（2）化学活化法 化学活化法是利用氢氧化钾、硫酸、磷酸、氨水或氯化锌等化学物质作为活化剂，通过浸渍和混合使原料纤维与活化剂接触并发生活化反应而成孔的方法。与物理活化法相比，化学活化法中的活化剂能使原料纤维中的氢和氧主要以水蒸气的形式逸出，抑制副产物焦油的生成，从而提高 ACF 的产率并增大其孔隙率和比表面积。另外，化学活化法还能降低原料纤维的炭化、活化温度。但是化学活化法易造成环境污染且制得的产品强度差。

（3）化学-物理联合活化法 化学-物理联合活化法是将化学活化与物理活化结合起来的活化方法，通常是先进行化学活化后再进行物理活化。因为两种制备 ACF 的方法在工艺复杂程度、成本、对孔结构调控能力等方面具有一定的互补性，所以将两者方法结合可以灵活调控 ACF 的孔结构，甚至制备出仅含微孔或仅含中孔的 ACF[47]。

另外，除了活化方法，活化剂的种类、活化温度、活化时间、活化剂浓度等也是影响活化过程的关键因素。活化条件和程度直接影响 ACF 的结构与性能。

2.2.4 活性炭纤维的功能化

孔结构对 ACF 的物理吸附性能有直接影响，不同的孔结构将导致选择吸附性、吸附容量、吸附速率不同。ACF 的表面含氧活性官能团将直接决定催化性能。为充分发挥 ACF 的吸附和催化特性，需对 ACF 的孔结构、比表面积和表面特性进行调控和改性，即功能化。

2.2.4.1 孔径调整

孔结构调整一般在 ACF 炭化、活化阶段进行，包括增大孔容积和比表面积、提高微孔比例、创造均匀孔径等。通过孔径调整使炭质吸附剂孔径直径与吸附质分子尺寸调整到合适比例，以期获得最佳吸附效果。常用的调整方法如下：

（1）热收缩法　在惰性气氛中高温热处理可使 ACF 含氧官能团不同程度地分解，表面碱性增强、孔径收缩、比表面积下降，表面的微晶排列及定向也发生改变。由于亲水性含氧官能团的分解，改性后 ACF 有较好的疏水性[48]。

（2）炭沉积法　加热条件下 ACF 与烃类气体接触，由于烃热解产生的炭沉积在孔壁上，使孔径减小，因此控制好工艺条件可得到适当的孔径。所用的烃类有机物有甲烷、乙炔、异丁烯、苯、甲苯等烃类。

（3）金属化合物催化活化法　在 ACF 中添加金属化合物以增加 ACF 微孔内部活性点，活化时金属原子对结晶性较高的碳原子选择性气化，从而使微孔扩成中孔。一般金属原子周围的碳原子优先发生氧化作用，在纤维材料中形成中孔。

另外，还有蒸镀法、有机化合物催化活化法等调整孔结构的方法。

2.2.4.2 表面改性

（1）氧化法　氧化法主要是利用强氧化剂在适当条件下对 ACF 表面基团进行氧化处理，以增加其表面的含氧基团，增强表面极性。氧化改性有三种主要方式：气相法、液相法和电化学法。气相法是在较高温度下 ACF 与 O_2 或 O_3 等氧化性气体反应，从而增加其表面含氧官能团。液相法是利用强氧化性液体（硝酸、硫酸等）与 ACF 反应进行氧化改性，其中硝酸改性研究的最多。电化学法是在电解液中将 ACF 作为电极，通过其优良的吸附性能和较高的表面催化氧化性能与溶液中的离子发生反应。Basova 等[49]用过硫酸铵作电解质溶液，50℃下对聚丙烯腈基 ACF 电化学氧化后，在 ACF 表面产生了含氧基团，主要有羟基、羰基和羧基等。

（2）表面负载法　负载金属化合物是使氧化性金属离子（Au^{3+}、Hg^{2+} 等）吸附在 ACF 表面，再利用 ACF 的还原性，将金属离子还原成单质或低价态的离子，通过金属或离子对吸附质产生较强的结合力，从而增加 ACF 的吸附性能。除负载金属化合物外，还可用有机化合物及无机分子修饰 ACF 表面。

（3）等离子体处理法　通过在气体介质中电晕放电产生大量的等离子体，利用这些高能量的等离子体撞击材料表面，在不破坏材料表面特性的同时使材料表面的物理化学性质发生改变，从而改善材料比表面积、孔径、孔容、表面官能团等相关性质[50]。

(4) 微波辐照法 微波改性可在短时间内分解 ACF 表面的含氧酸性基团（羟基、羰基），在 ACF 表面引入吡咯酮等碱性基团，使其表面 pH 值升高，化学稳定性增强。此方法节能、省时、高效。

2.2.5 活性炭纤维在超级电容器中的应用

ACF 比表面积大，孔隙结构丰富，大、中、小孔连接紧密，孔道比较畅通，有利于电解液的传输和吸附，导电性好，且具有耐热性强、热膨胀性低、化学性能稳定等优点，在超级电容器电极生产中已经得到应用。

2.2.5.1 酚醛基活性炭纤维

酚醛基 ACF 具有炭化收率高、孔径大、导电性好、强度高等特点，已成为超级电容器较为理想的电极材料。

1985 年日本松下电气公司将平均孔径为 2.5nm 的酚醛树脂活性炭纤维用于双电层电容器的电板材料制备，从而大大提高了该公司生产的电容器的质量。张玉芹等[51]以酚醛纤维为原料，KOH 活化制备了酚醛基 ACF。结果发现 900℃是 KOH 活化酚醛纤维的最佳温度，样品有最佳循环性，较小的内阻，比表面积 2311$m^2\cdot g^{-1}$和比电容 264.1$F\cdot g^{-1}$。不同活化温度下产品虽然表现出不同的比表面积和比电容，但其整体孔径分布基本相同。随活化温度的升高，样品的电容性能和功率特性提高，内阻降低。Yoshida 等[52]研究了有机电解液中酚醛基 ACF 表面酸性官能团和双电层电容器电化学性能的关系。研究表明，表面羧类、脂类、酚羟基等酸性官能团可导致电容器漏电流，经 1000℃氮气下热处理，可有效减少表面酸性含氧官能团，同沥青、纤维素基 ACF 相比，酚醛基 ACF 经热处理后表面酸性含氧官能团含量最少，电容量最高，漏电流最小。

2.2.5.2 聚丙烯腈基活性炭纤维

Xu 等[53]在不同温度下对聚丙烯腈基炭纤维布进行炭化处理，然后在 900℃下 CO_2 活化得到了一系列不同比表面积和孔径分布的 ACF。发现在 600℃炭化时得到的 ACF 比表面积和孔隙结构最适合于超级电容器，且在 10$A\cdot g^{-1}$的电流密度下仍能得到 129$F\cdot g^{-1}$的比电容，功率特性高。

李莹[54]以聚丙烯腈为前驱体，采用湿法纺织与 KOH 活化相结合的新方法，制备了原位富氮层次三维网络大/中孔结构的 ACF。这种层次孔 ACF 具有 2176.6$m^2\cdot g^{-1}$的高比表面积、1.272$cm^3\cdot g^{-1}$的大孔容和 6.21%（质量分数）的高氮原子含量。用于超级电容器中，表现出 329$F\cdot g^{-1}$的高比电容、9.3$W\cdot h\cdot kg^{-1}$的高能量密度以及优异的倍率性能。

2.2.5.3 沥青基活性炭纤维

李海燕[41]以通用级沥青炭纤维为原料，采用不同活化工艺制备富含中孔的 ACF，并对比了浸渍钴盐、一次活化、二次活化对其比表面积和孔结构的影响。结果表明，二次活化能明显提高比表面积（2670$m^2 \cdot g^{-1}$），增加中孔率（61.8%）。钴盐浸渍对活化过程起到明显的催化作用，但活化程度过大时，加入钴盐会导致 ACF 比表面积降低，孔径变小。

2.2.5.4 植物纤维基活性炭纤维

刘凤丹等[55]以天然植物纤维苎麻为原料，采用 $ZnCl_2$ 化学活化法，制备不同活化温度下的 ACF，发现比表面积随活化温度的升高而减小。经过 650℃活化的 ACF 超级电容器在 50$mA \cdot g^{-1}$ 恒流放电时比电容达 253$F \cdot g^{-1}$，并且具有较低的内阻和较好的功率特性以及较长的循环寿命。

2.3 碳气凝胶

碳气凝胶是一种具有连续三维网络结构、密度可调的质轻多孔的非晶碳素新型材料，其网络胶体颗粒直径为 3～20nm，构成的孔隙尺寸小于 50nm，孔隙率高达 80%～98%，比表面积可达 600～1100$m^2 \cdot g^{-1}$。另外，碳气凝胶还具有良好的导电性，电导率为 10～25$S \cdot cm^{-1}$，是继活性炭和活性炭纤维之后的又一理想电容器电极材料。

2.3.1 碳气凝胶的结构

1989 年，美国 Lawrence Livemore 国家实验室 Pekala 等[56]以间苯二酚（R）和甲醛（F）为原料，采用溶胶-凝胶法在碳酸钠的催化下制备了有机气凝胶（RF 气凝胶），后在惰性气氛中炭化得到了首例碳气凝胶（CRF）。不管是 RF 还是 CRF 都是由大量的纳米三维网络结构构成，未炭化前的气凝胶团簇大小不一、孔洞较大，是典型的无序多孔结构；炭化后胶体颗粒变得均匀，排列更加紧密，孔洞也变小，但完全保留了原气凝胶的网络结构和孔洞连接性，其透射电镜图如图 2-5 所示[57]。

在 CRF 的三维多孔结构中，有三种尺寸特征：①单个凝胶颗粒，尺寸为 3～10nm；②颗粒间形成的介孔，尺寸在 100～500Å（1Å＝0.1nm）；③颗粒间的微孔，直径小于 10Å。制备过程中催化剂含量控制 CRF 颗粒直径；溶液的配比浓度决定着 CRF 的密度；热解温度决定 CRF 最终的微结构，特别是粒径和孔径分布。

(a)   (b)

图 2-5　气凝胶（a）与碳气凝胶（b）的透射电镜图像[57]

2.3.2　碳气凝胶的性能

2.3.2.1　电学性能

CRF 是唯一具有导电性的气凝胶，电导率为 $10\sim25\mathrm{S\cdot cm^{-1}}$，其电化学性能主要与密度、温度及炭颗粒粒径有关。由于 CRF 比表面积大，孔径分布可控和电阻率低等特点，利用碳气凝胶做无黏结剂的电极材料具有广阔的研究空间。

2.3.2.2　热学性能

CRF 具有优异的隔热性能，它的热传导由气态热传导、固态热传导和辐射热传导三种方式共同组成。气态热传导率随密度的增大而减小，随平均孔径的增大而增大，但由于 CRF 具有纳米多孔结构，因此常压下气态热导率很小，对于抽真空的 CRF，热传导主要由固态热传导和辐射热传导决定。CRF 的固态热导率比相应玻璃态材料低 $2\sim3$ 个数量级，仅为非多孔玻璃态材料热导率的 1/500 左右，且随密度的增大而增大，并与粒子间连接的紧密程度有关。CRF 的辐射热传导主要由红外吸收决定，添加适量的红外吸收剂可有效降低辐射热导率。在一定密度和微观结构下，CRF 的热导率可低至 $0.012\mathrm{W\cdot m^{-1}\cdot K^{-1}}$，可将其用作高温隔热材料。

2.3.2.3　光学性能

在 pH＝$2.0\sim3.0$ 范围内合成的 CRF 有良好的透光度，且透光度受前驱体含量和凝胶化时间的影响较为显著。研究发现密度为 $0.07\mathrm{g\cdot cm^{-3}}$ 的 CRF 在 $40000\sim700\mathrm{cm^{-1}}$ 区域定向半球发射率仅为 0.3%，表明在 CRF 粗糙的内外表面上的炭颗粒有很强的光吸收性[58]。Zhang 等[59]发现 CRF 的微结构特征和密度对微波的吸收特性有重要的影响，不同催化剂浓度制备的 CRF 反射系数有一定的差别，当凝胶变厚时，最大反射值向低频移动。

2.3.2.4 吸附性能

CRF 具有大的比表面积、丰富的孔洞、低密度，使其对吸附质具有强烈的吸附能力。同时 CRF 的化学性质稳定，一般都不会与吸附质发生化学反应，是最具发展潜质的吸附材料。除了对 Cd^{2+}、Cu^{2+}、Mn^{2+}、Pb^{2+} 等重金属离子具有强的吸附性能，对四氢呋喃、丙酮、苯、四氯化碳等有机蒸气的吸附能力也明显高于活性炭等。

2.3.3 碳气凝胶的制备

CRF 的研究已有将近 30 年的历史，期间，碳气凝胶被制成块状、粉末状、微球状、薄层状、大孔状等不同形式。但无论形状如何改变，其制备过程一般都包括溶胶-凝胶过程、干燥过程以及炭化过程。

2.3.3.1 溶胶-凝胶过程

溶胶-凝胶法就是用含高化学活性组分的化合物作为前驱体，在液相条件下将原料均匀混合，并进行水解、缩合反应，形成稳定的透明溶胶体系，溶胶经陈化胶粒间缓慢聚合，形成三维空间网络结构的凝胶。

以典型的间苯二酚-甲醛碳气凝胶为例，间苯二酚（R）和甲醛（F）以 1∶2 的摩尔比混合，在催化剂 Na_2CO_3 作用下，迅速发生亲电取代反应，形成单/多元羟甲基间苯二酚，然后在羟甲基和苯环上未被取代的位置之间，以及两个羟甲基之间发生缩聚反应，分别形成以亚甲基键（—CH_2—）和亚甲基醚键（—CH_2OCH_2—）连接的基元胶体颗粒，基元胶体颗粒继续生长成团簇，团簇进一步缩聚最终形成网络状聚合物，即有机水凝胶。其反应过程如图 2-6 所示。

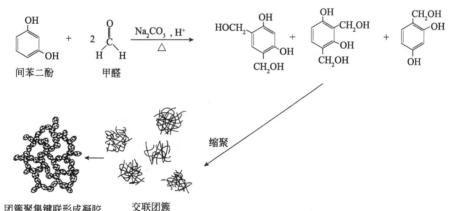

图 2-6　间苯二酚-甲醛碳气凝胶形成[60]

凝胶过程中，间苯二酚与催化剂的摩尔比是个重要参数，它控制着有机气凝胶的密度、孔隙率、比表面积等特征。另外这个比例和反应物浓度也决定了溶胶形成凝胶的时间，即体系的凝胶化时间。

2.3.3.2 凝胶的老化过程

凝胶形成后，在保持孔内液体环境的情况下，凝胶的结构和性质继续发生变化，如孔径增大、网络变粗、比表面积下降等，这一过程称为凝胶的老化。老化过程中凝胶将发生缩聚、离浆、收缩、粗化。老化过程越彻底，凝胶干燥过程的收缩率越小。

影响凝胶老化过程的三个主要参数为老化时间、温度、pH 值。老化时间越长，孔隙越大，但老化时间过长，会引起气凝胶比表面积下降[61]。老化温度提高导致所得气凝胶密度增加，比表面积下降。酸的加入可以中和凝胶形成过程中过量的碱催化剂，同时促进凝胶进一步交联、老化、增加强度，防止干燥过程中气凝胶发生开裂。

2.3.3.3 凝胶的干燥过程

凝胶的干燥是溶胶-凝胶工艺中至关重要而又较为困难的一步，因为凝胶在干燥过程中由于毛细张力、渗透张力、分离张力和湿度张力等作用易发生弯曲、变形和开裂，提高网络强度，改善气孔结构，降低干燥应力可以预防凝胶在干燥过程中碎裂，一般可采取措施：①改变合成条件或添加改性剂以增加凝胶的孔径，可以有效减小毛细张力；②添加表面活性剂使凝胶表面疏水；③通过溶剂置换使凝胶孔隙内液体变为表面张力小的液体，降低干燥时产生的应力；④采用干燥时间短的干燥方法，降低干燥应力的作用时间。

（1）超临界干燥　超临界干燥是研究的最早也是效果最好的一种方法，它使凝胶体系的温度、压力处于溶剂的临界点之上，形成超临界流体。这种流体具有很强的溶解低挥发性物质的能力，其密度和溶剂化能力接近液体，但扩散性能和黏度接近气体。由于气液界面的消失，避免了凝胶干燥过程中液体的表面张力对凝胶纳米网络结构的破坏作用，得到保持凝胶基本网络结构的气凝胶，但超临界干燥操作复杂，且价格昂贵。

（2）常压干燥　与超临界干燥过程相比，由于表面张力的存在，干燥后的凝胶往往孔隙率很小，密度较高。如果通过改变合成条件或添加有机改性剂增加凝胶的孔径，则可以有效减小干燥过程的毛细张力，减小干燥收缩率，得到孔隙率高、比表面积大的气凝胶，从而大大简化气凝胶制备工艺，降低其制备成本。常压干燥虽然会造成孔隙的收缩，但却是最简单经济的方法。

（3）冷冻干燥　20 世纪 80 年代末，Klvana 等提出用冷冻干燥法干燥气凝胶类材料，是一种能避免气液界面明显的表面张力变化的方法，操作过程简单，成本低。该方法适用于粉末状气凝胶的干燥，当凝胶的溶剂含量较高时，冷冻过程中溶剂晶体的生长会破坏凝胶原有的网络结构。另外，干燥过程中小孔洞内的溶剂晶体熔化并蒸发，也会导致相应网络收缩、坍塌。对于块状的气凝胶，干燥后容易被碎化。因此，只有在凝胶孔径大，固含量高且不要求保持原有形状的条件下，才适合用冷冻干燥法。

（4）高温炭化过程　有机气凝胶在惰性气氛下高温炭化后变成低电阻率的CRF，炭化后可以维持气凝胶稳定的网络结构。炭化过程就是一个高温裂解的过程，里面的官能团断裂，以气体形式散出，形成大量的新孔，使比表面积增大。炭化过程中，炭化温度、升温速率、时间、载气流速都会影响炭化效果，对CRF的比表面积及结构产生影响，以至于影响其性能。

2.3.4 碳气凝胶在超级电容器中的应用

CRF具有高比表面积、低电阻系数、均一纳米结构、强耐腐蚀性、宽密度范围及良好的导电性能，使其成为高功率密度、高能量密度超级电容器的理想电极材料。Mayer等[62]是最早将CRF应用在超级电容器中的，他们将整块的CRF直接作为超级电容器电极。虽然CRF具有较高的电导率，但由于较低的比表面积（<850m²·g⁻¹）和双电层储能机理的限制，测得在KOH溶液中的比电容量仅为40F·g⁻¹，远低于活性炭类材料。之后，研究者通过改变反应原料、催化剂种类、调整反应物与催化剂配比、采用不同干燥方式、活化及金属掺杂等改性方式，制备出结构和电容性能各异的CRF。

制备CRF最为典型的原料是间苯二酚和甲醛。Li等[63]从节约原料的角度出发，用甲酚部分取代间苯二酚来制备CRF电极。结果发现，在硫酸电解液中，含甲酚40%的反应配比有最高的比电容值104F·g⁻¹。随后完全用甲酚代替间苯二酚，得到770m²·g⁻¹的高比表面积的CRF，但由于其结构原因后续干燥要求较高[64]。孟庆函等[65]发现用相对分子质量较低的线型酚醛树脂——糠醛制备的CRF作为超级电容器的电极材料，在0.5mA充/放电时，电极的比电容达121F·g⁻¹，充/放电效率为95%。Yumei Ren等[66]选取西瓜果肉组织，通过水热方法将西瓜组织初步炭化，再与聚吡咯共水热煅烧得到生物质CRF，600℃下煅烧得到比电容高达281.8F·g⁻¹的电极材料。

制备CRF最常用的催化剂是Na_2CO_3等碱性钠盐。Zhu等[67]用KOH代替传统的Na_2CO_3催化剂来制备CRF，结果发现，随着催化剂浓度的增加，材料的比表面积和比孔容呈增大趋势，但平均孔径呈减小趋势。KOH在炭化过程中发挥活化作用，能够促进更多新的微孔的生成，使气凝胶的比表面积增大，比电容显著提升。Zhang等[68]尝试用六亚甲基四胺（HMTA）替代碱性催化剂来制备CRF，反应过程中，HMTA自身也参与了反应，起到交联剂的作用。红外谱线表明该产物具有与碱性条件催化产物相似的结构组成，最高比

表面积可达 $825m^2 \cdot g^{-1}$，比电容测试能够取得的最大值为 $200F \cdot g^{-1}$。

催化剂浓度和反应物浓度及配比对 CRF 性能影响较大。蒋亚娴等[69]以 2,4-二羟基苯甲酸（D）和甲醛（F）为原料，碳酸钾为催化剂，采用溶胶-凝胶和乳液聚合的方法合成出球形 CRF。相同条件下，当 n_D/n_F 值为 100 和 1000 时，得到产品比表面积分别为 $467m^2 \cdot g^{-1}$ 和 $269m^2 \cdot g^{-1}$，中孔率为 99.5% 和 22.2%，前者以中孔为主，而后者微孔较多。另外，催化剂浓度高，聚合反应容易进行，产物交联度也比较高，凝胶网络结构承受超临界过程和炭化过程中的应力的能力较强。催化剂浓度低，由于其网络结构强度低，超临界和炭化过程中，网络结构发生塌陷，孔径也变小。所以随着催化剂量的减少，气凝胶比表面积降低，中孔孔容也降低。

干燥工艺是 CRF 制备中最关键的步骤，不同的干燥方式直接影响凝胶的孔隙结构。Probstle 等[70]用常压干燥技术替代超临界干燥过程，结果制备得到具有珍珠光泽的网络结构的多孔材料，电极的比电容为 $183.6F \cdot g^{-1}$，且具有低电阻及良好的导电性。Kang 等[71]研究了 3 种制备方式对最终产物性能的影响：①传统加热＋氩气辅助炭化处理；②传统加热＋氨气辅助炭化处理；③微波照射加热＋氨气辅助炭化处理。结果发现，微波照射加热方式不存在热差，能够产生颗粒尺寸更加集中的气凝胶。②和③方法得到的凝胶比表面积分别为 $1710m^2 \cdot g^{-1}$ 和 $1080m^2 \cdot g^{-1}$，比电容分别达到 $185F \cdot g^{-1}$ 和 $148F \cdot g^{-1}$，而未加氨气辅助的方法得到的比电容仅为 $18F \cdot g^{-1}$。

虽然制备工艺条件能够影响和调控 CRF 的结构和性质，但其孔结构基本上还是中孔。因此，如果人们能够在不改变炭网络结构的基础上给它们附加均一的微孔性或大孔性结构，这无疑将给 CRF 注入新的特性和应用价值。目前，CRF 这一结构改性方法主要有活化法和掺杂法。

Baumann 等[72]发现 CO_2 活化可以有效增加 CRF 碳颗粒上的微孔和颗粒之间的大孔，比表面积与活化时间成正向关系，活化 6h 后制备的分级多孔 CRF 比表面积高达 $3125m^2 \cdot g^{-1}$，是未活化 CRF 的 6.7 倍，但在 NaCl 中的比电容量只有 $110F \cdot g^{-1}$，远低于理论容量，其原因可能是 CO_2 活化新增加的孔都是极微孔，电解液无法进入形成双电层。Wang 等[73]用一定质量比的 KOH 与 CRF 混合，将混合物在 900℃恒温加热 1h 得到活化的 CRF。测试表明最优样品的比表面积为 $1628m^2 \cdot g^{-1}$，最大比电容可达 $143F \cdot g^{-1}$。由于使用已经完全炭化的 CRF 作为活化前驱体，活化效果不明显，后又使用半炭化 CRF 为活化前驱体，活化温度降为 500℃，得到的活化 CRF 比表面积高达 $3247m^2 \cdot g^{-1}$，比电容量为 $244F \cdot g^{-1}$，性能改善明显。Hwang 等[74]采用硝酸或氨水进行改性，并控制溶液 pH 值范围在 3.0～7.5，对部分炭化之后产物在 440℃下进行热活化。结果显示，pH＝5.5 的反应溶液，在经过热处理之后，得到最高的比电容值为 220F·g^{-1}。

将金属引入 CRF 中，不但能使其微观结构和表面形态发生变化，而且还能带来高电导率等优异性能，使其更好地应用于电容器。Miller 等[75]采用气相化学渗透的方法制备钌/CRF 复合电极，2～3nm 的钌纳米颗粒均匀分散在 CRF 的表面，当 50%（质量分数）以上的钌分散在 CRF 表面时，材料的开孔结构基本没有被破坏，电极在 1mol·L^{-1} H$_2$SO$_4$ 电解液中的比电容从未处理前的 95V·g^{-1} 增加到 250F·g^{-1}，体积比电容高达 140F·cm^{-3}。Chien 等[76]用镍钴矿制备出高比表面积和高电导率的中孔主模板，这种钴镍/碳气复合凝胶显示出高比电容、高循环稳定性，并且扫 2000 次循环后只有 2.4% 的衰减。

目前影响 CRF 商业化应用的主要问题是其制备工艺复杂，制备成本偏高。由于原材料昂贵、制备工艺复杂、生产周期长、规模化生产难度大等原因，导致 CRF 产品产量低、成本高，市场难以接受，产业化困难。

2.4 碳纳米管

碳纳米管（CNT），又称巴基管，属于富勒碳系。1991 年，Iijima[77]教授利用真空电弧蒸发石墨电极时在高分辨透射电镜下首次发现具有纳米尺寸（1～100nm）的多层管状物，即 CNT。CNT 作为一种自组装单分子管状材料，由于具有独特的中空结构和良好的导电性，被认为是优良的超级电容器电极材料。

2.4.1 碳纳米管的结构

CNT 是典型的层状中空结构，可以看作是由单层或多层石墨片围绕同一中心轴按一定的螺旋角卷曲而成的无缝纳米级管结构，两个端面由富勒烯半球封住，是一种一维量子材料（如图 2-7 所示[78]）。CNT 中的碳原子多以 sp^2 杂化方式与周围的三个碳原子成键，形成以六边形为基本单元的平面网状结构，此外还有一些碳原子以 sp^3 杂化方式成键，形成一些五边形或七边形的碳环。

图 2-7　碳纳米管的结构[78]

根据管状物的石墨片层数可以分为单壁碳纳米管（SWNT）和多壁碳纳米管（MWNT）。SWNT又称富勒管，被认为是卷起来的单层石墨烯，其直径一般为0.7～6nm，长度为1～50μm，结构中缺陷少，具有更高的均匀一致性［如图2-8（a）所示］。MWNT是由几层到几十层石墨片同轴卷曲而成的管状物，其层数从2到50不等，层间距为(0.34±0.01)nm，与石墨的层间距相当，且层与层之间排列无序，通常多壁管直径为2～30nm，长度为0.1～50μm［如图2-8（b）所示］。

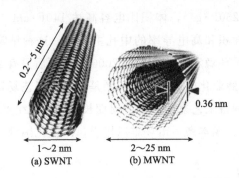

图2-8　SWNT（a）和MWNT（b）的结构[79]

在一般的CNT结构中，碳原子的六边形网格是绕成螺旋型的，因此CNT具有一定的螺旋度。根据构成SWNT的石墨片的螺旋性，可以将SWNT分为非手性对称型和手性对称型。非手性对称型的镜像图像和它本身一致，根据横截面碳环的形状不同，非手性SWNT又分为扶手椅型和锯齿型两种。手性对称型则具有一定的螺旋性，它的镜像图像无法和自身重合，如图2-9所示[80]。

2.4.2　碳纳米管的性能

CNT独特的一维中空管状结构，巨大的长径比使其具有优异的力学、电学、热学、光学等性能。具体表现在以下几个方面。

2.4.2.1　力学性能

CNT中碳原子采取sp^2杂化，形成的C=C共价键是自然界最强的价键之一，这赋予CNT极高的强度、韧性及弹性模量。它的杨氏模量和剪切模量与金刚石相同，理论强度可达$1.8×10^{12}$Pa，是钢的100倍，为已知材料中最高模量；其弯曲强度可达14.2GPa，所存应变能达100keV，是最好的微米级晶须的两倍；其弹性应变可达5%～18%，约为钢的60倍，而密度仅为钢的1/6[81]；CNT还有超高的韧性，估测其最大延伸率可达到20%。CNT的长度和直径之比可达100～1000，远超出一般材料的长径比（约为20），同时CNT还具有良

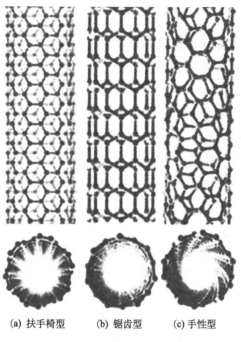

(a) 扶手椅型　　(b) 锯齿型　　(c) 手性型

图 2-9　三种不同类型碳纳米管[80]

好的可弯曲性，即使受到很大的外加应力，也不会产生脆性断裂[82]，这些优异的特性使碳纳米管成为"超级纤维"材料。

2.4.2.2　电学性能

CNT 与石墨一样，拥有大量的 p 电子，可形成大范围的离域 π 键，未成对电子可以沿管壁自由移动，但随螺旋角和管径的不同，其导电性可呈现金属性或半导体性。管径与螺旋结构主要由手性矢量所决定，当手性矢量为 3 的整数倍时，CNT 表现出金属导电性，否则为半导体导电性。理论计算显示当管径小于 6nm 时，主要表现的是良导体的金属性能，而当管径大于 6nm 时，其性能逐渐向半导体性转变[83]。据报道，当 CNT 的管径达到 0.7nm 时，将表现出超导性质。

2.4.2.3　热学性能

CNT 具有较低的热膨胀系数、超高的热导率和热力学稳定性。SWNT 依靠超声波传递热能，速度可达 $10^4 m \cdot s^{-1}$，是目前世界上最好的导热材料之一。在温度为 100K 时，单根 CNT 的热导率为 $37000 W \cdot m^{-1} \cdot K^{-1}$，室温下能达到 $6600 W \cdot m^{-1} \cdot K^{-1}$，MWNT 的热导率也超过 $3000 W \cdot m^{-1} \cdot K^{-1}$，且在 120K 以上随温度升高而增大。CNT 有很好的高温稳定性，小直径的碳纳米管在

3000K 温度下结构仍然稳定。

2.4.2.4 光学性能

CNT 的光学性能呈现很强的非线性，三次非线性光学效应使其可以做性能优异的光限幅器和高速的全光学开关。在特定的条件下，SWNT 在近红外波段可以吸收光子并发出荧光。CNT 的光学偏振性，特别是紫外区的高偏振度，与其他偏振材料相比更有应用潜力。CNT 的电致发光和光致发光性，具有发光光效高、电阻相对恒定、结构比较稳定等优异的性能。CNT 的发光是由电子在与场发射有关的两个能级上跃迁而导致的，研究表明 SWNT 的发光是从支撑纳米管的部分附近发生的，发光强度随发射电流的增大而增强，而光的吸收会随压力的增大而减弱。

2.4.3 碳纳米管的制备

自 1991 年 Iijima 首次利用真空电弧放电法制备出 CNT 后，立刻引起科研工作者的广泛关注。如何制备纯度较高、结构缺陷少和管径均匀的 CNT 是对其性能及应用研究的基础。目前，常用的 CNT 制备方法主要有：电弧放电法、化学气相沉积法、激光蒸发法、模板法等。

2.4.3.1 电弧放电法

电弧放电法是最早也是最典型的制备 CNT 的方法，主要应用于 SWNT 的生产。该方法的制备原理是利用纯石墨棒作为电极，在惰性气体气氛下，通过石墨电极放电产生 3000℃ 以上的高温，电极间产生的等离子体使阳极中的碳升华，在石墨阴极上沉积出含有 CNT 的产物。电弧放电法简便、快速，制备出的 CNT 石墨化程度高、管壁平直、结晶度好、结构近乎完美。但由于电弧温度过高，反应十分剧烈，难以控制进程，另外该方法产量低、能耗高、副产物较多，生成的 CNT 与 C_{60} 等产物混杂在一起，不利于后续的纯化分离。

2.4.3.2 激光蒸发法

激光蒸发法是在电弧放电法的基础上发展起来的。激光蒸发法是将掺杂 Fe、Co、Ni 等过渡金属催化剂的石墨作为靶材，在 1200℃ 反应温度下，在惰性气体（He）保护下，用激光轰击石墨靶生成气态碳，气态碳和催化剂离子被气流从高温区带向低温区，在催化剂的作用下生长成碳纳米管的方法。该方法得到的 CNT 形态与电弧放电法得到的相似，但纯度质量更高，没有无定形碳出现且允许连续操作。该方法的缺点是能耗高、实验设备复杂、制备成本高，不适合大规模生产。

2.4.3.3 化学气相沉积法

化学气相沉积法，也称催化裂解法，其制备工艺和生长机理的研究比较成熟，方法简单，适合大规模生产 CNT。该方法主要以甲烷、乙烯、苯等烃类化合物作为碳源，以过渡金属如铁、钴、镍等作为催化剂，在 500～1200℃ 相对较低的温度下，碳源气体与石英管中的催化剂相接触时，在催化剂颗粒表面裂解为碳原子团簇，重新组合形成 CNT。研究表明金属催化剂颗粒的直径很大程度上决定着 CNT 的直径，因此可通过选择控制催化剂种类与粒径来生长纯度较高、尺寸分布较均匀的 CNT。

这种方法突出的优点是残余反应物为气体，反应后可离开体系，得到纯度比较高的 CNT，且反应设备简单、成本低、产量大，是最有可能实现 CNT 大规模工业生产的有效方法。但其缺点是制得的 CNT 存在大量缺陷、形状不规则、易弯曲变形，并且石墨化程度低、稳定性差，可采取一定的后处理（如高温退火）以消除缺陷，使管变直，石墨化增强。

2.4.3.4 其他方法

模板法是用孔径为纳米级到微米级的多孔材料作为模板，结合电化学法、沉淀法、溶胶-凝胶法和气相沉淀法等技术使物质原子或离子沉淀在固有模板的孔壁上制备得到 CNT 的一种方法。

等离子体法是将苯等烃类化合物蒸气通过等离子体分解后产生碳原子簇沉积在冷的金属板上，得到超长 CNT 的方法。该方法中 CNT 按外延生长模式进行，生长速度可达 $0.1nm \cdot s^{-1}$，但该方法设备复杂，造价昂贵。

水/溶剂热法是直接将富碳物质在水热或溶剂热条件下置于高压反应釜中，一定温度下晶化得到 CNT 的方法。该方法不需要高温，也不需要气体保护，大大降低了制备成本。

水中电弧法是将两石墨电极插在装有去离子水的器皿中，通过电弧放电在两电极间产生等离子体，从而在阴极沉积出 CNT。如果在水中加入无机盐类，则可以得到填充有金属的两端封口的 CNT。该方法的反应温度低、能耗较小。

原位生长法是将聚合物、功能填料及催化剂前驱体在一定温度下充分混合，然后在 900℃ 的温度下短暂加热，在无须外加任何催化剂的条件下原位、高产率地合成束状 CNT 的方法。获得的 CNT 具有更高的比表面积和催化活性，是良好的催化剂载体。

固相热解法是采用常规固相热解含碳亚稳固体生长 CNT 的新的方法。本法具有过程稳定、不需催化剂、原位生长等多种优点，但因为受原料的限制，使其生产不能规模和连续化。迄今为止，已发现的 CNT 的制备方法还有很多，但能用来大量制备 CNT 的方法只有石墨电弧法和化学气相沉积法，其他方法都有一定的缺陷而无法运用于工业制备中。

2.4.4　碳纳米管在超级电容器中的应用

CNT 结晶度高、导电性好，微孔大小可通过合成工艺加以控制，独特的中孔空腔结构交互缠绕可形成纳米尺度的网状结构，有利于双电层的形成，被认为是一种理想的双电层电容器电极材料。

2.4.4.1　单壁碳纳米管

SWNT 具有比 MWNT 更高的理论比表面积，因而有望获得更高的比容量，但 SWNT 制备和纯化的难度较大，成本也远高于 MWNT。An 等[84]采用电弧放电法合成 SWNT 用作超级电容器电极材料，讨论了黏结剂、炭化温度、放电电流密度等因素对其电化学性能的影响。该实验将纯度为 20%～30%的束状 SWNT 同 30%的聚偏二氯乙烯混合压制成电极，500～1000℃热处理 30min，用镍箔做集流体，以 7.5mol·L^{-1} KOH 为电解液装配成电容器，最大比容量达 180F·g^{-1}，比功率密度和能量密度分别为 20kW·kg^{-1}和 6.5W·h·kg^{-1}。随热处理温度升高，电极的比表面积增大，孔径分布得到改善，比电容增大。安玉良等[85]以煤气为碳源采用化学气相沉积法制备 SWNT，将其用作超级电容器电极材料，比容量为 55F·g^{-1}且循环性能较好。

2.4.4.2　多壁碳纳米管

MWNT 通常以离散状态存在，管之间的堆积孔全部为中空，非常有利于双电层的形成。另外，通过调节工艺参数，可使内腔直径稍大于 2nm，使其内表面也能用来形成双电层。与 SWNT 相比，MWNT 更适合作为超级电容器的电极材料。Niu 等[86]将烃类催化热解制得相互缠绕的 MWNT 制成薄膜电极，首次用作超级电容器电极材料。在质量分数为 38%的 H$_2$SO$_4$ 电解液中，比电容达 49～113F·g^{-1}，功率密度大于 8kW·kg^{-1}。K. Jurewicz 等[87]将 MWNT 和 KOH 按质量比 4:1 混合，高温活化处理后的 CNT 超级电容器其比电容达 49F·g^{-1}，是未活化的 12 倍。进一步对其进行氨水氧化处理，比容量升高到 58F·g^{-1}。这说明对 CNT 进行活化及氨水氧化处理后，CNT 上的官能团增加，有利于提高 CNT 超电容性能。

Frackowiaka 等[88]采用乙炔催化裂解方式制备 3 种不同 MWNT，比表面积为 128～411m^2·g^{-1}。在 6mol·L^{-1} KOH 中对应的比电容为 4～80F·g^{-1}。以钴为催化剂，700℃裂解乙炔得到的 MWNT 经浓硝酸氧化处理后，比容量由 80F·g^{-1}增大到 137F·g^{-1}，比表面积变化不大，但循环伏安曲线产生了明显的氧化还原峰，说明比容量的增大是由于表面官能团产生了准电容所致。

王晓峰等[89]采用催化裂解法制备得到 MWNT 材料，以泡沫镍为基体制备电极，把 20 对该电极和无纺布隔膜叠加后制成电容器的内芯放入不锈钢内壳中，注入 $1mol \cdot L^{-1}$ $LiClO_4/PC$ 有机电解液组装成超级电容器。该电容器在 20A 电流下电容量可达到 600F，内阻仅为 $2.5m\Omega$，其比功率为 $1kW \cdot kg^{-1}$，比能量为 $0.8W \cdot h \cdot kg^{-1}$，即使在 100A 的大电流充/放电条件下，该超级电容器的电容量仍然达到 570F。

2.4.4.3 有序碳纳米管

自由生长的 CNT 取向杂乱，形态各异，或聚集成束，或相互缠绕，甚至与非晶态炭夹杂伴生，难以纯化，这就影响了其性质研究和实际应用，近年来高度有序 CNT 阵列的研究引起人们的关注。与普通 CNT 相比，垂直生长的 CNT 阵列具有规则的孔结构和导电通路，使其拥有更高的有效比表面积，较低的离子扩散电阻和更优异的倍率性能。

何春建等[90]以 C_2H_2 为碳源，采用化学气相沉积法在多孔氧化铝模板中沉积有序 CNT 阵列并制成电极。结果发现扩散控制电位下的电活性离子难以常规的扩散速度到达 CNT 的内壁深处，绝大部分的内壁面积未能充分利用，只有临近管口处的一部分内壁对扩散有一定贡献，但其电容量却可达 $68.7mF \cdot cm^{-2}$，说明有序 CNT 阵列电极用于超级电容器具有优异的性能。

Chen 等[91]以阳极氧化铝为模板，用化学气相沉积法由 C_2H_2 制备有序 CNT 阵列，观察其管径均一，外径约 120nm，壁厚仅 5nm，长度约 0.26nm。取部分作工作电极，以 $1mol \cdot L^{-1}$ H_2SO_4 为电解液，在 $210mA \cdot g^{-1}$ 的电流密度下，测得其比电容高达 $365F \cdot g^{-1}$，电流密度增大到 $1.05A \cdot g^{-1}$ 时其比电容仍高达 $306F \cdot g^{-1}$，下降仅 16%，说明该电极具有良好的功率特性。另外，有序 CNT 阵列电极还具有低的等效串联内阻和良好的循环稳定性。

2.4.4.4 导电基体上直接生长碳纳米管

一般制备的 CNT 为粉末或颗粒状，将其制备成超级电容器的电极，要加入一定量的导电剂和黏结剂和浆制片，最后与集流体压在一起，这样 CNT 与黏结剂之间以及极片与集流体间的接触电阻都成为整个电容器内阻的一部分。如果在 CNT 制备过程中使其直接生长在导电基体上，这样不需成型处理就可以直接用作电极，将大大减小了活性物质与集流体间的接触电阻，同时简化了电极的制备工序。

Chen 等[92]以乙炔为碳源、Ni 为催化剂，用化学气相沉积法在厚 0.067mm 的石墨薄片上生长出管径均一的 CNT，经 15% 的 HNO_3 浸泡后用作超级电容器的电极。在 $1.0mol \cdot L^{-1}$ H_2SO_4 电解液中，在 $100mV \cdot s^{-1}$ 的扫描速率下，循环伏安曲线依然保持着良好的矩形，其比容量达 $115.7F \cdot g^{-1}$。

Yoon 等[93]以 0.1nm 厚的镍箔为基体，NH_3 等离子刻蚀 5min 使表面粗糙不平，无须任何催化剂，用热丝等离子增强化学气相沉积法在其上生长出厚度约 20nm 的高纯度、定向排列的碳纳米管阵列，石墨化程度很高。以 $6mol \cdot L^{-1}$ KOH 为电解液，聚丙烯膜为隔膜组装成扣式电容器，在 $1000mV \cdot s^{-1}$ 的高扫描速率下，循环伏安曲线依然保持着良好的矩形，说明直接生长的碳纳米管电极有着非常低的内阻，因此具有高的放电效率和好的功率特性。进一步将表面进行 NH_3 等离子处理，比表面积从 $9.36m^2 \cdot g^{-1}$ 提高到 $96.52m^2 \cdot g^{-1}$，比电容也由 $38.7F \cdot g^{-1}$ 增大到 $207.3F \cdot g^{-1}$。

张浩等[94]以乙烯作碳源，酞菁铁作催化剂前驱体，应用化学气相沉积在钽片和不锈钢片表面直接生长 CNT 阵列，并将其用作超级电容器的正极和负极，在 $1mol \cdot L^{-1}Et_4NBF_4/PC$ 的有机电解液中，该电容器可获得高达 3.5V 的工作电压，比功率和比能量性能分别为 $928kW \cdot kg^{-1}$ 和 $19W \cdot h \cdot kg^{-1}$。

2.5 石墨烯

2004 年，英国科学家 Geim 和 Novoselov 首次从石墨中成功剥离出了单片层状态的二维碳材料——石墨烯，颠覆了科学界对二维晶体的认识。它的发现不仅完整了碳系家族，丰富了碳材料领域，而且由于石墨烯特殊的二维平面单分子层结构，使其具有优异的电学、热学、光学以及机械性能，在光电子器件、高性能复合材料、智能材料、高性能储能器件、药物载体等各领域中有着巨大的应用前景。

2.5.1 石墨烯的结构

石墨烯是一种由 sp^2 杂化碳原子组成的六角蜂窝状晶格的单原子厚度的二维平面材料。在六边形点阵上，每个点的碳原子以三个 sp^2 杂化轨道与相邻的三个碳原子形成三个 σ 键，键角 120°；剩下一个未杂化的 p 轨道上的电子与相邻碳原子平行 p 轨道电子一起形成垂直于平面的大的 π 共轭体系，电子在整个区域内自由移动。本质上而言，石墨烯是分离出来的单原子层石墨，同一层内，相邻原子距离为 0.142nm，C—C 键能极大，使其成为机械强度最高的材料；体系中的 π 电子能够在整个结构中自由运动，这又使石墨烯具有优异的电学性能。从结构来说，石墨烯是构成碳族其他几种同素异形体的基本单元。如图 2-10 所示，将石墨烯卷曲闭合成环可构成一维的碳纳米管，石墨烯包裹闭合可构成零维的富勒烯，多个二维的石墨烯片堆叠可构成三维的石墨。

理论上认为完美的二维结构无法在非热力学零度下稳定存在，但单层石墨烯却在实验中被制备出来。实际上，石墨烯并不具备完美晶型[95]。2007 年，Meyer 等利用电子衍射对石墨烯研究时发现电子束的衍射斑点随着入射角的增

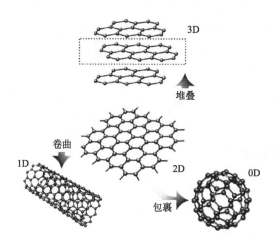

图 2-10　石墨烯与其他同素异形体的结构关系

大而展宽。他们认为石墨烯并不是绝对的平面，而是存在着一定的小山丘似的起伏。并且单层石墨烯表面褶皱程度明显要比双层石墨烯大，褶皱程度随着石墨烯层数增加而减小。褶皱可以降低单层石墨烯的表面能，是二维石墨烯存在的必要条件。事实上石墨烯结构非常稳定，其内部各个碳原子之间的连接非常的柔韧，当外部施加力时，碳原子平面就会发生弯曲变形，碳原子不必再重新排列，这就保持了石墨烯的稳定结构。由于原子间作用力十分强，在常温下，即使周围碳原子发生挤撞，石墨烯中的电子受到的干扰也非常小。

2.5.2　石墨烯的种类及定义

为了规范石墨烯领域的发展，2014 年中国石墨烯标准委员会对石墨烯及其衍生物给出了明确定义。石墨烯可根据其层数不同，分为单层石墨烯、双层石墨烯和少层石墨烯。单层石墨烯是指一层以苯环结构（即六角形蜂巢结构）周期性紧密排列的碳原子所构成的一种二维碳材料。双层石墨烯是指由两层以苯环结构周期性紧密堆积的碳原子，以不同堆积方式（包括 AB 堆积、AA 堆积、AA′堆积等）构成的一种二维碳材料。少层石墨烯是由 3～10 层以苯环结构周期性紧密堆积的碳原子层以不同堆垛方式（包括 ABC 堆积、ABA 堆积等）构成的一种二维碳材料。

石墨烯的常见衍生物有氧化石墨烯，还原氧化石墨烯以及功能化石墨烯。氧化石墨烯是指在石墨烯上至少有一个碳原子层的表面和边界中连接有含氧官能团的二维碳材料。还原氧化石墨烯是指采用化学、电化学或热处理等方法脱氧还原，不完全去除氧化石墨烯中的含氧官能团（基团）后得到的一种二维碳材料。功能化石墨烯是指在石墨烯中含有异质原子或分子（如氢、氟、含氧基团等表面修饰成键，氮、硼等元素替位掺杂，异质原子或分子插层等）的一种二维碳材料。其中氟化石墨烯、磺化石墨烯、氮掺杂石墨烯是功能化石墨烯研究中报道较多的材料。

以上提到的单层石墨烯、双层石墨烯、少层石墨烯、氧化石墨烯、还原氧化石墨烯以及功能化石墨烯等都可被称为石墨烯材料。

2.5.3　石墨烯的性质

石墨烯特殊的二维晶格结构，使其具有非常优异的电学、光学和力学等性能，自发现以来就被广泛研究，在能源、存储、光电子器件、催化、气敏元件、生物医学等领域都有巨大的应用前景。

2.5.3.1　电学性能

石墨烯是一种特殊能带结构的零带隙半导体材料。石墨烯的电子结构同三维材料截然不同，其费米面呈 6 个圆锥形。无外加电场时，石墨烯的导带和价带在狄拉克点，即费米能级处相遇。在负电场作用下，费米能级移到狄拉克点之下，使大量空穴进入价带；而在正电场作用下，费米能级则移到狄拉克点之上，使大量电子进入导带。因此，石墨烯可被看作是一种零带隙半导体材料，显示出双极性电场效应。

石墨烯中的载流子可以在电子和空穴之间连续调控，其载流子浓度可高达 $10^{13} cm^{-2}$，室温迁移率可达到 $15000 cm^2 \cdot V^{-1} \cdot s^{-1}$[96]。据实验观测在 $10 \sim 100K$ 的温度范围内，载流子迁移率几乎不受温度变化的影响，这说明对电子的散射主要来自于石墨烯晶格的缺陷[97]。通过进一步降低杂质引起的散射影响，科学家在悬浮的石墨烯中检测到高达 $200000 cm^2 \cdot V^{-1} \cdot s^{-1}$ 的载流子迁移率，这是已报道的半金属材料可达到的最大值，约为硅的 140 倍[98]。而且，温度和化学掺杂对石墨烯的载流子迁移率影响不大[99]，这就使得载流子在亚微米尺度上实现弹道输运成为了可能。

石墨烯独特的载流子特性和无质量的狄拉克费米子属性使其在室温下就具有量子霍尔效应。量子霍尔效应一般需要在低温和高磁场条件下才能实现[100]。这也使得石墨烯在量子存储和计算、准确测量标准电阻等方面具有很重要的应用价值。另外，石墨烯的室温电阻率为 $10^{-6} \Omega \cdot cm$，是目前已知材料中室温电阻率最低的材料。

2.5.3.2　光学性能

石墨烯在减薄到单层厚度时，是高度透明的。2008 年，Nair 等[101]发现石墨烯在近红外和可见光波段具有极佳的光透射性。他们将悬浮的石墨烯薄膜覆盖在几十个微米量级的孔洞上，发现单层石墨烯的透光率可达97.7%（吸收2.3%的可见光），高度透明，而且透光率随着层数的增加呈线性减小的趋势，这种线性关系与石墨烯的二维零带隙电子结构紧密相关。通过红外光谱可以检测到石墨烯的带与带之间的光学跃迁以及栅极控制的光跃迁。根据石墨烯中载流子的浓度变化，由光激发产生的电子空穴的分离结合仅需要几十皮秒的时间，即使在温和的电场下石墨烯的载流子传输速率也能保持很高，有报道在石墨烯场效应晶体管中观测到了非常快（高达40GHz）和有效（内部量子效率为6%～16%）的光响应。

2.5.3.3 力学性能

石墨烯强度高，性能可与金刚石媲美。通过分子动力学模拟等理论手段，结合实验，利用原子力显微镜纳米压痕技术，测得石墨烯的刚度约在300～400N·m^{-1}，断裂强度在42N·m^{-1}，这代表了无缺陷的石墨烯晶体的本征强度。杨氏模量的估计值为0.5～1.0TPa，非常接近石墨单晶的接受值。后来，科学家又用类似的方法对化学改性的氧化石墨烯力学性质进行检测，结果发现，这种含大量缺陷的氧化石墨烯的杨氏模量为0.25TPa，几乎没有降低。

2.5.3.4 热导性能

石墨烯的热导效应在高温时是由光子传导的，在低温时主要由其中的弹道传输所决定。石墨烯的热导率高达5300W·m^{-1}·K^{-1}，是室温下铜的热导率的10倍多；比金刚石的热导率要高。单层石墨烯的热导率与片层宽度、缺陷密度和边缘粗糙度密切相关；随着层数增多，热导率逐渐降低，当层数达到5～8层以上，减小到石墨的热导率值（理论为2200W·m^{-1}·K^{-1}，正常为1000W·m^{-1}·K^{-1}左右），石墨烯片层沿平面方向导热具有各向异性的特点，室温以上，热导率随着温度的增加而逐渐减小。

2.5.4 石墨烯的制备

2004年Geim组用胶带剥离的方法从高定向热解石墨上获得单层石墨烯，使石墨烯成为了一种可见并且可用的材料。随后，各种各样新的石墨烯的制备方法层出不穷，可划分为物理方法和化学方法，也可以按照来源分为"自下而上"或者"自上而下"的方法。这些制备方法各有优劣性，具体情况介绍如下。

2.5.4.1 机械剥离法

机械剥离法是制备石墨烯最普通最原始的方法，是将片层结构的石墨通过外加的物理作用力剥离开来获得单层或寡层石墨烯的一种"自上而下"的方法。在石墨中，石墨层间的范德华相互作用力大约为300N·μm^{-2}，这样微弱的作用力通过透明胶带的拉扯就可以轻易达到[102]。

Geim 团队将石墨分离成较小的碎片将其固定在玻璃衬底上，用透镜胶带反复撕揭后，有薄的石墨烯片层留在衬底上，最后在丙酮中超声并转移到单晶硅片上。后来，该方法简化为胶带之间反复粘揭，就可以得到越来越薄的石墨片，有的石墨片仅由一层碳原子构成。这种机械剥离法制得的石墨烯片质量较高，在电子结构上完整保留了石墨烯的优异性能，因此特别适合于石墨烯本征性质和其他物理性能的研究。

机械剥离法通常是用廉价的石墨或膨胀石墨，原料易得，操作简单，合成的石墨烯纯度高、缺陷少，但一般由该法制得的石墨烯片的片层大小大约在几十到上百微米，单纯采用机械分离法制备石墨烯的过程耗时费力、产率低、可控性差、不适合大规模生产，在实际应用中无法满足工业化生产的要求。

2.5.4.2　化学剥离法

化学剥离法是通过化学作用力将片层结构的石墨剥离开来获得单层或寡层石墨烯的一种方法。根据作用机理不同，化学剥离法一般又分为两种：一种是利用离子半径远小于石墨层间距的碱性金属嵌入石墨结构中形成插层化合物，再分散在乙醇中，得到厚度为 2～10nm 的石墨纳米片[103]。另一种方法是将石墨分散在溶剂中，利用超声作用破坏石墨层间的范德华力剥离出石墨烯片层。Hernandez 等[104]研究发现剥离石墨烯适合的溶剂表面张力应在 40～50mJ·m^{-2}，以 N-甲基吡咯烷酮为溶剂超声得到浓度为 0.01mg·mL^{-1} 的单层石墨烯悬浮液，产率达 8％。相对于机械剥离法，化学剥离法可以用于大规模生产石墨烯及石墨烯基复合物等，但其致命缺陷是在制备石墨烯过程中产物易遭到化学污染。

2.5.4.3　化学气相沉积法

化学气相沉积法是可控合成纳米材料的一种常用方法，广泛应用于大规模制备半导体薄膜材料。采用该方法能有效地制备大面积的石墨烯，其过程是将各种碳源材料（包括甲烷、乙烯、苯、固体高分子等）加热至相当高的温度使碳源裂解产生气态碳原子，之后碳原子沉积到固体基底（如镍、铜、铂等）的表面上，催化生长成石墨烯。通过调控碳源的化学成分、基底类型、前驱体的流速、气体组成比例、反应温度、时间等条件，可以实现不同尺寸、不同层数石墨烯的可控生长。2006 年，Somani 等[105]首次报道了通过化学气相沉积法合成平整的多层石墨烯。随后 Kim 等[106]以甲烷为碳源，金属镍为基底，通过控制镍层厚度和反应时间等条件，制备出了大面积的层数可控的石墨烯片。Li 等[107]利用碳在铜中溶解度低的性质，首次以铜为衬底制备单层石墨烯占 95％的样品，并提出碳原子以吸附自限制生长方式形成石墨烯的新机制。2010 年，

Bae 等[108]结合工业上卷对卷的生产技术制备了 30in（1in＝0.0254m）级的石墨烯薄膜，为实现高质量单层石墨烯的大面积宏量制备，取得了突破性的进展。虽然化学气相沉积法可以满足规模化制备高质量、大面积石墨烯的要求，但现阶段生产成本高、工艺复杂、加工条件需精确控制等制约了该方法的发展，因此仍有待进一步研究。

2.5.4.4 外延生长法

外延生长法是通过碳化物分解或烃类化合物的化学气相沉积在金属或者金属碳化物的衬底表面外延生长出石墨烯的方法。目前应用较多的是碳化硅（SiC）外延生长法。先将 SiC 表面氧化或用氢气刻蚀，处理后置于超高真空下，利用电子束去轰击 SiC 晶片，加热到 1000℃除去其表面的氧化物，继续加热样品至 1250～1450℃，恒温 1～2min 使其表面层中的硅原子蒸发，剩余的碳原子在表面重新排列，即在晶片表面外延生长出石墨烯。调控其工艺参数还可实现单层和多层石墨烯的可控制备。利用这种方法制得的石墨烯质量较高，且生成的石墨烯不易从基底分离。另外，整个制备过程温度及真空度要求较高，生产条件过于苛刻，所以在大规模石墨烯生产方面仍有很大限制。

2.5.4.5 氧化还原法

氧化还原法是目前最为常见、应用最为广泛的一种石墨烯制备方法。该方法包括两个步骤：石墨的氧化和氧化石墨烯的还原。先利用强酸和氧化剂将石墨插层氧化，使石墨的边缘和表面引入大量的羟基、羧基等亲水性基团，增加其层间距离，再借助超声等手段得到单层的氧化石墨烯，最后通过不同的还原方法将其脱去含氧基团，得到石墨烯。目前石墨的氧化主要有三种方法。

（1）Brodie 法[109]　采用浓硝酸体系，以氯酸钾为氧化剂，在 0℃反应 20～24h。若一次氧化程度达不到要求，可采用多次氧化提高氧化程度。该方法的优点是样品的氧化程度可通过反应时间来控制，缺点是制备过程中会产生有毒气体 ClO_2，有一定危险性。

（2）Staudenmaier 法[110]　在硫酸反应体系中，以氯酸钾和高浓度的硝酸为氧化剂，在冰浴池中保持反应温度在 0℃。同 Brodie 法类似，样品的氧化程度与反应时间相关。此法所需时间较长，氧化程度不高，且碳层结构破坏较严重。

（3）Hummers 法[111]　在浓硫酸和硝酸钠的混合体系中，加入高锰酸钾氧化剂，反应分别在低温（＜20℃）、中温（35℃）和高温（98℃）进行一定时间，即可得到结构规整的氧化石墨烯。该方法高锰酸钾代替氯酸钾，在减少有毒气体生成的同时提高了实验的安全性。另外此法所需时间短、石墨氧化程度高，已成为制备氧化石墨烯最普遍的方法。

氧化还原法的第二个步骤，氧化石墨烯的还原是整个制备过程的关键。常用的还原方法有很多，如化学试剂还原、高温热还原、水热/溶剂热还原、电化学还原、微波还原等。

(1) 化学试剂还原法　化学试剂还原法是在适宜温度下用化学还原试剂与分散的氧化石墨烯进行反应制备石墨烯的方法，该方法反应条件温和、易操作、成本低、产量高，可用于大规模生产石墨烯。常用的还原剂有水合肼、硼氢化钠、抗坏血酸、亚硫酸钠、氢溴酸及还原性的金属粉末等[112-115]。其中水合肼应用最多，因为它的还原效果好并且可获得稳定的石墨烯分散液。Ruoff课题组[116]利用这种方法制备的石墨烯（图 2-11），虽然在还原过程中部分石墨烯单层团聚，但仍有相对较高的比表面积（$705\mathrm{m^2 \cdot g^{-1}}$）。

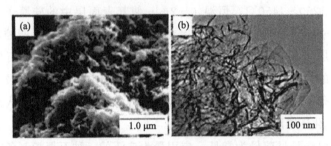

图 2-11　石墨烯的 SEM 照片（a）及
石墨烯中的单个片层的 TEM 照片（b）[116]

无机物硼氢化钠等作为还原剂制备石墨烯具有独特的优势，能够还原除去特定的官能团，且还原过程容易调控，但市场价格相对较高，并且使用的溶剂易产生杂键连接和不易纯化的问题[117]。氢溴酸也是一种广泛使用的还原试剂。由于氢溴酸是一种弱的还原剂，还原后一些相对稳定的含氧官能团仍保留在还原石墨烯中。这些表面的含氧官能团不仅可以增强石墨烯的润湿性，还会产生赝电容效应[118]。活泼金属用于还原氧化石墨烯，室温下超声辅助即可快速获得还原氧化石墨烯，该试剂对环境污染小，是一种绿色高效的还原法[119]。

(2) 高温热还原法　高温热还原法是一种有效且快速的制备石墨烯的方法。将氧化石墨放入 1300～1400K 的高温真空炉中，氧化石墨表面的含氧基团分解成 CO 或 CO_2 气体，瞬间将石墨层剥离还原成尺寸较小、有褶皱的石墨烯片[120]。热还原的温度和升温速率是影响石墨烯性质的重要因素。但这种方法耗能高、操作条件苛刻，且在还原过程中产生的气体导致石墨烯表面晶格缺陷，影响石墨烯的导电性能。

(3) 电化学还原法　电化学还原法是在水溶液中质子结合电子还原氧化石墨的一种方法，通过调节外部电源电压来改变材料表面的电子状态，对材料进行可控的修饰与还原。在还原氧化石墨的过程中可以有效控制还原程度，以便制得所需的产物。Kauppila 等[121]以循环伏安法分别在水溶液和有机溶液中对氧化石墨烯膜进行还原，发现反应进行迅速，且随着还原电势的变大，还原效果更佳。该方法还原条件温和，室温下即可进行，且反应后基本无副产物，但由于还原反应在电极表面发生，有一定的局限性，因此无法成为石墨烯制备的主流技术。

（4）光催化还原法　光催化还原法是在光催化剂（ZnO、TiO$_2$、WO$_3$ 等）的辅助作用下，利用紫外线激发产生有强还原性的光电子，将氧化石墨烯中的含氧官能团除去得到还原的石墨烯。光催化还原过程不产生有毒物质、消耗的能量低，又能对氧化石墨烯起到很好的还原效果，引起了石墨烯领域众多研究者的兴趣。但这种方法的不足是还原后的石墨烯与光催化剂混在一起需要进一步分离，石墨烯可能未被完全还原。

（5）水热/溶剂热还原法　水热/溶剂热还原法是将分散在水或溶剂中氧化石墨烯经过热处理后，使其发生脱氧还原的反应。该方法不需要复杂的设备和化学还原剂，操作简单，条件易于控制，温度一般低于 523K。Zhu 等[122]报道，通过超声将氧化石墨剥离并很好地分散在碳酸丙烯酯（PC）的溶剂中，将溶液加热到 150℃可以除去石墨表面部分含氧官能团，形成一些 2～10 层单层石墨烯堆积的薄片。这种石墨烯薄片表现出 5230S•m^{-1}的高电导率。

另外，还有微波热还原、爆炸法还原、等离子体法还原等多种新型的还原方法。

2.5.4.6　电弧放电法

电弧放电法是在高电压和大电流条件下，通过两个石墨电极之间产生电弧放电，得到黑色石墨烯粉末的方法。该方法具有制备周期短且制得石墨烯的缺陷少、纯度高、晶型好等优点。Subrahmanyam 等[123]在高压、H$_2$ 气氛下采用电弧放电法制备得到了 2～4 原子层厚度的石墨烯。Li 等[124]用该方法合成出氮掺杂的多层石墨烯。

2.5.4.7　有机合成法

有机合成法主要通过环化脱氢过程得到连续的多环芳烃结构，利用多环芳烃烃类化合物为前驱体，在溶液可控化学反应下，环化脱氢得到厚度小于5nm的大片石墨烯。该方法制备的石墨烯产量高，结构完整，加工性能良好。Qian 等[125]以四溴菲酰亚胺为单体采用有机合成法制备了无缺陷的石墨烯纳米带。

2.5.5　石墨烯在超级电容器中的应用

石墨烯作为单层离散的石墨材料，整个表面都可以形成双电层，获得远高于其他碳材料的比电容，这使其在超级电容器的应用中具有独特的优势。

2.5.5.1 石墨烯在双电层超级电容器中的应用

双电层超级电容器是通过具有高比表面积的电极材料吸附电解液离子形成双电层来储能的。因此，同时集高比表面积、高电导率、良好化学稳定性于一体的石墨烯在双电层超级电容器的应用中具有很大的潜力。

(1) 单纯石墨烯材料　2008 年，Ruoff 组[116]首次报道了以石墨烯作为电极材料的超级电容器。他们采用水合肼还原氧化石墨烯的方法，获得比表面积为 $705m^2 \cdot g^{-1}$ 的石墨烯，作为电极材料组装成超级电容器，在水系和有机系电解液中的比电容值分别为 $135F \cdot g^{-1}$ 和 $99F \cdot g^{-1}$。

同年，Vivekchand 等[126]采用热剥离氧化石墨、热处理纳米金刚石、模板热解樟脑三种不同方法制得结构各异的石墨烯。在硫酸电解液中，比电容最大可达 $117F \cdot g^{-1}$；在离子液体中电化学窗口可增加到 3.5V，相应的比电容和比能量分别为 $75F \cdot g^{-1}$ 和 $31.9W \cdot h \cdot kg^{-1}$。另外发现，石墨烯的层数直接影响材料的比表面积，从而影响电容器的性能。

Tang 等[127]用高真空低温快速热膨胀法还原氧化石墨烯制备的石墨烯，片层之间可以充分剥离开并形成大孔，有利于电解液离子进出，因此其超级电容器性能优良，在水系和有机系电解液中的比电容值分别为 $264F \cdot g^{-1}$ 和 $122F \cdot g^{-1}$。

吕岩等[128]利用电弧放电法制备得到石墨烯，具有发达、开放的介孔结构，比表面积为 $77.8m^2 \cdot g^{-1}$，中孔率高达 74.7%。作为电容器电极材料，在 $7mol \cdot L^{-1}$ 的 KOH 电解液中比电容为 $12.9F \cdot g^{-1}$，在 $200mV \cdot s^{-1}$ 大电流下循环伏安曲线仍为矩形，体现出优异的倍率性能。

(2) 改性石墨烯材料　Ruoff 等[129]用 KOH 对微波膨胀的氧化石墨进行活化，得到的活化石墨烯具有超高的比表面积（$3100m^2 \cdot g^{-1}$）和丰富的孔结构，导电性也较好（$500S \cdot m^{-1}$）。将其作为超级电容器电极材料，在离子液体体系中比电容值高达 $166F \cdot g^{-1}$，能量密度高达 $70W \cdot h \cdot kg^{-1}$。该超级电容器的循环寿命也很长，10000 次充/放电循环后，比电容仍能保持 97%。

Zhang 等[130]使用不同种类的表面活性剂改性石墨烯材料，除了在还原过程中稳定石墨烯片以避免团聚外，表面活性剂还能增强石墨烯表面对电解质溶液的润湿性。结果表明，四丁基氢氧化铵改性效果最好，在 $2mol \cdot L^{-1}$ 的 H_2SO_4 溶液中，该材料在 $1A \cdot g^{-1}$ 电流密度下比电容可达 $194F \cdot g^{-1}$，当电流密度增大到 $5A \cdot g^{-1}$ 和 $10A \cdot g^{-1}$ 时，其比电容仍可达到 $180F \cdot g^{-1}$ 和 $175F \cdot g^{-1}$。表面活性剂改性法具有工艺简单、条件温和的优点。但由该方法改性的石墨烯材料电容量增加有限，且循环稳定性较差。

Kim 等[131]利用多步活化反应，制备了具有分级多孔结构的石墨烯材料。

这种多孔石墨烯微球具有高达 $3290m^2 \cdot g^{-1}$ 的比表面积以及利于电解质离子扩散至其内表面的传输通道。在以乙腈为溶剂的离子液体电解质中，该材料在 $8.4A \cdot g^{-1}$ 的电流密度下的比电容为 $174F \cdot g^{-1}$，能量密度和功率密度分别为 $74W \cdot h \cdot kg^{-1}$ 及 $338kW \cdot kg^{-1}$。通过活化改性能够得到电容特性优良的石墨烯材料。但是，这种方法工艺烦琐，条件苛刻，不利于大规模工业化推广。

（3）碳材料/石墨烯复合材料 Liu 等[132]将氧化石墨烯与多壁碳纳米管的混合分散液抽滤成膜，再用肼蒸气还原得到了石墨烯多壁碳纳米管复合柔性薄膜。多壁碳纳米管的加入，不仅使复合膜的电导率大大提高，且阻止了石墨烯层的堆叠，大大增加了其有效比表面积。以该复合膜制成的电容器比电容可达 $256F \cdot g^{-1}$，$50A \cdot g^{-1}$ 的电流密度下电容性能保持 49%，2000 次充/放电循环后容量保持 97%。这些结果表明，该复合材料比单纯石墨烯材料具有更好的电化学性能。

Yang 等[133]通过超声和原位还原的方法制备炭黑/石墨烯复合材料，微观结构显示大量炭粒子沉积在石墨烯面上。复合物在 $10mV \cdot s^{-1}$ 扫描速率下的比电容为 $175F \cdot g^{-1}$，远高于纯石墨烯的比电容 $122.6F \cdot g^{-1}$。另外，该复合材料具有很好的循环稳定性，6000 次循环后容量仍保持 90.9%。

刘双宇等[134]以棕榈树须作为天然碳源和模板，利用化学气相沉积法制备出介孔碳/石墨烯复合材料，研究了复合材料的超级电容器性能。在 $1mol \cdot L^{-1}$ 的 H_2SO_4 电解液中，在三电极体系 $1A \cdot g^{-1}$ 条件下，其比容量可达 $144F \cdot g^{-1}$。同时，倍率性能优异。

2.5.5.2 石墨烯在赝电容超级电容器中的应用

（1）掺杂石墨烯材料 杂原子掺杂是提高石墨烯电容性能的有效方法。这是由于杂原子的引入可以显著影响相邻碳原子的自旋电子密度和电荷分布，同时能够有效改善碳材料表面润湿性，并形成赝电容，大幅提高石墨烯材料的电容特性。

Zhang 等[135]在氨气气氛下对氧化石墨进行 700℃ 高温处理，再经微波剥离并活化，得到比表面积高达 $2000m^2 \cdot g^{-1}$ 的 N 掺杂石墨烯材料。在 $6mol \cdot L^{-1}$ 的 KOH 电解液中，掺 N 量为 2.3% 的石墨烯在 $0.2A \cdot g^{-1}$ 的电流密度下的比电容为 $420F \cdot g^{-1}$，比未掺杂 N 时的比电容（$160F \cdot g^{-1}$）有了显著提高。

苏鹏等[136]以氧化石墨为原料，尿素为还原剂和氮掺杂剂，在 160℃、3h 水热条件下合成了不同氮掺杂含量的石墨烯。电化学测试表明，氮含量为 7.50% 的掺杂石墨烯超级电容性能最佳，比电容可达到 $184.5F \cdot g^{-1}$。经 1200 次充/放电后，比电容仍可维持在 87.6%，显示出较高的比电容和良好的循环寿命。

Niu 等[137]通过热分解法制备 B 掺杂的石墨烯，其在 $0.5A\cdot g^{-1}$ 的电流密度下比电容是 $172.5F\cdot g^{-1}$，且 5000 次充/放电循环后仍保持初始电容的 96.5%，表现出良好的循环稳定性。

(2) 石墨烯/聚合物复合材料　导电聚合物通过在其表面发生的氧化还原反应可在短时间内产生大量的 n 型或 p 型掺杂并存储高密度的电荷，具有很高的法拉第准电容。其链上的共轭基团可与石墨烯发生 π-π 共轭、静电以及氢键的相互作用，形成石墨烯/导电聚合物复合材料，改善了导电聚合物电极材料固有的缺点（如循环寿命短、形态控制困难等），也对石墨烯结构进行了优良的改进，减少了石墨烯片层的堆叠，提高了其比电容。

Yan 等[138]采用原位聚合法合成石墨烯/聚苯胺纳米片层复合材料，在扫描速率为 $1mV\cdot s^{-1}$ 时，其比电容可达 $1046F\cdot g^{-1}$，远远高于同等条件下聚苯胺单体的比电容（$115F\cdot g^{-1}$）。另外当比功率密度为 $70kW\cdot kg^{-1}$ 时，其能量密度高达 $39W\cdot h\cdot kg^{-1}$。复合物的这种优良的性能可能源于复合过程中，石墨烯作为支撑材料为 PANi 成核提供了更多的活性点，同时为电子的快速转移提供了路径。

Wang 等[139]通过原位阳极聚合法制备了石墨烯/聚苯胺复合纸。这种复合物具有很好的柔韧性，并保留了石墨烯纸的层状结构。电化学测试表明，该复合物最大比电容可达 $233F\cdot g^{-1}$，远高于石墨烯纸和其他碳基柔性电极，在柔性超级电容器电极方面的应用前景广阔。

杨超[140]采用重氮反应将 4-氨基苯引入片状石墨烯表面，通过氧化法和自组装方法制得具有层状结构的聚吡咯/石墨烯复合材料，石墨烯含量的提高，材料电导率出现先增大后减小的趋势，其比电容的变化范围为 $174\sim353F\cdot g^{-1}$。随着石墨烯含量的改变，聚吡咯在石墨烯层状表面的结构分布存在差异：含量较低时，聚吡咯粒子不断堆积，使得石墨烯的包裹层较厚；当含量提高时，聚吡咯粒子均匀分布在 GNS 表面；但过多石墨烯的加入会使聚吡咯粒子在石墨烯表面分布分散，不能有效包覆，导致聚吡咯的利用率及电化学性能降低。

(3) 石墨烯/金属氧化物复合材料　将具有较高比电容的金属氧化物与具有较高电子电导率和较大比表面积的石墨烯相结合，充分发挥两种组分的增效协同效应。一方面可以保持超级电容器的高比功率，另一方面也增加了复合物电极的比容量和循环稳定性，从而得到性能优良的超级电容器电极材料。

在各类金属氧化物中，MnO_2 因具有资源丰富、价格低廉、环境友好等优点而成为较为理想的超级电容器电极候选材料。Yang 等[141]将石墨烯纳米片加入到 $KMnO_4$ 和 H_2SO_4 的混合溶液中，110℃下反应 12h 得到一种由纳米棒结合在一起的三维海胆状结构的 MnO_2/石墨烯复合物，MnO_2 附着在二维石墨烯的表面，大大提高了复合物的电化学性能。在三电极体系中，复合物的最大比电容值为 $263F\cdot g^{-1}$，且经过 500 次充/放电循环之后的电容保持率为 99%。

Chan 等[142]用电化学沉积法得到了颗粒状 MnO_2/石墨烯复合物，并研究了不同沉积时间对金属氧化物颗粒的影响。结果表明，沉积时间过短不利于氧化物颗粒的形成，时间过长会导致氧化物负载过多，影响复合物的稳定性。在最佳沉积时间下得到的复合物在 $1mV\cdot s^{-1}$ 扫描速率下的最大比电容值可达 $378F\cdot g^{-1}$。

RuO_2 是发现和研究最早的过渡金属氧化物，因其本身导电性好、容量高、内阻小，是一种非常优异的赝电容电极材料，但其价格昂贵，将其与石墨烯进行复合可以减少贵金属的用量，降低制备成本。Chen 等[143]以一步水热法制备了 RuO_2/石墨烯复合物并在三电极体系中对其进行电化学性能测试。研究发现，当电流密度为 $0.5A\cdot g^{-1}$ 时，复合物的最大比电容值为 $471F\cdot g^{-1}$，且在 3000 次充/放电循环后的电容保持率为 92%。

NiO 具有理论赝电容高和循环可逆性好等优点，将 NiO 与石墨烯进行复合可以获得电化学性能优异的超级电容器电极材料。Zhao 等[144]将 GO 与硝酸镍混合，在静电作用力下镍离子吸附在 GO 表面，利用 NH_4HCO_3 调节体系的 pH 值生成 $Ni(OH)_2$/GO 前驱体，最后经过高温煅烧即可得到 NiO/石墨烯复合物。这种方法有利于金属氧化物的吸附，可以进一步提高复合物的电化学性能，在三电极测试体系中，复合物的最大比电容可达 $525F\cdot g^{-1}$。

Co_3O_4 具有较高的理论电容值和优异的氧化还原性，但低的倍率性能和循环稳定性却限制了其在超级电容器中的应用。将 Co_3O_4 与石墨烯进行复合可以有效弥补 Co_3O_4 的不足。Xie 等[145]以氨水为沉淀剂，用化学沉积法成功制备 $Co(OH)_2$/GO 前驱体，然后在 250℃下的 N_2 气氛中加热得到了 Co_3O_4/石墨烯复合物，在三电极测试体系 $1A\cdot g^{-1}$ 的电流密度下，其初始比电容达到了 $636F\cdot g^{-1}$。进一步以复合物和活性炭为两电极、KOH 为电解液组装成非对称超级电容器，其能量密度可以达到 $35.7W\cdot h\cdot kg^{-1}$。

ZnO 是一种性能优良的半导体材料，原料价格低廉且来源广泛。纳米 ZnO 易生长在各种基底上，且其颗粒尺寸易控制，但作为电极材料时循环稳定性较差，与石墨烯复合可有效改善其稳定性。Haldorai 等[146]利用超临界 CO_2 在室温环境下得到了颗粒状 ZnO/石墨烯，超临界 CO_2 的引入不仅有利于剥离石墨烯，还能使 ZnO 均匀、紧密地吸附在石墨烯的表面。经三电极体系测试发现，复合物的最大比电容可达 $314F\cdot g^{-1}$。

参 考 文 献

[1] 高原.浒苔基高比表面积活性炭的制备及其性能研究[D].山东：山东大学，2017.

[2] 王秀芳，张会平，肖新颜，等.高比表面积活性炭研制进展[J].功能材料，2005,36(7):975-977.

[3] 吴明铂.化学活化法制备活性炭的研巧进展[J].炭素技术,1999,(4):19-23.

[4] 杨登莲.中试超级活性炭制备及注意事项[J].石河子科技,2011,(6):35-38.

[5] 乔文明，查庆芳.氧化沥青的活化研究[J].炭素技术,1994,(2):1-4.

[6] 常俊玲，刘洪波，张红波.高比表面积活性炭作双电层电容器电极材料的研究[C].中国功能材料及其应用学术会议,2001.

[7] 刘洪波，常俊玲.双电层电容器高比表面积活性炭的研究[J].电子元件与材料,2002,21(2):19-21.

[8] LIOU T. Development of mesoporous structure and high adsorption capacity of biomass-based activated carbon by phosphoric acid and zinc chloride activation[J]. Chemical Engineering Journal, 2010, (158): 129-142.

[9] SUN Y, YUE Q, GAO B, et al. Comparative study on characterization and adsorption properties of activated carbons with H_3PO_4 and $H_4P_2O_7$ activation employing cyperus alternifolius as precuesor [J]. Chemical Engineering Journal, 2012,(181-182): 790-797.

[10] MOLINA S M, RODRIGUEZ R F, CATURLA F. Porosity in granular carbons activated with phosphoric acid[J]. Carbon, 1995, 33(8): 1105-1113.

[11] HU Z H, SRINIWASAN M P, NI Y M. Preparation of mesoporous high-surface-area activated carbon [J]. Advanced Materials, 2002, 12(1): 62-65.

[12] 张文辉，袁国军，李书荣，等.浸渍 KOH 研制煤基高比表面活性炭[J].新型炭材料,1998,13(4):55-60.

[13] KIM W, KANG M Y, JOO J B, et al. Preparation of ordered mesoporous carbon nanopipes with controlled nitrogen species for application in electrical double-layer capacitors[J]. Journal of Power Sources, 2010, 195(7): 2125-2129.

[14] 杜嫌，王春扬，郭春雨，等.超级电容器用活性炭电极表面氧化改性后的电化学性能 [J].兵器材料科学与工程,2008,31(2):31-36.

[15] 冉龙国，黄颖，张伟.硝酸处理对超级电容器用活性炭性能的影响 [J].广州化工,2009,37(1):89-91.

[16] RAYMUUDO P E, CAZORLA A D, LINARES S A. The role of different nitrogen functional groups on the removal of SO_2 from flue gases by N-doped activated carbon powders and fibers [J]. Carbon, 2003, 41(10): 1925-1932.

[17] HUANG M C, TENG H. Nitrogen-containing carbons from phenol-formaldehyde resins and their catalytic activity in NO reduction with NH_3[J]. Carbon, 2003, 41(5): 951-957.

[18] 解强，李兰亭，李静，等.活性炭低温氧/氮等离子体表面改性的研究[J].中国矿业大学学报, 2005, 34(6): 688-693.

[19] 侯敏，孙康，邓先伦，等.椰壳基超级电容活性炭的制备及其电化学性能研究[J].生物质化学工程, 2016, 50(2): 13-18.

[20] 杨静，刘亚菲，陈晓妹，等.高能量密度和功率密度炭电极材料[J].物理化学学报, 2008, 24(1):

13-19.

[21] 陈晓妹，刘亚菲，胡中华，等. 高性能炭电极材料的制备和电化学性能研究[J]. 功能材料，2008，39
    (5)：771-775.

[22] 宋晓岚，段海龙，王海波，等. 稻壳基活性炭电极材料制备及其电化学性能研究[J]. 硅酸盐通报，
    2017，36(3)：991-1002.

[23] HE X J，LING P H，YU M X，et al. Rice husk-derived porous carbons with high capacitance by
    $ZnCl_2$ activation for supercapacitors [J]. Electrochimica Acta，2013，105，635-641.

[24] LIU D C，ZHANG W L，LIN H B，et al. Hierarchical porous carbon based on the self-templating
    structure of rice husk for high-performance supercapacitors [J]. RSC Adv，2015，5 (5)：
    19294-19300.

[25] KIM Y J，LEE B J，SUEZAKI H，et al. Preparation and characterization of bamboo-based activated
    carbons as electrodematerials for electric double layer capacitors [J]. Carbon，2006，44 (8)：
    1592-1595.

[26] 白翔，陈晓红，张东升，等. 竹炭基超级电容器电极材料的制备和电化学性质[J]. 炭素技术，2009，
    28(1)：9-14.

[27] 杨胜杰，梁亚丽，张振，等. 超级电容器用竹基活性炭材料的制备[J]. 电源技术，2013，37(10)：
    1793-1795.

[28] 张传祥，张睿，成果，等. 煤基活性炭电极材料的制备及电化学性能[J]. 煤炭学报，2009，34(2)：
    252-256.

[29] 邢宝林，张传祥，谌伦建. 双电层电容器用煤基活性炭的制备与电化学性能表征[J]. 材料导报，
    2009，23(11)：106-109.

[30] ZHANG C X，LONG D H，XING B L，et al. The superior electrochemical performance of oxygen-
    rich activated carbons prepared from bituminous coal[J]. Electrochemistry Communications，2008，
    10(11)：1809-1811.

[31] 宋燕，李开喜，杨长玲，等. 石油焦制备高比表面积活性炭的研究[J]. 石油化工，2002，31(6)：
    431-435.

[32] 谭明慧，艾培培，李士斌，等. 石油焦基多孔炭电极材料的制备及调控[J]. 化学工程，2013，41(9)：
    15-18.

[33] 肖荣林，徐绍平，贾殿赠，等. 氢气气氛下 KOH 活化石油焦制备活性炭及其电化学性质 [J]. 石油
    学报，2013，29(4)：626-632.

[34] INAGAKI M，KATO M，MORISHITA T，et al. Direct preparation of mesoporous carbon from a
    coal tarpitch [J]. Carbon，2007，45(5)：1121-1124.

[35] 李晶，赖延清，赵晓东，等. 超级电容器碳电极材料制备工艺优化与性能[J]. 材料导报，2011，25
    (4)：53-56.

[36] HE X J，LI X J，WANG X T，et al. Efficient preparation of porous carbons from coal tarpitch for
    high performance supercapacitors [J]. New Carbon Materials，2014，29(6)：493-502.

[37] TENG H，CHANG Y J，HSIEH C T. Performance of electric double-layer capacitors using carbons
    prepared from phenol-formaldehyde resins by KOH etching[J]. Carbon，2001，39：1981-1987.

[38] 耿新，李莉香，安百刚，等. 活化温度对超级电容器用酚醛树脂基活性炭电化学性能的影响[J]. 电

子元件与材料，2015，5(32)：30-33.

[39] 王仁清，方勤，邓梅根. 模板法制备超级电容器活性炭电极材料[J]. 电子元件与材料，2009，28(1)：14-16.

[40] MUTSUMI S, TAKASHI S, SUZUKI T, et al. Surface fractal dimension of less-crystalline carbon mieropore walls [J]. J Phys Chem B, 1997, 101(10)：1845-1850.

[41] 李海燕. 富含中孔活性炭纤维的制备与应用[D]. 北京：北京化工大学，2009.

[42] GARCIA F S, ALONSO A M, TASCON J M D. Activated carbon fibers from Nomex by chemical activation with phosphoric acid [J]. Carbon, 2004, 42(8)：1419-1426.

[43] NAKOM W, SHIN H, NAKAGAWA H, et al. Effect of oxidation pre-treatment at 220 to 270℃ on the carbonization and activation behavior of phenolic resin fiber [J]. Carbon, 2003, 41(5)：933-944.

[44] 罗益锋. 炭纤维研究开发现状[J]. 新型碳材料，1991，Z1(3-4)：11-20.

[45] RYU Z Y, ZHENG J T, WANG M Z, et al. Nitrogen adsorption studies of PAN-basedactivated carbon fibers prepared by different activation methods [J]. Journal of Colloid and Interface Science, 2000, 230：312-319.

[46] CARROT P J M, FREEMAN J J. Evolution of micropore structure of activated charcoal cloth [J]. Carbon, 1991, 29(5)：499-506.

[47] 杜亚平，毛清龙，张德祥，等. 石焦油基活性炭制备土艺对其吸附性能及孔结构的影响 [J]. 新型炭材料，2003，18(3)：225-230.

[48] 卫振兴，郑经堂. 活性炭纤维改性综述[J]. 兵器材料科学与工程，2013，36(2)：126-129.

[49] BASOVA Y V, HATORI H, YAMADA Y, et al. Effect of oxidation-reduction surface treatment on the electrochemical behavior of PAN-based carbon fibers [J]. Electrochemistry Communications, 1999, 11(1)：540-544.

[50] 程抗，王祖武，左蓉，等. 等离子体改性对活性炭纤维表面化学结构的影响[J]. 环境工程，2009(1)：100-103.

[51] 张玉芹，秦军，陈明鸣，等. 活化温度对酚醛基活性炭纤维的孔结构和电化学性能的影响 [J]. 炭素，2009，137(1)：8-13.

[52] YOSHIDA A, TANAHASHI I, NISHINO A. Effect of concentration of surface acidic functional groups on electric double-layer properties of activated carbon fibers [J]. Carbon, 1990, 28：611-619.

[53] Xu B, Wu F, Chen S, et al. Activated carbon fiber cloths as electrodes for high performance electric double layer capacitors [J]. Electrochimica Acta, 2007, 52：4595-4598.

[54] 李莹. 原位富氮层次孔活性炭纤维的制备及其超级电容器性能研究[D]. 中国科学院，2016.

[55] 刘凤丹，王成扬，杜嫚，等. 苎麻基活性炭纤维超级电容器材料的制备[J]. 电源技术，2009，33(12)：1086-1089.

[56] PEKALA R W, KONG F M. Resorcinol-formaldehyde aerogels and their carbonized derivatives [J]. Polymer Prepfints, 1989, 30(1)：221-223.

[57] 郭志军，朱红，张新卫. 碳气凝胶的制备及结构[J]. 北京交通大学学报，2010，6(34)：103-106.

[58] MERZBACHER C I, MEIER S R, PIERCE J R, et al. Carbon aerogels as broadband non-reflective materials [J]. Journal of Non-Crystalline Solids, 2001, 285(1-3)：210-215.

[59] ZHANG S Q, HUANG C G, ZHOU Z Y, et al. Investigation of the microwave absorbing properties

of carbon aerogels [J]. Materials Science and Engineering B, 2002, 90(1-2): 38-41.

[60] 刘羽熙. 碳气凝胶复合电极材料的制备及性能研究[D]. 哈尔滨：黑龙江大学，2009.

[61] BOCK V, EMMERLING A, FRICKE J. Influence of monomer and catalyst concentration on RF and carbon aerogel structure [J]. Journal of Non-Crystalline Solids, 1998, 225: 69-73.

[62] MAYER S T, PEKALA R W, KASCHMITTER J L. The aerocapacitor: an eletrochemical double-layer energy-storage device [J]. J Electrochem Soc, 1993, 140(2): 446-451.

[63] LI W C, REICHENAUER G, FRICKE J. Carbon acrogels derived from cresol-resorcinol-formaldehyde for supercapacitors [J]. Carbon, 2002, 40(15): 2955-2959.

[64] LI W C, PROBSTLE H, FRICKE J. Electrochemical behavior of mixed C_m RF based carbon aerogels as electrode materials for supercapacitors [J]. Journal of Non-Crystalline Solids, 2003, 325(1-3): 1-5.

[65] 孟庆函，刘玲，宋怀河，等. 碳气凝胶为电极的超级电容器的研究[J]. 功能材料，2004，35(4): 457-459.

[66] REN Y, ZHANG J, XU Q, et al. Biomass-derived three-dimensional porous N-doped carbonaceous aerogel for efficient supercapacitor electrodes [J]. Rsc Advances, 2014, 4(45): 23412-23419.

[67] ZHU Y D, HU H Q, LI W C, et al. Resorcinol-formaldehyde based porous carbon as an electrode material for supercapacitors[J]. Carbon, 2007, 45(1): 160-165.

[68] ZHANG L, LIU H B, WANG M, et al. Structure and electrochemical properties of resorcinol-formaldehyde polymer-based carbon for electric double-layer capacitors [J]. Carbon, 2007, 45(7): 1439-1445.

[69] 蒋亚娟，陈晓红，宋怀河. 用于超级电容器电极材料的球形碳气凝胶[J]. 北京化工大学学报，2007，6(34): 616-620.

[70] PROBSTLE H, WIENER M, FRICKE J. carbon aerogels for electrochemical double layer capacitors [J]. Journal of Porous Materials, 2003, 10(4): 213-222.

[71] KANG K Y, HONG S J, LEE B I, et al. Enhanced electrochemical capacitance of nitrogen-doped carbon gels synthesized by microwave-assisted polymerization of resorcinol and formaldehyde [J]. Electrochemistry Communications, 2008, 10(7): 1105-1108.

[72] BAUMANN T F, WORSLEY M A, HAN T Y J, et al. High surface area carbon aerogel monoliths with hierarchical porosity [J]. J Non-Cryst Solids, 2008, 354(29): 3513-3515.

[73] WANG J B, YANG X Q, WU D C, et al. The porous structures of activated carbon aerogels and their effects on electrochemical performance[J]. Journal of Power Sources, 2008, 185(1): 589-594.

[74] HWANG S W, HYUN S H. Capacitance control of carborn aerogel electrodes [J]. Journal of Non-Crystalline Solids, 2004, 347(1-3): 238-245.

[75] MILLER J M, DUNN B, TRAN T D, et al. Deposition of ruthenium nanoparticles on carbon aerogels for high energy density [J]. Journal of the Electrochemical Society, 1997, 144(12): 309-311.

[76] CHIEN H C, CHENG W Y, WANG Y H, et al. Ultrahigh specific capacitances for supercapacitors achieved by nickel cobaltite/carbon aerogel composites[J]. Advanced Functional Materials, 2012, 22 (23): 5038-5043.

[77] IIJIMA S. Helical microtubeles of graphitic carbon[J]. Nature, 1991, 354: 56-58.

[78] AJAYAN P M. Nanotubes from carbon[J]. Chemical Reviews, 1999, 99(7): 1787-1799.

[79] REILLY R M. Carbon nanotubes: potential benefits and risks of nanotechnology in nuclear medicine [J]. Journal of Nuclear Medicine, 2007, 48(7):1039-1042.

[80] BAUGHMAN R H, ZAKHIDOV A A, HEER W D. Carbon nanotubes-the route toward applications[J]. Science, 2002, 297(5582): 787-792.

[81] BERBER S, KWON Y K, TOMANEK D. Unusually high thermal conductivity of carbon Nanotubes [J]. Phys Rev Lett, 2000, 84(20): 4613-4616.

[82] MARTEL R, SHEA H R, AVOURIS P H. Rings of single-walled carbon nanotubes[J]. Nature, 1999, 398(25): 299-300.

[83] 郭先锋，吕东生，周柳，等. 碳纳米管及其电化学应用[J]. 电池工业，2007，11(3): 193-196.

[84] AN K H, KIM W S, PARK Y S, et al. Supercapacitor using single-walled carbon nanotube electrodes[J]. Adv Mater, 2001, 13(7): 497-500.

[85] 安玉良，袁霞，邱介山. 化学气相沉积法碳纳米管的制备及性能研究[J]. 炭素技术，2006，5(25): 5-9.

[86] NIU C, SICHEL E K, HOCH R. High power electrochemical capacitors based on carbon nanotube electrodes[J]. Appl Phys Lett, 1997, 70(11): 1480-1482.

[87] JUREWICZ K, BABLE K, PIETRZAK R, et al. Capacitance properties of multi walled carbon nanotubes modified by activation and ammoxidation [J]. Carbon, 2006,(44): 2368-2375.

[88] FRACKOWIAKA E, METENIER K, BERTAGNA V, et al. Supercapacitor electrodes from multi-walled carbon nanotubes[J]. Appl Phys Lett, 2000, 77(15): 2421-2423.

[89] 王晓峰. 碳纳米管超级电容器的研制和应用[J]. 电源技术，2005，29(1): 27-30.

[90] 何春建，薛宽宏，陈巧玲，等. 多壁碳纳米管阵列电极的循环伏安行为[J]. 化学研究，2003，15(5): 628-629.

[91] CHEN Q L, XUE K H, SHEN W, et al. Fabrication and electrochemical properties of carbon nanotube array electrode for supercapacitors[J]. Electrochimica Acta, 2004, 49: 4157-4161.

[92] CHEN J H, LI W Z, WANG D Z, et al. Electrochemical characterization of carbon nanotubes as electrode in electrochemical double-layer capacitors[J]. Carbon, 2002, 40(8): 1193-1197.

[93] YOON B J, JEONG S H, LEE K H, et al. Electrical properties of electrical doublelayer capacitors with integrated carbon nanotube electrodes[J]. Chemical Physics Letters, 2004, 388(1-3): 170-174.

[94] 张浩，曹高萍，杨裕生，等. 可用至 3.5V 的碳纳米管阵列超级电容器[J]. 电化学，2008，2(14): 117-120.

[95] MAYER J C, GEIM A K, KATANELSON M I, et al. The structure of suspended graphene sheets [J]. Nature, 2007, 446(7131): 60-63.

[96] ZHANG Y B, TAN Y W, STORMER H L. Experimental observation of the quantum Hall effect and Berry's phase in graphene [J]. Nature, 2005, 438: 201-204.

[97] NOVOSELOV K S, GEIM A K, MOROZOV S V. Two-dimensional gas of massless dirac fermions in grapheme [J]. Nature, 2005, 438: 197-200.

[98] BOLOTIN K I, SIKES K J, JIANG Z. Ultrahigh electron mobility in suspended grapheme[J]. Solid State Commun, 2008, 146(9-10): 351-355.

[99] SCHEDIN F, GEIM A K, MOROZOV S V, et al. Detection of individual gas molecules adsorbed on grapheme [J]. Nat Mater, 2007, 6: 652-655.

[100] NOVOSELOV K S, JIANG Z, ZHANG Y, et al. Room-temperature quantum hall effect in graphene[J]. science, 2007, 315(5817): 1379-1379.

[101] NAIR R R, BLAKE P, GRIGORENKO A N, et al. Fine structure constant defines visual transparency of graphene [J]. science, 2008, 320, 1308-1308.

[102] ZHANG Y B, SMALL J P, PONTIUS W V, et al. Fabrication and electric-field-dependent transport measurements of mesoscopic graphite devices [J]. Appl Phys Lett, 2005, 86(7): 1-3.

[103] VICULIS L M, MACK J J, MAYER O M, et al. Intercalation and exfoliation routes to graphite nanoplatelets[J]. J Mater Chem , 2005, 15(9): 974-978.

[104] HERNANDEZ Y, NICOLOSI V, LOTYA M, et al. High-yield production of graphene by liquid-phase exfoliation of graphite[J]. Nature Nanotech, 2008, 3(9): 563-568.

[105] SOMANI P R, SOMANI S P, UMENO M. Planer nano-graphene from camphor by CVD[J]. Chem Phys Lett, 2006, 430(1-2): 56-59.

[106] KIM K S, ZHAO Y, JANG H, et al. Large-scale pattern growth of graphene films for stretchable transparent electrodes[J]. Nature, 2009, 457(7230): 706-710.

[107] LI X S, CAI W W, AN J H, et al. Large-area synthesis of high-quality and uniform graphene films on copper foils[J]. Science, 2009, 324(5932), 1312-1314.

[108] BAE S, KIM H, LEE Y, et al. Roll-to-roll production of 30-inch graphene films for transparent electrodes[J]. Nature Nanotechnology, 2010, 5: 574-578.

[109] BRODIE B C. On the atomic weight of graphite[J]. Philosophical Transactions of the Royal Society of London, 1859, 149: 249-259.

[110] STAUDENMAIER L. Verfahren zur darstelung der graphitsaure[J]. European Journal of Inorganic Chemistry, 1898, 31(2): 1481-1487.

[111] HUMMERS W S, OFFEMAN R E. Preparation of graphite oxide[J]. J Am Chem Soc, 1958, 80 (6): 1339-1339.

[112] STANKOVICH S, DIKIN D A, PINER R D, et al. Synthesis of graphene-based nanosheets via chemical reduction of exfoliated graphite oxide[J]. Carbon, 2007, 45(7): 1558 -1565.

[113] SHIN H J, KIM K K, BENAYAD A, et al. Efficient reduction of graphite oxide by sodium borohydrilde and its effect on electrical conductance[J]. Advanced Functional Materials, 2009, 19(12): 1987-1992.

[114] WANG G X, YANG J, PARK J, et al. Facile synthesis and characterization of graphene nanosheets [J]. The Journal of Physical Chemistry C, 2008, 112(22): 8192 -8195.

[115] DUA V, SURWADE S P, AMMU S, et al. All-organic vapor sensor using inkjet-printed reduced graphene oxide[J]. Angewandte Chemie International Edition, 2010, 49(12): 2154 -2157.

[116] STOLLER, PARK M D, ZHU Y W, et al. Graphene-based ultracapacitors[J]. Nano Lett, 2008, 8(10): 3498-3502.

[117] 杨文强, 吕生华. 还原法制备石墨烯的研究进展及发展趋势[J]. 应用化工, 2014, 43(9): 1705-1708.

[118] CHEN Y, ZHANG X, ZHANG D, et al. High performance supercapacitors based on reduced graphene oxide in aqueous and ionic liquid electrolytes [J]. Carbon, 2011, 49(2): 573-580.

[119] SHAO Y, WANG J, ENGELHARD M, et al. Facile and controllable electrochemical reduction of graphene oxide and its applications [J]. Journal of Materials Chemistry, 2010, 20(4): 743-748.

[120] KUDIN K N, OZBAS B, SCHNIEPP H C, et al. Raman spectra of graphite oxide and functionalized graphene sheets[J]. Nano Lett, 2007, 8(1): 36-41.

[121] KAUPPILA J, KUNNAS P, DAMLIN P, et al. Electrochemical reduction of graphene oxide film in aqueous and organic solutions[J]. Electrochemical Acta, 2013(89):84-89.

[122] ZHU Y, STOLLER M D, CAI W, et al. Exfoliation of graphite oxide inpropylene carbonate and thermal reduction of the resulting graphene oxide platelets [J]. ACS Nano, 2010, 4 (2): 1227-1233.

[123] SUBRAHMANYAM K S, PANCHAKARLA L S, GOVINDARAJ A, et al. Simple method of preparing graphene flakes by an arc-discharge method[J]. The Journal of Physical Chemistry C, 2009, 113(11): 4257-4259.

[124] LI N, WANG Z, ZHAO K, et al. Large scale synthesis of N-doped multi-layered graphene sheets by simple arc-discharge method[J]. Carbon, 2010, 48(1): 255-259.

[125] QIAN H L, NEGRI F, WANG C R, et al. Fully conjugated tri(perylene bisimides): an approach to the construction of n-type graphene nanoribbons[J]. Journal of the American Chemical Society, 2008, 130(52): 17970-17976.

[126] VIVEKCHAND S R C, ROUT C S, SUBRAHMANYAM K S, et al. Graphene based electrochemical supercapacitors[J]. J Chem Sci, 2008, 130(11): 9-13.

[127] LV W, TANG D M, HE Y B, et al. Low-temperature exfoliated graphenes: vacuum-promoted exfoliation and electrochemical energy storage[J]. ACS Nano, 2009, 3: 3730-3736.

[128] 吕岩, 王志永, 张浩, 等. 电弧法制备石墨烯的孔结构和电化学性能研究[J]. 无机材料学报, 2010, 25(7): 725-730.

[129] ZHU Y, MURALI S, STOLLER M D, et al. Carbon-based supercapacitors produced by activation of graphene [J]. Science, 2011, 332: 1537-1541.

[130] ZHANG K, MAO L, ZHANG L L, et al. Surfactant-intercalated, chemically reduced graphene oxide for high performance supercapacitor electrodes[J]. Journal of Materials Chemistry, 2011, 21 (20): 7302-7307.

[131] KIM T, JUNG G, YOO S, et al. Activated graphene-based carbons as supercapacitor electrodes with macro-and meso pores[J]. ACS Nano, 2013, 7(8): 6899-6905.

[132] LIU X, DOU H, GAO B, et al. A flexible graphene/multiwalled carbon nanotube film as a high performance electrode material for supercapacitors [J]. Electrochimica Acta, 2011, 56: 5115-5121.

[133] YANG J, WEI T, SHAO B, et al. Electrochimica properties of graphene nanosheets/carbon black composites as electrodes for supercapacitors [J]. Carbon, 2010, 48(6): 1731-1737.

[134] 刘双宇, 巩学海, 徐丽, 等. 介孔碳/石墨烯复合材料的制备及在超级电容器中的应用[J]. 硅酸盐学报, 2017, 45(2): 312-316.

[135] ZHANG L L, ZHAO X, JI H X, et al. Nitrogen doping of graphene and its effect on quantum

capacitance, and a new insight on the enhanced capacitance of N-doped carbon [J]. Energy& Environmental Science, 2012(5): 9618-9625.

[136] 苏鹏, 郭慧琳, 彭三, 等. 氮掺杂石墨烯的制备及超级电容性能[J]. 物理化学学报, 2012, 28(11): 2745-2753.

[137] NIU L Y, LI Z P, HONG W, et al. Pyrolytic synthesis of boron-doped graphene and its application as electrode material for supercapacitors [J]. Electrochimica Acta, 2013, 108: 666-673.

[138] YAN J, WEI T, SHAO B, et al. Preparation of a graphene nanosheet/polyniline composite with high specific capacitance [J]. Carbon, 2010, 48(2): 487-493.

[139] WANG D W, LI F, ZHAO J P, et al. Fabrication of graphene/polyniline composite paper via in situ anodic electropolymerization for high-performance flexible electrode [J]. Acs Nano, 2009, 3 (7): 1745-1752.

[140] 杨超. 聚吡咯基导电复合材料的制备及其性能研究 [D]. 兰州: 兰州大学, 2011.

[141] YANG W L, GAO Z, WANG J, et al. Synthesis of reduced graphene nanosheet/urchin-like manganese dioxide composite and high performance as supercapacitor electrode [J]. Electrochim. Acta, 2012, 69: 112-119.

[142] CHAN P Y, RU S I, MAJID S R. RGO-wrapped MnO_2 composite electrode for supercapacitor application [J]. Solid State Ionics, 2014, 262: 226-229.

[143] CHEN Y, ZHANG X, ZHANG D C, et al. One-pot hydrothermal synthesis of ruthenium oxide nanodots on reduced graphene oxide sheets for supercapacitors [J]. Journal of Alloys Compounds, 2014, 511(1): 251-256.

[144] ZHAO B, SONG J S, LIU P, et al. Monolayergraphene/NiOnanosheetswith two-dimension structure for supercapacitors[J]. Journal of Materials Chemistry, 2011, 46(21): 18792-18798.

[145] XIE L J, WU J F, CHEN C M, et al. A novel asymmetric supercapacitor with an activated carbon cathode and a reduced graphene oxide-cobalt oxide nanocomposite anode[J]. Journal of Power Sources, 2013, 242: 148-156.

[146] HALDORAI Y, VOIT W, SHIM J J. Nano ZnO@reduced graphene oxide composite for high performance supercapacitor: Green synthesis in supercritical fluidElectrochim[J]. Acta, 2014, 120: 65-72.

第3章
金属氧化物

    金属氧化物（氢氧化物）是目前比电容和能量密度最高的材料，另外，它还具有原料来源丰富、形态结构多样、低电阻和高功率密度等优点，已成为公认的超级电容器电极的首选材料。以金属氧化物作为电极材料的超级电容器属于法拉第赝电容，也称为法拉第准电容。其电极材料主要有贵金属氧化物和过渡金属氧化物，由于赝电容的储能过程是通过氧化还原反应来实现的，电极材料的表面和内部均可以参与法拉第反应，而双电层电容器则是通过电极材料表面的静电吸附来实现储能，因此赝电容的比电容远高于双电层电容，达到 $10 \sim 100$ 倍，这为实现超级电容器的小型化提供了可能。研究表明，适用于超级电容器电极的金属氧化物一般需要具有：①应是导电性氧化物；②在一个无相变化的连续范围中，其金属应存在两种或两种以上可以共存的氧化态；③其晶格应该允许质子通过还原自由插入（或通过氧化脱去），进行 O_2 与 OH^- 的交换。到目前为止，已有越来越多的金属氧化物应用于赝电容超级电容器，主要包括 RuO_2、MnO_2、Co_3O_4、NiO、V_2O_5、Fe_3O_4、SnO_2、Bi_2O_3、IrO_2 等。

3.1　贵金属氧化物

    20 世纪 90 年代 Conway 在研究氧化钌（RuO_2）电极材料时，就发现其具有导电性好、稳定性高、比电容值大、快速充/放电等优点，是最先被研究的超级电容器电极材料，可以获得优异的电化学性能，其比容量远远高于双电层电容器。在各种氧化物中，RuO_2 是目前研究的超级电容器电极材料中公认的性能最好的法拉第赝电容器电极材料，已被公认为是最有前途的材料。氧化钌作为超级电容器电极材料有多种状态，一般可分为纯氧化钌电极材料和复合氧化钌电极材料。纯氧化钌电极材料根据氧化钌的形态可分为晶态和无定形材料；由于氧化钌的价格昂贵，将之与有相似功能且廉价的其他材料复合是很好的选择，复合氧化钌电极材料根据与其复合的材料的不同，又分为：与碳复合材料，与其他氧化物复合材料，与导电聚合物复合材料[1]。

3.1.1　晶态氧化钌电极材料和无定形水合氧化钌电极材料

美国陆军实验室[2]研究报道其无定形水合物 RuO_2 比电容可达 $768F \cdot g^{-1}$。Fang 等[3]用热分解氧化法制得的 RuO_2 薄膜电极，其单电极比电容达 $380F \cdot g^{-1}$；Hu 等[4]通过电化学沉积方法制备了水合 RuO_2，其比电容可以达到 $552F \cdot g^{-1}$，功率密度高达 $147kW \cdot kg^{-1}$；Makino[5]采用液晶材料作为模板电沉积得到有序介孔 RuO_2 材料，其比电容可达到 $12.6mF \cdot cm^{-2}$；Hu 等[6]通过模板合成法，利用阳极沉积技术成功合成了含水 RuO_2（$RuO_2 \cdot xH_2O$）纳米管阵列电极，其最大功率密度高达 $4320kW \cdot kg^{-1}$。J. P. Zheng 等[7]运用溶胶-凝胶法，在低温下退火制备出无定形 $RuO_2 \cdot xH_2O$ 电极材料，在其体相中 H^+ 很容易传输，因此氧化还原反应不仅能在其表面进行，而且可以在其体相中进行，此种电极材料的利用率较高，其比电容为 $768F \cdot g^{-1}$，能量密度为 $96J \cdot g^{-1}$；B. O. Park 等[8]通过阴极电沉积法得到薄膜 RuO_2 电极，研究表明比容量和充/放电区间是由电沉积作用下的 RuO_2 薄膜厚度所决定的，当其质量密度为 $0.0014g \cdot cm^{-2}$ 时，电极比电容达 $788F \cdot g^{-1}$，但 RuO_2 薄膜厚度继续增加时，其表面形貌发生了改变，外层多孔性降低，并且形成了紧密的内层，其比容量反而下降。Xia 等[9]以 $RuCl_3$ 为前驱体，通过水热反应来制备 RuO_2，结果表明，该材料具有高的能量密度和比容量，其循环稳定性也很好，在循环 2000 次后，其容量值仍能保持为原来的 97%。

高度分散的纳米级 RuO_2 颗粒表现出高比电容、高能量密度、高功率密度以及良好的稳定性，图 3-1 为 RuO_2 在超级电容器里的不同形貌[10]。日本 Sho Makino 等[11]研究了低结晶水的 RuO_2 纳米颗粒和高结晶水的 RuO_2 纳米片电极材料在生物电解质乙酸杆菌缓冲溶液中的电容性能，实验结果表明，RuO_2 纳米片在 $5mol \cdot L^{-1}$ 乙酸杆菌缓冲溶液中，其比电容达到 $1038F \cdot g^{-1}$，这项研究成果为开发环境友好型材料提供了新思路。

3.1.2　二氧化钌/碳复合电极材料

在过去几年里，各种 RuO_2/碳复合电极材料也受到了人们的关注。可用作电化学超级电容器电极的碳材料主要有活性炭粉末、炭黑、碳纤维、玻璃碳、碳气溶胶、碳纳米管等。利用各种方法将氧化钌沉积于高表面积碳材料上，可以增大氧化钌的比表面积，进而提高材料的比电容；同时，在碳材料中

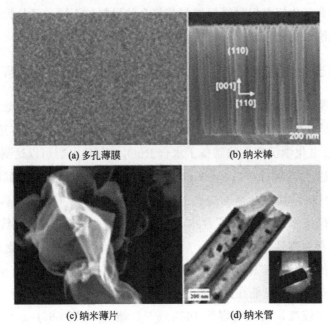

(a) 多孔薄膜   (b) 纳米棒

(c) 纳米薄片   (d) 纳米管

图 3-1 RuO_2 在超级电容器里的不同形貌

加入氧化钌，可以提高碳材料的比容量。例如，RuO_2/多壁碳纳米管电极在硫酸水溶液中比电容高达 $1652F \cdot g^{-1}$，导电碳基质大大增强材料的导电性，有利于离子的渗透，并显著缩短离子运输距离。Wu 等[12]利用溶胶-凝胶法与低温热处理技术将 RuO_2 负载到石墨烯表面，因石墨烯的高比表面积和高导电性，极大地提高了 RuO_2 活性材料的利用率。研究发现，当 RuO_2 的负载量达到 38.2% 时，复合材料的比电容约为 $570F \cdot g^{-1}$，与纯 RuO_2 性能相近，该复合可明显降低电极的制备成本。

3.1.3 二氧化钌/导电聚合物复合电极材料

随着研究范围的拓宽，RuO_2/聚合物复合材料也得到越来越多的关注，其中包括 RuO_2/聚苯胺、RuO_2/聚吡咯以及 RuO_2/聚乙烯（3,4-乙烯二氧噻吩）。林志东等[13]采用原位聚合法制备了 RuO_2 与聚苯胺（PANi）的纳米复合材料，当 RuO_2 含量为 3% 时，复合材料电极的比容量达到了 $373.27F \cdot g^{-1}$。S. Cosnier 等[14]将不同比例的聚吡咯与 RuO_2 复合，均得到了较高的比容量，但功率密度有待改善。

3.1.4 二氧化钌/其他氧化物复合电极材料

据报道，通过共沉淀法、胶体法、sol-gel 法等方法可得到氧化钌与氧化锰、氧化镍、氧化铅、氧化钨、氧化铟、氧化锡、氧化锶、氧化钴、氧化钽等有赝电容作用的氧化物材料的复合物。这些二元系金属氧化物复合电极的比表面积随着混合金属氧化物的引入而提高，同时用这些廉价材料可降低电极的制备成本，当然功能也随之降低，但也有因电化学性能上的协同作用使材料整体性能提高的情况（如氧化锶和氧化铟）。另外，也有将无赝电容作用的氧化物如氧化硅、氧化钛制成各种高比表面积载体（如膜状、网状、纳米管状、气凝胶状），然后将氧化钌沉积于载体上，以增大其比表面积，提高比容量。Yokoshima 等[15]用溶胶-凝胶法先后制备了 RuO_2 与 MoO_x、VO_x、TiO_2、SnO_2 等复合的电极材料，在减少 RuO_2 用量的同时发挥了复合电极材料优良的电化学性能。Panić等[16]将 $RuCl_3$ 和 $TiCl_3$ 分别在盐酸溶液中水解形成的 $Ru(OH)_4$ 和 $Ti(OH)_4$ 溶胶涂覆在 Ti 基体上，制成 Ti/TiO_2+RuO_2 复合电极材料。

目前，RuO_2 材料主要应用于航空航天和军事科学等领域，因钌资源有限且价格昂贵，大规模应用比较困难。此外，在贵金属氧化物电极材料中，以 IrO_2 或 RhO_x 材料作电极，有着与 RuO_2 电极类似的法拉第赝电容特性，它们都有良好的电导率，可获得较高的比容量和比能量，但价格昂贵，因此要寻找其替代材料或添加其他材料，以减少其用量。

3.2 过渡金属氧化物/氢氧化物

虽然贵金属氧化物及其复合材料在超级电容器中可以提供极高的比电容，但是在商品化生产中，其高成本大大限制了它的应用。因此，研究者们正在努力探讨用其他过渡金属氧化物/氢氧化物取代贵金属氧化物作为电极材料。一些廉价的金属氧化物如 NiO、MnO_2、Co_3O_4、SnO_2、V_2O_5 等都有着与 RuO_2 相似的性质，而且资源丰富、价格便宜，受到了国内外研究者的广泛关注。因此，具有超级电容特性的过渡金属氧化物作为一种价格低廉、电化学性能良好的超级电容器电极材料，具有良好的发展前景。常用的过渡金属氧化物电极材料主要有 $NiO/Ni(OH)_2$、MnO_2、Co_3O_4、V_2O_5 等。

3.2.1 氧化镍

镍电极材料具有高比电容、良好的倍率性能及稳定性，且储量丰富、价格低廉、绿色无毒，是一类极具开发潜力的电极材料。氧化镍主要是以薄膜的方式应用于超级电容器中，其制备方法主要有化学沉淀法、溶胶-凝胶法、电化学方法及模板法等。此外，各种不同形貌的纳米氧化镍如纳米线、纳米带、多孔膜、纳米锥、纳米棒、纳米层和纳米微球也被尝试用作超级电容器的电极材料。Wang 等[17]通过简单的水热法得到氧化镍纳米带，在 $5A \cdot g^{-1}$ 电流密度下，其比电容可高达 $600F \cdot g^{-1}$，且经过 2000 次循环后比电容保留率为 95%。邓梅根等[18]采用沉淀转化法制备 $Ni(OH)_2$ 超微粉末，300℃热处理得到平均直径约为 10nm 的 NiO，该方法实验设备简单，工艺条件易于控制，得到的纳米 NiO 超级电容器具有典型的法拉第赝电容特性，$2mA \cdot cm^{-2}$ 的充/放电电流密度下，电极材料的比容达到 $243F \cdot g^{-1}$。

尽管这样，氧化镍报道的比电容仍低于其理论价值，这可以归因于其循环性能差和低电导率。为了解决这些问题，用氧化镍与钴的氧化物或导电碳质材料结合形成复合材料是一种有效的方法。这种复合材料由于具有高度活性的氧化镍表层，表现出非常高的比电容（$900F \cdot g^{-1}$）、能量密度（$60W \cdot h \cdot kg^{-1}$）以及功率密度（$10W \cdot h \cdot kg^{-1}$）；由石墨烯/氧化镍复合材料组装成对称超级电容器也可产生较高的比电容（$220F \cdot g^{-1}$）；在另一项工作中，氧化镍修饰三维石墨烯后得到的复合物比电容达 $816F \cdot g^{-1}$ 且倍率性能好；将氧化镍与碳纳米管复合可提高材料中活性物质的利用率并且比电容高达 $384F \cdot g^{-1}$。梁坤等[19]采用纳米多孔 Ni 薄膜为基底，构建了纳米多孔 NiO 薄膜、$LaNiO_3$ 掺杂的介孔 NiO 薄膜等高性能超级电容器电极材料，这些材料均具有较大的比表面积、合理的孔径分布、良好的导电性，可以不使用有机黏结剂而直接作为电极材料来使用，表现出了良好的电化学性能。

虽然氧化镍和氢氧化镍具有很高的理论比电容、成本低，但其电位窗口相对较低，如何增加电位窗口以满足实际商业应用需求，仍然是一个有待解决的问题。

3.2.2　氧化钴和氢氧化钴

在各种金属氧化物中，Co_3O_4 由于其低成本、高氧化还原活性、理论比电容高达 $3560F \cdot g^{-1}$、良好的可逆性和环境友好的特点，一直被视为一种有潜力替代 RuO_2 的先进材料。

Lin 等[20]使用醇盐水解法制备了超细 Co_2O_3 电极活性材料，单电极比容量达到 $246F \cdot g^{-1}$。而利用醇盐溶胶-凝胶法合成的 CoO_x 干凝胶在 150℃时，可得到最大比容量 $291F \cdot g^{-1}$，非常接近理论值 $335F \cdot g^{-1}$，而且循环性能稳定。

近年来，科学家们也一直致力于合成不同形貌的 Co_3O_4 纳米结构，如纳米层、纳米线、纳米管、纳米棒、凝胶和微球[21,22]。Co_3O_4 纳米层阵列比电容可达到 2735F·g^{-1}，由于其独特的三维分层结构使其具有快速的离子和电子的输运特性。介孔 Co$_3$O$_4$ 纳米线阵列可实现比电容达 1160F·g^{-1}，涂在泡沫镍上，在 5000 次循环之后保留率为 90.4%[23]。氧化钴纳米管由于其独特的结构和大的比表面积也显示出良好的电容特性[22]。

为了提高 Co$_3$O$_4$ 电极的导电性，将其与各种碳质材料复合应用于超级电容器中[24-27]。如用共沉淀法合成的氧化钴/碳纳米管复合材料与纯 Co$_3$O$_4$ 相比，比电容显著提高到 418F·g^{-1}，这是由于 Co$_3$O$_4$ 和碳纳米管之间具有协同效应[24]。石墨烯/Co$_3$O$_4$ 复合材料的水溶液可达到最大比电容为 243.2F·g^{-1}[25]。三维石墨烯泡沫基 Co$_3$O$_4$ 纳米线具有 1100F·g^{-1} 的比电容且有优异的循环稳定性[26]。柔性 Co$_3$O$_4$/石墨烯/碳纳米管纸复合电极显示出 378F·g^{-1} 的比电容[27]。

氢氧化钴纳米层上电位沉积不锈钢产生的比电容为 890F·g^{-1}。多孔氢氧化钴/镍复合材料由于镍的引入提高了导电性，比电容可达 1310F·g^{-1}。海胆状介孔氢氧化钴纳米线显示出比电容为 421F·g^{-1}，材料较高的比电容归因于其有序的结构、分层孔隙度和良好的导电性能[28]。为了进一步提高其电化学性能，有人用导电碳材料（如碳纳米管和石墨烯）构建氢氧化钴复合纳米结构[29,30]。无黏结氢氧化钴/碳纳米管阵列电极产生较高电容（12.74F·cm^{-3}）且具有优异的高倍率性能[29]。石墨烯/氢氧化钴复合材料与纯氢氧化钴（726.1F·g^{-1}）相比，表现出高比电容（972.5F·g^{-1}）。虽然氢氧化钴及其衍生的复合材料表现出较高的比电容，然而活性物质含量低和电位区间窄将大大限制其在超级电容器中的实际应用。

3.2.3　氧化锰

锰基金属氧化物由于其具有价格便宜、资源广泛、绿色环保、电化学性能优异的特点，已成为超级电容器电极材料的研究热点。目前，各种不同晶体结构形态、粒径的 MnO$_2$ 已被研究合成并应用于超级电容器，其理论比电容可高达 1370F·g^{-1}。MnO$_2$ 作为超级电容器电极材料的合成方法很多，比如低温还原法、化学共沉淀法、水热溶剂热合成、化学微乳液法、溶胶-凝胶法、溶液燃烧法、固相反应法、微波辅助合成和沉积法。

危震坤等[31]制备出 α、β、δ、γ 型 4 种 MnO$_2$ 粉末，结果表明，它们都具有良好的电容特性，α-MnO$_2$ 具有最高的比表面积与孔隙率，其比电容高达 136F·g^{-1}，但其大电流放电性能较差，其他 3 种 MnO$_2$ 比表面积相当。β-MnO$_2$ 虽然比电容较低（117.1F·g^{-1}），但是其合理的孔隙结构使其拥有最好的倍率特性与循环稳定性。M. Kundu 等[32]利用一步电沉积法使介孔 MnO_2 纳米片阵列直接生长在泡沫镍上，随后通过退火后处理，借助泡沫镍良好的导电性，缩短电解质的扩散路径，提高了 MnO_2 电极材料的利用率，该材料的比电容达到 $201F \cdot g^{-1}$。李文尧[33]等采用水热合成法制备单晶 α-MnO_2 超长纳米线，并借助表面活性剂合成 α-MnO_2 纳米线和纳米棒。通过对比发现，超长纳米线 MnO_2 电极的电化学性能最优，在电流密度为 $1A \cdot g^{-1}$ 时，其比电容值可达 $345F \cdot g^{-1}$。Wang 等[17]利用一步水热法合成泡沫镍负载介孔 MnO_2/$Ni(OH)_2$ 纳米片，借助泡沫镍高导电骨架，在电流密度为 $2A \cdot g^{-1}$ 时其比电容达到 $843F \cdot g^{-1}$。这些说明，通过合成特殊形貌和结构的纳米材料能有效改善电极的电化学性能。

Yang 等[34]将多孔 MnO_2 纳米阵列材料直接沉积在碳纤维纸上，由于碳纤维纸独特的结构和大的比表面积，使离子和电子在充/放电过程中能高效且快速地转移，因此提高了材料的利用率，改善了电极的电化学性能。充/放电测试结果表明，该电极材料的比电容值达到 $204F \cdot g^{-1}$，经过 1000 次循环后，其容量保持率接近 100%。Dong 等[35]通过高锰酸根离子和碳之间的原位氧化还原反应得到 MnO_2 纳米颗粒并嵌入到碳材料的介孔壁中，这种新型结构的 MnO_2/介孔碳复合材料具有超过 $2000F \cdot g^{-1}$ 的比电容，且具有高电化学稳定性和高可逆性。

MnO_2 导电性较差，因此将其他金属元素（Co、Ni、Al、Mo、V、Fe 等）掺入与 MnO_2 形成混合氧化物，通过引入更多载流子来增加 MnO_2 的电导率[36]。适量的掺杂也可有效防止 MnO_2 溶解，从而提高电化学可逆性和循环稳定性。钒掺杂能有效抑制 MnO_2 晶体生长，而铁掺杂可以提高结晶度和结构的稳定性以及减少不稳定的 Mn^{3+} 的浓度[37]。金属氧化物如 SnO_2 和 Co_3O_4 的掺入可以为电子传输提供一种快速路径以及增加无定形 MnO_2 的电化学应用。

3.2.4 氧化铁

铁的氧化物 Fe_xO_y，如 Fe_3O_4 和 Fe_2O_3，具有低成本、相对较高的理论法拉第电容、高电导率（Fe_3O_4 约为 $2 \times 10^4 S \cdot m^{-1}$）和环境友好的优势，但由于导电性较差，其电化学性能还有待提高。有报道水热合成的氧化铁比电容为 $340.5F \cdot g^{-1}$，其电化学性能强烈依赖于晶粒尺寸。

为了提高氧化铁的电化学性能，很多研究者构建了纳米结构或添加导电相的碳材料或导电聚合物。如石墨烯/氧化铁复合纳米管的比电容为 $215F \cdot g^{-1}$，

是纯 Fe_2O_3 的 7 倍[38]。金玉红等[39]利用无模板水热法制备了 Fe_2O_3 中空梭状纳米颗粒，中空孔隙结构可以将电解液限制其中，在增加活性物质反应位点的同时，缩短了活性物质与电解液之间的传输距离，保证了离子的快速传输，当电流密度为 $0.5A \cdot g^{-1}$ 时，电极材料比电容为 $249F \cdot g^{-1}$。高度有序的 α-氧化铁纳米管阵列由于独特的纳米结构，可提供快速的运输途径和坚固的结构，比电容高达 $138F \cdot g^{-1}$。石墨烯/氧化铁/聚苯胺三元复合材料的最大比电容为 $638F \cdot g^{-1}$，在氢氧化钾溶液中，其功率密度为 $351W \cdot kg^{-1}$，能量密度为 $107W \cdot h \cdot kg^{-1}$，并且经 5000 次循环后比电容衰减仅为 8%。碳纳米管/纳米 Fe_3O_4 复合材料产生的比电容为 $165F \cdot g^{-1}$，并且经过 1000 次循环后比电容仍然约为 85%。

最近有研究者发现外部磁场对石墨烯/氧化铁复合材料性能影响很大，具有明显的电容增强能力。目前，铁氧化物的电化学性能还没有完全达到预期，导电性能低和循环稳定性差仍然是铁氧化物在超级电容器电极材料应用中的问题。

3.3 金属氧化物复合材料

复合材料作为一种新型的超级电容器的电极材料是近年来的研究热点，虽然金属氧化物超级电容器发展很迅速，在理论和实践方面都取得了一定的进展，但金属氧化物超级电容器的电化学性能仍有待进一步的提高。将金属氧化物与其他电容性能优异的材料复合，利用各组分之间的协同效应可有效提高材料的超级电容器性能。

3.3.1 不同金属氧化物复合材料

陶家友等[40]采用过渡金属氧化物中具有最大功函数差的 MnO_2 和三氧化钼作为非对称结构超级电容器的正、负电极材料。用水热法合成 MnO_2 纳米线和三氧化钼纳米带，分别掺入一定比例的碳纳米管来改善电极的导电性能。研究表明，由这两种电极构成的非对称超级电容器工作电压窗口为 0～2.0V，在 $2mV \cdot s^{-1}$ 的扫描速度下，其体积比电容为 $50.2F \cdot cm^{-3}$。之后进一步在正、负电极之间插入具有内联结构的中间层后，器件的工作电压窗口可以达到 0～4.0V，当功率密度为 $261.4mW \cdot cm^{-3}$ 时，该电容器的能量密度达到 $28.6mW \cdot h \cdot cm^{-3}$。经 10000 次循环测试，器件能够保留 99.6% 的初始电容量。Xu 等[41]利用水热法制备了花朵状的 NiO/Co_3O_4 金属氧化物复合材料，并且通过控制反应溶液中的 Ni/Co 比例，调控了金属氧化物复合材料中的形貌和电化学性能。

2017 年，郑鑫[42]通过不同金属材料的复合，设计出利于界面电子传输的能带结构。在 $ZnO/Ni(OH)_2$ 界面处引入 TiO_2 嵌入层，制备了 $ZnO/TiO_2/$

$Ni(OH)_2$核壳结构纳米线阵列作为正极材料,有效减少充电过程中电子界面传输势垒,降低还原反应中的活化能,使电容量有所提高。他又进一步通过水热法制备了ZnO/Fe_2O_3复合纳米材料作为超级电容器的负极,组装了非对称超级电容器,器件的电压窗口扩展到1.6V,电流密度为$1A \cdot g^{-1}$时,比电容为$146.8F \cdot g^{-1}$,功率密度为$1350W \cdot h \cdot kg^{-1}$时,能量密度为$52.22W \cdot h \cdot kg^{-1}$。随后他又进一步优化正极材料界面电子输运性能,采用水热法在三维碳布基底上生长ZnO/NiO核壳结构纳米线阵列作为柔性自支撑电极,通过紫外线还原法在ZnO/NiO界面处嵌入金纳米粒子,当电流密度为$5A \cdot cm^{-2}$时,$ZnO/Au/NiO$电极材料的电容量为$4.1F \cdot cm^{-2}$,与ZnO/NiO电极材料($0.5F \cdot cm^{-2}$)相比提升了720%,Au的嵌入可以在ZnO和NiO之间形成势阱,在充电过程中,可以捕获少量电子,进一步提升电极材料电荷存储能力。

3.3.2 碳/金属氧化物复合材料

碳/金属氧化物复合材料是目前被广泛应用于超级电容器的一种电极材料,其中主要包括碳纳米管(CNT)/金属氧化物复合材料和石墨烯/金属氧化物复合材料。

Chen 等[43]利用直接水热的方法制备了$CNT/Ni(OH)_2$复合材料,这种制备方法使得 CNT 均匀地分散在$Ni(OH)_2$颗粒之中,使用$6mol \cdot L^{-1}$KOH 溶液作为电解液,当充电电流为$5A \cdot g^{-1}$时,复合材料的比电容为$1244.2F \cdot g^{-1}$;当电流密度为$20A \cdot g^{-1}$时,比电容仍保持在$771.3F \cdot g^{-1}$,较$Ni(OH)_2$颗粒($372.1F \cdot g^{-1}$)和 CNT($101.4F \cdot g^{-1}$)有显著提高。基于碳纳米管的高比表面积、高化学稳定性特征,其作为支撑材料制备碳纳米管/金属氧化物复合材料得到了迅速发展,但由于氧化物的种类及复合方法不同,碳纳米管/金属氧化物复合电极材料的比容量差异较大,见表 3-1。

表 3-1 各种碳纳米管/金属氧化物复合电极材料的电容性能比较[46]

复合材料	比电容/$F \cdot g^{-1}$	测试条件	电解液
碳纳米管/$CoNi(OH)_x$	502	三电极体系,$5mV \cdot s^{-1}$循环伏安	$1mol \cdot L^{-1}$ KOH
碳纳米管/$Ni(OH)_2$	1244.2	三电极体系,$5A \cdot g^{-1}$充/放电测试	$6mol \cdot L^{-1}$ KOH
碳纳米管/MnO_2	193	三电极体系,$0.2A \cdot g^{-1}$充/放电测试	$1mol \cdot L^{-1}$ Na_2SO_4
碳纳米管/$Au-MnO_2$	68	三电极体系,$6.6A \cdot g^{-1}$充/放电测试	$0.1mol \cdot L^{-1}$ Na_2SO_4
碳纳米管/SnO_2	91	三电极体系,$1A \cdot g^{-1}$充/放电测试	$1mol \cdot L^{-1}$ H_2SO_4
碳纳米管/RuO_2	133	三电极体系,$1A \cdot g^{-1}$充/放电测试	$1mol \cdot L^{-1}$ H_2SO_4
碳纳米管/TiO_2	148	三电极体系,$1A \cdot g^{-1}$充/放电测试	$1mol \cdot L^{-1}$ H_2SO_4

复合材料	比电容/F·g^{-1}	测试条件	电解液
碳纳米管/NiCo$_2$O$_4$	1642	三电极体系,0.5A·g^{-1}充/放电测试	2mol·L^{-1} KOH

石墨烯/金属氧化物（氢氧化物）复合材料是利用氧化石墨烯为载体，并利用其表面的含氧基团为纳米粒子的锚固点，在其表面沉积金属氧化物粒子，二者的协同增效作用在保持超级电容器比功率的同时，也增加了体系的比能量和循环稳定性，得到综合性能优良的电极材料。Chen 等[44]采用电化学沉积法在石墨烯表面原位生长花状的 MnO$_2$ 纳米粒子，MnO$_2$ 纳米花均匀生长在石墨烯片层上形成均一的电极结构。MnO$_2$ 纳米粒子的存在可以增加石墨烯片层的距离，从而促进离子扩散。采用石墨烯为阳极，MnO$_2$ 涂层石墨烯为阴极组装成不对称超级电容器，该电容器比电容为 328F·g^{-1}，比功率为 25.8kW·kg^{-1}。Lee 等[45]利用水热合成的方法在石墨烯上负载了 Mn$_3$O$_4$ 纳米针，在 1mol·L^{-1} Na$_2$SO$_4$ 电解液中，当充/放电电流密度为 0.5A·g^{-1}、1A·g^{-1}、2A·g^{-1}、5A·g^{-1}、10A·g^{-1}、15A·g^{-1} 和 20A·g^{-1} 时，复合材料的质量比电容分别为 121F·g^{-1}、115F·g^{-1}、107F·g^{-1}、97F·g^{-1}、88F·g^{-1}、85F·g^{-1} 和 83F·g^{-1}（电位窗口为一0.1～0.7V），经过 10000 次充/放电循环后（5A·g^{-1}），其容量保持率接近 100%。通过与纳米 Mn$_3$O$_4$ 电极对比，发现石墨烯/Mn$_3$O$_4$ 复合材料的比电容显著增大，表明借助于石墨烯的导电性，可以降低电极材料的内电阻，减小电化学极化的影响；并且石墨烯的高比表面积也提高了 Mn$_3$O$_4$ 的利用率，从而使复合材料的比电容增大。同样，不同石墨烯/金属氧化物复合电极材料的比容量差异也较大，见表 3-2。

表 3-2　各种石墨烯/金属氧化物复合电极材料的电容性能比较[46]

复合材料	比电容/F·g^{-1}	测试条件	电解液
石墨烯/Co(OH)$_2$	474	三电极体系,1A·g^{-1}充/放电测试	2mol·L^{-1} KOH
石墨烯/Fe$_3$O$_4$	220.1	三电极体系,0.5A·g^{-1}充/放电测试	1mol·L^{-1} KOH
石墨烯/Mn$_3$O$_4$	250	三电极体系,0.5A·g^{-1}充/放电测试	6mol·L^{-1} KOH
石墨烯/Co$_3$O$_4$	1100	三电极体系,10A·g^{-1}充/放电测试	0.1mol·L^{-1} KOH
石墨烯/MnO$_2$	256	三电极体系,0.5A·g^{-1}充/放电测试	0.1mol·L^{-1} Na$_2$SO$_4$
石墨烯/Co-Al(OH)$_x$	581.6	三电极体系,2A·g^{-1}充/放电测试	1mol·L^{-1} KOH
石墨烯/Ni(OH)$_2$	约1050	三电极体系,10A·g^{-1}充/放电测试	10mol·L^{-1} KOH
石墨烯/CoS$_2$	314	三电极体系,0.5A·g^{-1}充/放电测试	6mol·L^{-1} KOH
石墨烯/SnO$_2$	43.4	三电极体系,10mV·s^{-1}循环伏安	1mol·L^{-1} H$_2$SO$_4$
石墨烯/ZnO	约12	三电极体系,10mV·s^{-1}循环伏安	1mol·L^{-1} KCl
石墨烯/RuO$_2$	570	三电极体系,1mV·s^{-1}循环伏安	1mol·L^{-1} H$_2$SO$_4$

复合材料	比电容/$F \cdot g^{-1}$	测试条件	电解液
石墨烯/NiO	240	三电极体系,$5A \cdot g^{-1}$充/放电测试	$6mol \cdot L^{-1}$ KOH

虽然金属氧化物粒子与石墨烯的复合可以有效提高电容量,且复合简单易行、材料结构性能多样,但也存在金属氧化物价格较高和重金属污染等不足。

参 考 文 献

[1] 徐艳,王本根,王清华,等. 超级电容器用氧化钌及其复合材料的研究进展[J]. 电子元件与材料, 2006, 25(8): 7-10.

[2] ZHENG J P, CYGAN P J, JOW T R. Hydrous ruthenium oxide as an electrode material for electrochemical capacitors[J]. Journal of the Electrochemical Society, 1995, 142(8): 2699-2703.

[3] FANG Q L, EVANS D A, ROBERSON S L, et al. Ruthenium oxide film electrodes prepared at low temperatures for electrochemieal capacitors[J]. Eleetroehem Soc, 2001, 148(8), A833.

[4] HU C C, LIU M J, CHANG K H. Anodic deposition of hydrous ruthenium oxide for supercapacitors[J]. Journal of Power Sources, 2007, 163(2): 1126-1131.

[5] MAKINO S, YAMAUCHI Y, SUGIMOTO W. Synthesis of electro-deposited ordered mesoporous RuO_x using lyotropic liquid crystal and application toward micro-supercapacitors[J]. Journal of Power Sources, 2013, 227: 153-160.

[6] HU C C, CHANG K H, LIN M C, et al. Design and tailoring of the nanotubular arrayed architecture of hydrous RuO_2 for next generation supercapacitors[J]. Nano letters, 2006, 6(12): 2690-2695.

[7] ZHENG J P, XIN Y. Characterization of $RuO_2 \cdot xH_2O$ with various water contents[J]. Journal of Power Sources, 2002, 110(1): 86-90.

[8] PARK B O, LOKHANDE C D, PARK H S, et al. Electrodeposited ruthenium oxide(RuO_2) films for electrochemical supercapacitors[J]. Journal of Materials Science, 2004, 39(13): 4313-4317.

[9] XIA H, MENG Y S, YUAN G, et al. A symmetric RuO_2/RuO_2 supercapacitor operating at 1.6V by using a neutral aqueous electrolyte[J]. Electrochemical and Solid-State Letters, 2012, 15(4): A60-A63.

[10] 高海瑞. 几种 RuO_2 纳米材料的制备及超级电容器性能研究[D]. 上海: 华中师范大学, 2013.

[11] MAKINO S, BAN T, SUGIMOTO W. Electrochemical Capacitor Behavior of RuO_2 Nanosheets in Buffered Solution and Its Application to Hybride Capacitor[J]. Electrochemistry, 2013, 81(10): 795-797.

[12] WU Z, WANG D, REN W, et al. Anchoring Hydrous RuO_2 on Graphene Sheets for High-Performance Electrochemical Capacitors[J]. Advanced Functional Materials, 2010, 20(20): 3595-3602.

[13] 吕进玉,林志东,曾文. RuO_2/聚苯胺复合材料电极的制备及电化学性能表征[J]. 武汉工程大学学报, 2008, 30(1): 62-65.

[14] Cosnier S, Deronzier A, Roland J F. Electrocatalytic oxidation of alcohols on carbon electrodes modified by functionalized polypyrrole-RuO_2 films[J]. Journal of Molecular Catalysis, 1990, 71(3): 303-315.

[15] YOKOSHIMA K，SUGIMOTO W，MURAKAMI Y，et al. Investigation on the redox behavior of rutile-type $Ti_{1-x}V_xO_2$[J]. Electrochemistry, 2005, 73(12)：1026-1029.

[16] PANIĆ V，DEKANSKI A，MILONJIĆ S，et al. The influence of the aging time of RuO_2 and TiO_2，sols on the electrochemical properties and behavior for the chlorine evolution reaction of acnvatea titanium anodes obtained by the sol-gel procedures[J]. Electrochimica Acta, 2000, 46(2-3)：415-421.

[17] WANG B，CHEN J S，WANG Z Y，et al. Green synthesis of NiO nanobelts with exceptional pseudo-capacitive properties[J]. Adv. Energy Mater. 2012, 2(10)：1188-1192.

[18] 邓梅根，杨邦朝，胡永达. 纳米 NiO 的制备及其赝电容特性研究[J]. 工程材料, 2005, 5：19-21.

[19] 梁坤. NiO 纳米复合结构的制备及超级电容器性能研究[D]. 四川：电子科技大学, 2015.

[20] LIN C，RITTER J A，POPOV B N. Characterization of sol-gel-derived cobalt oxide xerogels as electrochemieal capacitors[J]. Electroehem Soc, 1998, 145(12)：4097-4103.

[21] YUAN C Z，YANG L，HOU L R，et al. Growth of ultrathin mesoporous Co_3O_4 nanosheet arrays on Ni foam for high-performance electrochemical capacitors[J]. Energy Environ Sci, 2012, 5：7883-7887.

[22] XU J，GAO L，CAO J Y，et al. Preparation and electrochemical capacitance of cobalt oxide(Co_3O_4) nanotubes as supercapacitor material[J]. Electrochim Acta, 2010, 56(2)：732-736.

[23] ZHANG F，YUAN C Z，LU X J，et al. Facile growth of mesoporous Co_3O_4 nanowire arrays on Ni foam for high performance electrochemical capacitors[J]. J Power Sources, 2012, 203(1)：250-256.

[24] LANG J W，YAN X B，YUAN X Y，et al. Study on the electrochemical properties of cubic ordered mesoporous carbon for supercapacitors[J]. J Power Sources, 2011, 196(23)：10472-10478.

[25] JUN Y N，WEI T，QIAO W M，et al. Rapid microwave-assisted synthesis of graphene nanosheet/ Co_3O_4 composite for supercapacitors[J]. Electrochimica Acta, 2010, 55(23)：6973-6978.

[26] DONG X C，XU H，WANG X W，et al. 3D raphgene-cobalt oxide electrode for high-performance supercapacitor and enzymeless glucose detection[J]. ACS Nano, 2012, 6(4)：3206-3213.

[27] YUAN C Z，YANG L，HOU L R，et al. Flexible hybrid paper made of monolayer Co_3O_4 micro-sphere arrays on rGO/CNTs and their application in electrochemical capacitors[J]. Adv Funct Mater, 2012, 22(12)：2560-2566.

[28] YUAN C Z，ZHANG X G，HOU L R，et al. Lysine-assisted hydrothermal synthesis of urchin-like ordered arrays of mesoporous $Co(OH)_2$ nanowires and their application in electrochemical capacitors [J]. J Mater Chem, 2010, 20：10809-10816.

[29] AHN H J，KIM W B，SEONG T Y. $Co(OH)_2$-combined carbon-nanotube array electrodes for high-performance micro-electrochemical capacitors[J]. Electrochem Commun, 2008, 10(9)：1284-1287.

[30] CHEN S，ZHU J W，WANG X. One-step synthesis of graphene-cobalt hydroxide nanocomposites and their electrochemical properties[J]. J Phys Chem C, 2010, 114(27)：11829-11834.

[31] 危震坤，华小珍，肖可，等. 四种晶型 MnO_2 超级电容器电极材料的电化学性能研究[J]. 电化学, 2015, 28(4)：393-398.

[32] KUNDU M，LIU L. Direct growth of mesoporous MnO_2 nanosheet arrays on nickel foam current collectors for high-performance pseudocapacitors[J]. Journal of Power Sources, 2013, 243(6)：676-681.

[33] 李文尧. 锰基金属氧化物及其复合材料超级电容器电极材料的制备与电化学性能研究[D]. 上海：

东华大学, 2014.

[34] YANG M H, HONG S B, CHOI B G. Hierarchical MnO_2 nanosheet arrays on carbon fiber for high-performance pseudocapacitors[J]. Journal of Electroanalytical Chemistry, 2015, 759: 95-100.

[35] DONG X, SHEN W, GU J, et al. MnO_2-embedded-in-mesoporous-carbon-wall structure for use as electrochemical capacitors[J]. The Journal of Physical Chemistry B, 2006, 110(12): 6015-6019.

[36] YAN J, KHOO E, SUMBOJA A, et al. Facile Coating of manganese oxide on tin oxide nanowires with high-performance capacitive behavior[J]. ACS Nano, 2010, 4(7): 4247-4255.

[37] YOO H N, PARK D H, HWANG S J. Effects of vanadium- and iron-doping on crystal morphology and electrochemical properties of 1D nanostructured manganese oxides[J]. J Power Sources, 2008, 185(2): 1374-1379.

[38] 梁斌, 丁肖怡, 罗民. 一步溶剂热法制备石墨烯/Fe_2O_3复合材料及电容性能研究[J]. 化学研究与应用, 2016, 28(4): 472-478.

[39] 金玉红. 石墨烯及石墨烯基二元和三元纳米复合材料制备及其在超级电容器中的应用[D]. 北京: 北京化工大学, 2013.

[40] 陶家友. 基于锰、钼氧化物及其复合纳米材料的储能器件研究[D]. 上海: 华中科技大学, 2015.

[41] XU K B, ZOU R J, LI W Y, et al. Self-assembling hybrid NiO/Co_3O_4 ultrathin and mesoporous nanosheets into flower-like architechtures for supercapacitor[J]. Journal of Materials Chemistry A, 2013, 1(32): 9107-9113.

[42] 郑鑫. 纳米结构氧化物基超级电容器电极设计与器件构造[D]. 北京: 北京科技大学, 2017.

[43] CHEN S, ZHU J W, ZHOU H, et al. One-step synthesis of low defect density carbon nanotube-doped $Ni(OH)_2$ nanosheets with improved electrochemical performances[J]. RSC Advances, 2011, 1(3): 484-489.

[44] CHEN Q, TANG J, MA J, et al. Graphene and nanostructured MnO_2 composite electrodes for supercapacitors [J]. Carbon, 2011, 49(9): 2917-2925.

[45] LEE J W, HALL A S, KIM J D, MALLOUK T E. A facile and template-free hydrothermal synthesis of Mn_3O_4 nanorods on graphene sheets for supercapacitor electrodes with long cycle stability[J]. Chemistry of Materials, 2012, 43(24): 1158-1164.

[46] 贾志军, 王俊, 王毅. 超级电容器电极材料的研究进展[J]. 储能科学与技术, 2014, 3(4): 322-338.

第 4 章
导电聚合物

4.1 导电聚合物电极材料

导电聚合物（conductive polymers，CP），又称导电高分子，是由具有共轭 π 键的聚合物经化学或电化学"掺杂"或复合等手段后，使之由绝缘体变成半导体或导体范围内的一类高分子材料。掺杂后导电聚合物的带隙会变窄，电子更容易从 HOMO（最高被占有分子轨道）跃迁到 LUMO（最低未被占有分子轨道）上，从而提高其电导率。掺杂的方式分两种，一种是利用具有氧化性或是给出质子的物质掺入到导电聚合物中，从 HOMO 能级中获取电子，形成居于 HOMO 与 LUMO 间的半充满能带，减小其与 LUMO 能级间的能量差，称为 p 型掺杂；而另一种掺杂方式是利用还原性的物质掺杂，提供电子给 LUMO 能级，使 LUMO 能量降低，从而减小其与 HOMO 间的能级差，称为 n 型掺杂[1]。

1977 年日本 H. Shirakawa 教授、美国 A. G. MacDiarmid 教授及 A. J. Heeger 教授发现聚乙炔（polyacetylene，PA）的类金属导电特性[2,3]，这一发现彻底打破了有机聚合物都是绝缘体的观点，拓宽了导电聚合物及相关材料的研究领域。随后，其他的导电聚合物也被相继报道，如聚苯胺（polyaniline，PANi）、聚吡咯（polypyrrole，PPy）、聚噻吩（polythiophene，PTh）及其衍生物等。

本征态导电聚合物的禁带宽度通常为 $1.4 \sim 4.0 \text{eV}$，电导率通常在绝缘体到半导体的范围（$10^{-10} \sim 10^{-4} \text{S·cm}^{-1}$），但经过化学或电化学掺杂后可获得较高的甚至类似金属的电导率。因此，导电聚合物的一个最大的特点是通过控制掺杂，其电导率可以在 $10^{-10} \sim 10^{5} \text{S·cm}^{-1}$ 较宽的范围内变化。值得注意的是，导电聚合物中的"掺杂"与无机半导体有很大差别。具体区别见表 4-1。

表 4-1　导电聚合物与无机半导体的掺杂对比[4]

导电聚合物中的掺杂	无机半导体中的掺杂
本质是一种氧化还原过程	本质是原子的替代
掺杂量一般在百分之几到百分之几十之间,通常超过 6% 才有较高的电导率	掺杂量极低(万分之几)
掺杂剂不能嵌入到主链原子间,只能存在于主链与主链之间,在导电聚合物中形成带正电或负电的对离子依附在导电高分子链上,不参与导电	掺杂剂在半导体中参与导电,嵌入到无机半导体的晶格中,形成电子或空穴两种载流子
掺杂过程是完全可逆的	没有脱掺杂过程

掺杂后的导电聚合物不仅保留了高聚物结构的多样化、可加工性和柔韧的机械性能等特点,同时还兼具了因掺杂而带来的半导体或导体的特性,是形态变化跨度最大的物质,可以实现从绝缘体到半导体、再到导体的变化[5]。与过渡金属氧化物或氢氧化物相比,导电聚合物由于其理论比电容大、导电性好、成本低、易于大规模生产而受到广泛关注[6-9]。另外,导电聚合物作为超级电容器电极材料还有其独特的优势[10]:

① 可通过设计聚合物的结构,优选聚合物的匹配性,来提高电容器的整体性能。

② 其随着电极电势的增加出现氧化状态的连续排列,且相应于电荷脱嵌和嵌入过程的可逆性[11]。

③ 使用寿命长、温度范围宽、可快速充/放电和无须充/放电控制电路。

④ 其内部和表面分布着大量的可渗入电解液的微孔结构,并且能够形成网络状的三维结构,电极材料内电子、离子的传递可通过与电解液内离子的交换完成[12]。

⑤ 重量轻、弹性好、成本低,容易制备。

4.2　导电聚合物电极材料的储能机理

导电聚合物类超级电容器的储能机理与碳材料的储能机理不同,后者的能量储存主要是靠双电层储能实现的;而前者主要是在特定电压下由电极材料的快速法拉第反应来完成,还伴有双电层作用,因此具有更高的比电容[13,14]。也就是说,导电聚合物超级电容的电容一部分来自电极/溶液界面的双电层,在充/放电过程中,电解液中的正/负离子会嵌入聚合物阵列,平衡聚合物本身电荷从而实现电荷存储。另一部分来自电极充/放电过程中的氧化/还原反应,当发生氧化反应时,电解液中的离子进入聚合物骨架;当发生还原反应时,这些进入聚合物骨架的离子又被释放进入电解液,从而产生电流。这种氧化/还原反应不仅发生在聚合物的表面，更贯穿于聚合物整个结构中[15]。由于这种充/放电过程不涉及任何聚合物结构上的变化，因此这个过程具有高度的可逆性。在充/放电过程中，电极内具有高电化学活性的导电聚合物进行可逆的 n 型或 p 型掺杂或去掺杂，使其储存了高密度的电荷，产生一定规模的法拉第电容。

导电聚合物的 p 型掺杂是指外电路从聚合物骨架中吸取电子，从而使聚合物分子链上分布正电荷，溶液中的阴离子就会聚集在聚合物骨架附近来保持电荷平衡（如聚苯胺、聚吡咯及其衍生物），具体过程如图 4-1（a）所示。而导电聚合物的 n 型掺杂是指外电路传递大量电子分布在聚合物分子链上，使其具有丰富的负电荷，从而使电解液中的阳离子聚集在聚合物骨架附近保持电荷平衡（如聚乙炔、聚噻吩及其衍生物），具体过程如图 4-1（b）所示。但能进行有效 n 型掺杂导电聚合物较少，主要是因为 n 型掺杂往往不稳定，自身的膨胀和收缩功能可能导致循环过程中自身的降解，在长期循环中热稳定性和循环性能差[1]。

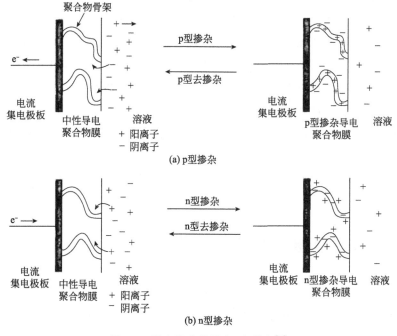

图 4-1　导电聚合物掺杂/去掺杂[1]

由于导电聚合物的掺杂形式以及可掺杂导电聚合物的种类不同，使得导电聚合物在作为超级电容器电极材料使用时可以有不同的组合方式。目前基于导电聚合物的超级电容器主要有以下三类。

（1）Ⅰ型（对称型）　此类型的超级电容器也被称为 p-p 型超级电容器，

两个电极均使用相同的 p 型掺杂的导电聚合物。当电容器充满电时，阴极上的聚合物处于非掺杂状态，阳极上的聚合物处于全掺杂状态；放电过程，处于非掺杂状态的阴极发生氧化掺杂反应，而处于掺杂状态的阳极聚合物被还原（去掺杂）。当放电至两电极都处于半掺杂状态时，两极电压差为零。可见，Ⅰ型电容器放电过程中所释放的电荷数量仅是满掺杂电荷的 1/2，而且两极电位差较小（1V 左右）。因此Ⅰ型超级电容器操作电压较低，一般低于 1.0V，限制了其能量密度。虽然Ⅰ型电容器存在一些缺陷，但由于大多数导电聚合物都可以进行 p 型掺杂，且电极组装相对简单，所以人们对这类超级电容器的研究至今仍在进行。

（2）Ⅱ型（不对称型）　此类型的超级电容器也被称为 p-p′型超级电容器，两个电极分别由不同种类的可进行 p 型掺杂的导电聚合物组成，由于选取的两种导电聚合物电极发生掺杂的电位范围不同，使得电容器在完全充电状态下可以具有更高的电压差（一般为 1.5V）。在放电过程中，阳极 p 型掺杂导电聚合物的去掺杂率大于 50％，这使电极具有更大的放电容量。与Ⅰ型电容器相比，Ⅱ型电容器的操作电压可增至 1.5V，能量密度有所提高。

（3）Ⅲ型（对称型）　此类型的超级电容器也被称为 n-p 型超级电容器，电容器的两个电极材料由既可以 n 型掺杂又可以 p 型掺杂的同种导电聚合物构成。在充电状态下，电容器的阴极处于完全 n 型掺杂状态，而阳极处于完全 p 型掺杂状态，从而使两极间的电压差得到进一步提高（3～3.2V），掺杂电荷可以在放电过程中全部释放，极大地提高了电容器的电容量。此类型的超级电容器的电荷利用率较高，电位窗口可以高达 3.0V，充电时两电极均被掺杂，电荷储存量大、电导率高，因此Ⅲ型超级电容器是目前最具发展潜力的一种能量储存装置。

4.3　导电聚合物电极材料的种类

导电聚合物的种类很多，通常情况下可以将导电聚合物分为两类：一是复合型导电聚合物；二是结构型导电聚合物[16]。

4.3.1　复合型导电聚合物

复合型导电聚合物，是指以导电能力较差的高分子结构材料为基体（连续相），与各种导电性填料（如碳系材料、金属、金属氧化物等）通过分散复合、层积复合、表面复合或梯度复合等方法得到的既具有一定导电能力又有良好力学性能的复合材料。这类复合型导电聚合物，其本征聚合物具有很好的机械性能，可以很好地与导电填料结合，赋予材料较好的稳定性[17]，其导电作用主要是通过其中的导电填料提供载流子来完成的。

复合型导电聚合物主要有两种类型：一种是填充复合型导电聚合物，是将聚合物基体与各种导电性填料复合；另一种是共混复合型导电聚合物，是将聚合物基体与结构型导电聚合物共混。表 4-2 总结了复合型导电聚合物中常用的导电物质的分类及其特点[18]。

表 4-2　复合型导电聚合物中常用的导电物质分类及其特点[18]

种类		特点
碳类	炭黑	乙炔炭黑	纯度高、分散性好
		槽法炭黑	低导电性、粒子小、着色用
		石油炭黑	高导电性
		热裂解炭黑	低导电性、成本低
	炭纤维	PANi 类	导电性好、成本高、加工困难
		沥青类	比 PANi 类导电性差、成本低
	石墨	天然、人工	导电性随产地不同而异、难粉化
金属类	金属粉末	银、铜、镍、铝	银价格高、可用于彩电屏蔽
	金属氧化物	氧化锌、二氧化硅、三氧化二铟等	导电性较差
	金属片	铝等	色彩鲜艳、导电性好
	金属纤维	铝、镍、不锈钢等	价格昂贵、导电性好

4.3.2　结构型导电聚合物

结构型导电聚合物，也叫本征型导电聚合物（intrinsically conductive polymer），它是指聚合物本身可提供载流子，或经过"掺杂"（dope）之后具有导电功能的一类聚合物。这类导电聚合物一般为共轭型高聚物，在共轭高聚物中由于价电子对电导没有贡献，另一方面由于受到链规整度的影响，常常使聚合度 n 不大，使得电子在常温下从 p 轨道跃迁到 p^* 较难，因而电导率较低。根据能带理论，能带区如果部分填充就可产生电导，因此减少价带中的电子（p 型掺杂）或向空能带区注入电子（n 型掺杂）都可以实现能带的部分填充，产生电导现象。

根据导电机理不同可以将结构型导电聚合物分为离子型导电聚合物、电子型导电聚合物和氧化还原型导电聚合物三类[19]。

4.3.2.1　离子型导电聚合物

离子型导电聚合物是以阴、阳离子为主要载流子的导电聚合物。在玻璃化转变温度以上，聚合物的物理性质发生显著的变化，类似于高黏度液体，有一定的流动性，在电场作用下，聚合物中的小分子离子受到一个定向力，可以在聚合物内发生一定程度的定向扩散运动，使聚合物具有导电性，呈现出电解质的性质。随着温度的升高，聚合物的流动性愈加突出，导电能力也得到提高。我们所谓的高分子固体电解质以及高分子离子导体就是离子型导电聚合物。离子型导电聚合物主要有聚酯与金属盐形成的复合物以及聚醚与碱金属形成的络合物等。

4.3.2.2 电子型导电聚合物

电子型导电聚合物又称共轭导电高分子，其载流子为自由电子或空穴。电子型导电聚合物的特点是分子内包含较大的线性共轭 π 结构，为载流子的离域迁移提供了前提条件。π 价电子具有较大的离域性质，可在体系内部相对迁移，当存在外电场时，材料内部的 π 价电子定向流动产生电流，呈现电子导体现象。电子型导电聚合物的种类较多，有聚乙炔（PA）、聚氧乙烯（PEO）等脂肪族线型共轭聚合物，有聚苯胺（PANi）、聚咔唑（PCA）等芳香族线型共轭聚合物以及聚吡咯（PPy）、聚噻吩（PTh）等芳杂环线型共轭聚合物[23]。这类材料由于其优异的性能吸引了众多研究者们的开发。

4.3.2.3 氧化还原型导电聚合物

氧化还原型导电聚合物，它是以氧化还原反应为电子转移的机理，在可逆的氧化还原反应中，电子可在分子间定向迁移从而使导电聚合物具备导电能力。这类导电聚合物的前提条件是结构中需含有能发生可逆氧化还原反应的活性体，如聚乙烯二茂铁等。

表 4-3 总结了典型的结构型导电聚合物的结构与电导率[20]。

表 4-3　典型的结构型导电聚合物的结构与电导率[20]

聚合物名称	缩写	结构式	室温电导率 /S・cm^{-1}	发现年代 /年
聚乙炔	PA		$10^{-10} \sim 10^{5}$	1977
聚吡咯	PPy		$10^{-8} \sim 10^{2}$	1978
聚对亚苯基乙烯	PPV		$10^{-15} \sim 10^{2}$	1979
聚对亚苯基	PPP		$10^{-15} \sim 10^{2}$	1979

聚合物名称	缩写	结构式	室温电导率 /S·cm^{-1}	发现年代 /年
聚苯胺	PANi	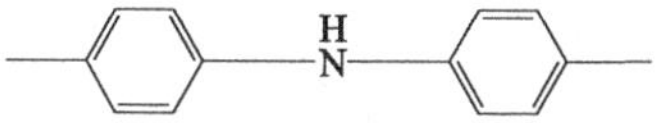 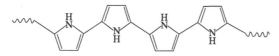	$10^{-10} \sim 10^{2}$	1980
聚噻吩	PTh	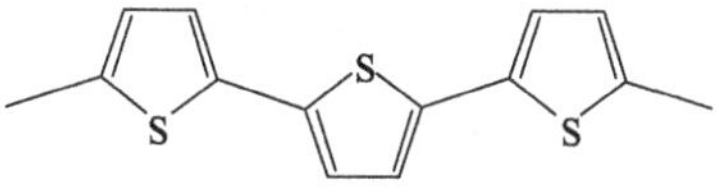	$10^{-8} \sim 10^{2}$	1981

（1）聚乙炔　聚乙炔（polyacetylene）简称 PA，1967 年日本化学家白川英树在实验室偶然合成出了银白色带金属光泽的聚乙炔。它是第一个被发现的能够导电的聚合物[21]，具有重复的（C_2H_2）$_n$ 结构单元。PA 的发现极大地促使了导电聚合物研究的飞速发展。

（2）聚吡咯　聚吡咯（polypyrrole）简称 PPy，是一种重要的电子导电高分子，是目前研究和使用较多的一种杂环共轭型导电高分子[22]。通常为无定形黑色固体，结构式如图 4-2 所示：

图 4-2　聚吡咯结构示意图[22]

PPy 的杂芳基和延伸的 p 共轭主链结构分别提供化学稳定性和导电性。然而，p 共轭主链结构不足以自行产生明显的导电性，还需要从 PPy 链进行部分电荷提取，这是通过称为掺杂的化学或电化学过程来实现的。中性 PPy 的电导率通过掺杂显著地从绝缘状态改变为金属状态，对于必须控制材料的导电性的应用，这是非常有价值的特征。Frackowiak 等[23]的研究表明，用碳纳米管-导电高分子（如聚吡咯）复合材料为超电容器的电极材料制得的电容器电容量比纯碳纳米管或纯聚吡咯的电容量都高。Wang 等[24]通过原位聚合制备纳米纤维结合的 PPy/石墨烯氧化物纸用于超级电容器，在 5A·g^{-1} 下经 16000 次循环仍显示出 198F·cm^{-3} 的大比容量。

（3）聚噻吩　聚噻吩（polythiophene）简称 PTh，该聚合物在其中性和掺杂状态下具有优异的环境和热稳定性，掺杂形式下表现出优异的光学性质和高达 600S·cm^{-1} 电导率值[25-27]。聚噻吩在大多数有机溶剂中的溶解性差，除了三氟化砷/五氟化硫等混合物外，其用途有限。然而，据报道，在噻吩环的 3 位上加入长的柔性烷基侧链在常规的有机溶剂中产生可溶性聚合物，而不改变聚合物的化学和物理性质[28]。

1980 年，无取代聚噻吩由日本的 Yamamoto[29] 及其合作者用金属镍化合物作为催化剂首次制备，金属 Mg 与 2,5-二溴代噻吩在四氢呋喃溶液中，经催化剂 Ni（bipy）Cl₂ 催化作用形成二聚体噻吩，最终缩聚制得大分子的聚噻吩，其结构式如图 4-3 所示。随后他们还利用镍化合物催化法合成了甲基、已基、辛基和十二烷基分别在 3 位上取代的聚噻吩。

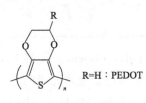

图 4-3　聚噻吩结构[29]

（4）聚苯胺　聚苯胺（polyaniline）简称 PANi，自从 1984 年被 Macdiarmid 等[30]重新开发以来，以其良好的热稳定性、化学稳定性和电化学可逆性，优良的电磁微波吸收性能，潜在的溶液和熔融加工性能，原料易得，合成方法简便以及独特的掺杂等特性，成为研究进展最快的导电高分子材料之一。聚苯胺的化学结构式如图 4-4 所示：

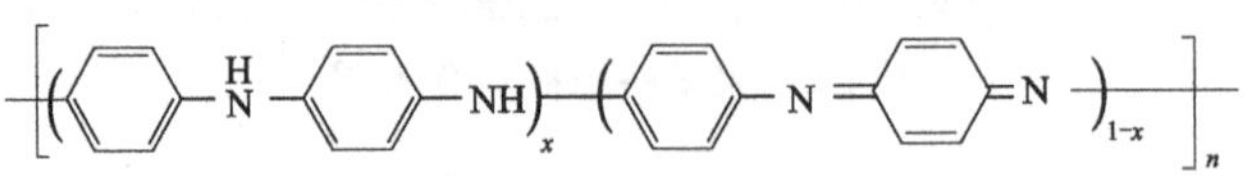

图 4-4　聚苯胺的化学结构式[30]

聚苯胺可看作是苯二胺与醌二亚胺的共聚物，x 代表着聚苯胺某一状态的含量，当 $x=0$ 时，为全还原态的聚苯胺（pernigraniline，PNA）；当 $x=1$ 时，为全氧化态的聚苯胺（leucoemeraldine，LM）；当 $x=0.5$ 时，为本征态的聚苯胺（emeraldine，EM）；当 $x=0.75$ 时，为氧化态：还原态＝3：1 的聚苯胺（nigraniline，NA）[31]。

聚苯胺具有良好的电化学可逆性，可在以上三种形态间自由转换，但处于本征态时是不导电的，只有经过质子酸掺杂后才具有导电性，其掺杂过程明显不同于其他的导电聚合物[32]。掺杂时，聚苯胺的分子链上没有发生电子数目的变化（如图 4-5 所示），而是在亚胺氮原子上发生质子化，生成极化子而使分子链的掺杂带上出现空穴，即发生 p 型掺杂。

根据其氧化态，PANi 存在于以下物质中：白色花青素、翠绿亚胺和邻苯二胺，但仅质子化的翠绿亚胺是导电的，而掺杂的白色花青素和邻苯二胺具有

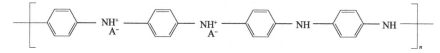

图 4-5 聚苯胺经质子酸掺杂后的分子式[32]

差的导电性。目前，合成聚苯胺的方法很多，如化学聚合法：软模板法、硬模板法、界面聚合法、乳液法等，以及电化学聚合法：恒电位法、恒电流法、动电位法、脉冲法等[33]。Chowdhury 等[34]采用球状结构的金属氧化物 Mn_3O_4 为活性种子模板（同时作为模板剂和氧化物）合成了聚苯胺纳米球。Fei 等[35] 使用多孔层状纳米结构的 MnO_2 作为活性种子模板合成了球状和立体的聚苯胺核壳结构。万梅香等[36]采用乳液-萃取法制得可溶性的聚苯胺。苯胺单体在水与表面活性剂 DBSA 形成的乳液体系聚合，然后使用三氯甲烷直接萃取出可溶性的 PANi-DBSA。这种方法合成步骤简单，产物的导电率高。此外，该小组还使用 β-萘磺酸（β-NSA）作为掺杂酸和模板剂，通过自组装方法制备出微/纳米结构的聚苯胺[37]。表 4-4 总结了 PANi、PPy、PTh 基导电聚合物的优缺点。

表 4-4　PANi/PPy/PTh 基导电聚合物的优点和缺点[37]

导电聚合物	优点	缺点
PANi	灵活性，大比电容范围，易于制造，易于掺杂/去掺杂和高掺杂力，高理论比电容，可控电导率	比电容依赖于合成条件，循环稳定性差，仅适用于质子型电解质
PPy	灵活性，易于制造，单位体积相对较高的比电容，高循环稳定性，适用于中性电解质	掺杂/去掺杂困难，单位质量的比电容相对较低，仅适用于阴极材料
PTh	灵活性，易合成性，良好的循环稳定性和环境稳定性	导电性差，比电容差

4.4　导电聚合物电极材料的合成方法

导电聚合物作为超级电容器的一种电极材料，其合成方法有很多，最常用的方法主要有化学合成法和电化学合成法。化学方法简单、成本低，容易进行大规模生产，主要包括模板法、乳液聚合法、界面聚合法、稀溶液聚合法、快速混合聚合法等；电化学方法是通过选择合适的电化学参数来有效控制聚合物尺寸和形貌，该方法由于受限于电极面积，适宜小批量合成导电聚合物。

4.4.1　化学合成法

化学氧化聚合一般是在酸性介质中使用氧化剂使单体氧化聚合，常用的氧化剂有过硫酸铵、双氧水、氯化铁、重铬酸钾等；介质常选用硫酸、盐酸、高氯酸的水溶液。介质酸的种类、浓度，氧化剂的种类、浓度、用量、添加速度以及反应温度等条件对最终得到的共轭导电聚合物的性质有直接影响。化学氧化聚合可用于直接制备导电聚苯胺、导电聚吡咯、导电聚噻吩等，所得产品多为聚合物粉末。Mallouki 等[38]通过原位化学聚合方法在 Fe_2O_3 上沉积 PPy 得到复合材料，在 EMITFSI 和 PYR_{14} TFSI 离子液体中的比容量分别为 $210F \cdot g^{-1}$ 和 $190F \cdot g^{-1}$，循环 1000 次后比容量衰减仅 3％～5％。Liu Zhen 等[39]通过氧化原位聚合法，在 GNS 表面聚合出球状 PPy 颗粒，使其均匀分散在 GNS 表面上，制备出 PPy/GNS 复合材料。PPy 在 GNS 表面上的均匀分散提高了复合物的电导率，有利于电解液离子的扩散，提高了材料的性能。在 $0.5A \cdot g^{-1}$ 的电流密度下，复合材料的电容性能最高可达 $402F \cdot g^{-1}$，经历 1000 次充/放电循环后其比容量降低约 5％，比容量和循环稳定性均得到提高[40]。

4.4.2 电化学合成法

电化学方法是在电位的作用下，单体在电极表面通过电化学氧化或还原反应而发生聚合。这一方法采用电极电位作为聚合反应的引发和反应驱动力，在电极的表面进行聚合反应并直接生成导电聚合物。电化学法制备导电聚合物有许多优点，主要表现在反应条件易于控制，产品的纯度高，机械性能和导电性能良好等。由于聚合过程不需要引入氧化剂，因此，电化学聚合法具有清洁环保的特点。同时，采用电化学制备法还可使聚合与掺杂同时进行。许多杂环导电聚合物，如聚吡咯、聚噻吩等可采用电化学方法制备。Roberts 等[41]通过电化学沉积法，在金电极表面制备得到了联噻吩-三芳氨基导电聚合物，研究结果表明，该聚合物在有机电解液中当扫描速率为 $50mV \cdot s^{-1}$ 时，其比电容高达 $990F \cdot g^{-1}$，这一研究结果远远高于通常的活性炭基材料比电容。Huang 等[42]通过电化学聚合法制备得到了 PANi/SWNTs 复合材料，他们提出 SWNTs 在聚合过程中起到一定的掺杂作用，能够促进电荷在 PANi 与 SWNTs 之间发生一定的离域，促进电荷转移，从而提高了复合材料的电活性与电化学性能。

4.4.3 光化学法

光化学法操作简单、反应快速、成本低廉且对周围环境无破坏性。该方法对于制造一些导电聚合物是很有用的。例如，吡咯通过使用光敏剂或合适的电子受体，通过可见光照射，有效地聚合成了聚吡咯。目前，苯胺在过氧化氢的存在下通过氧化自由基偶联反应中产生的聚合物反应是由辣根过氧化物引发的。与化学和电化学技术相比，通过光化学法苯胺的聚合可以在环境温和的情况下进行。

4.4.4 复分解法

复分解是两种化合物之间的化学反应，通过两种反应物的成分部分互换形成两种不同的化合物。复分解聚合分为三类：环烯烃的开环复分解，炔烃的复分解，无环或环状二烯烃的复分解。

4.4.5 浓缩乳液法

乳液的聚合方法是合成高聚物最重要的方法之一，根据其自由基聚合的反应机理，聚合过程可分为四个阶段——分散阶段、乳胶粒生成阶段、乳胶粒长大阶段及聚合反应完成阶段。在分散阶段乳化剂分子有三种存在形式——以单分子乳化剂溶解在水相中、形成胶束或被吸附在单体液滴表面上。加入体系中的单体也有三个去向，即存在于单体液滴中、以单分子的形式溶解在水相中以及被增容在胶束中。典型的乳液聚合被准确地定义为聚合物优先在胶束内形成的聚合方法[43]。

4.4.6 等离子体聚合法

等离子体聚合法是一种从有机和有机金属预备材料制造薄膜的新方法。等离子体聚合膜是无针孔的并且高度交联，因此是不溶的、热稳定的、化学惰性的和机械强度较高的。此外，这些薄膜非常连贯，并附着在由传统聚合物、玻璃和金属表面组成的一系列底物上。由于这些优异的性能，它们在过去几年中被广泛应用于诸如烫发选择性膜、保护壳、生物医学材料、电子、光学装置和黏附支持物的一系列应用中。

4.5 导电聚合物在超级电容器中的应用

与昂贵的金属氧化物相比，导电聚合物具有可逆的法拉第氧化还原性质、高电荷密度和较低的成本，被广泛用作电极材料。目前，已有多种形式的导电聚合物被成功合成并应用于超级电容器中，这些具有高表面积和高孔隙率的纳米结构化导电聚合物具有良好的性能，尤其是一维纳米结构的导电聚合物具有非常高的赝电容特性。

研究导电聚合物的最终目标是将其纳入超级电容器器件。随着便携式设备和滚动屏幕等新型电气设备的不断涌现，对灵活、轻量级的先进储能设备的要求日益迫切。导电聚合物因其具有高的灵活性和易制造性，被认为是柔性超级电容器应用中最有希望的电极材料之一。为了改善基于导电聚合物的超级电容器的电化学性能，通过调整聚合方法、掺杂剂含量、表面活性剂的类型和含量等来提高其结晶度，控制其微观结构和表面形态是至关重要的。除了电化学性质外，还应考虑导电聚合物的其他重要性能，包括热稳定性、加工能力和力学性能，以满足实际应用的需要。

聚苯胺（PANi）结构多样，掺杂机制独特，具有良好的空气稳定性、导电性、电致变色等特性，故作为一种性能优良的导电聚合物，一直是人们研究的热点。然而，离子在 PANi 分子链内的扩散将导致其力学性能发生改变；同时，在 PANi 作电极材料使用时，快速衰减的比电容限制了其进一步应用和发展[44]。解决这一问题的方法之一就是以各种碳系材料为基底，在其表面进行 PANi 的聚合，从而制得 PANi/碳复合材料。碳系材料的高比表面积，为 PANi 的沉积提供了反应场所，增大了电活性区域[45]。Zhang 等[46]成功地将 PANi 沉积到垂直排列的 CNT 上用于制备超级电容器，并且获得了 1030F·g^{-1} 的高质量归一化比电容。除了氧化化学聚合方法之外，CNT/聚合物纳米复合材料可以通过电聚合方法有效地制备到导电柔性基材上。最近，Lin 等[47]通过电化学方法合成了具有良好弹性的 PANi/MWCNT 复合膜。柔性复合电极表现出高比电容，表现出高达 180°弯曲角度的高稳定性（图 4-6）。

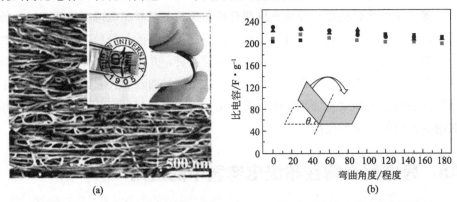

图 4-6　PANi/MWCNT 复合材料的 SEM（a）及基于在各种弯曲角度测量的
PANi/MWCNT 的超级电容器的比电容[47]（b）
注：（a）中插图，显示超级电容器是透明和柔性的

聚吡咯（PPy）作为最常见的四种导电聚合物之一，具有空气稳定性好、易于电化学聚合制备成膜、无毒等优点，有着广阔的应用前景，因而 20 多年来受到重视。但在掺杂/去掺杂的过程中，聚吡咯分子链容易发生膨胀或收缩，致使分子链结构很容易被破坏，使得材料的实际价值大为降低[48]。Oliveira 等[49]以甲基橙为模板，在其表面上聚合出 PPy 纳米管，再以中空 PPy 纳米管

为基体，表面覆盖单壁碳纳米管（SWNTs）交联网络，形成 PPy/SWNTs 核壳结构系统，同时掺入 TiO_2，制备了纳米管状的 PPy/SWNTs/TiO_2 复合材料，使材料在充/放电过程中的双电层作用和法拉第反应得到加强，复合材料经电化学性能测试后测得比电容值最高值为 $281.9F \cdot g^{-1}$。Yanik 等[50]成功制备了基于聚吡咯/石墨烯和磁性聚吡咯/石墨烯的纳米复合材料，获得的纳米复合材料用于制备导电油墨以制造超级电容器电池。根据 CV 分析，磁性聚吡咯/石墨烯电池具有较高的比电容值，随着磁性纳米颗粒的影响，比电容增加约 12%，其最大比电容可达到 $255F \cdot g^{-1}$。

聚噻吩（PTh）类用于超级电容器电极材料主要是通过对噻吩进行一定的修饰再制备成相应的电极材料。王红敏等[51]将多壁碳纳米管（MWNTs）与 PTh 按不同质量比混合制成聚苯胺/多壁碳纳米管复合材料，在 14MPa 压力下压片后测试电导率随着 MWNTs 含量的增加而增加。当 MWNTs 含量为 3% 时，复合材料的电导率达到 $6.61 \times 10^{-6} S \cdot cm^{-1}$，而当 MWNTs 含量增加至 20% 时，电导率的增加速率相对缓慢，且逐渐接近纯的 MWNTs 并达到定值。韩菲菲等[52]将 MWNTs 与 P_3OT（聚 3-辛基噻吩）粉末按不同的质量配比在氯仿溶液中超声共混 15min，50℃恒温干燥，机械研磨，恒压压片后测试其电导率，得出纯 P_3OT 和 MWNTs 含量为 3% 时复合材料的电导率分别为 $4.14 \times 10^{-15} S \cdot cm^{-1}$ 和 $1.43 \times 10^{-2} S \cdot cm^{-1}$。复合材料电导率提高的原因是 MWNTs 是一种共轭多烯结构，π 电子有很强的离域性，与噻吩环主链上的 π 电子可以产生 π-π 共轭作用，形成更大的共轭体系，使得电子有更大的离域空间[53]。

参 考 文 献

[1] 熊善新，汪晓芹. 研究生课程《高聚物结构与性能》的教学内容延伸——导电聚合物的结构与功能关系[J]. 山东化工，2015，44(21)：132-133.

[2] 何平笙. 新编高聚物的结构与性能[M]. 北京：科学出版社，2009.

[3] 梁敏. 新型功能材料导电聚合物的应用与开发[J]. 广州化工，2013，41(04)：46-47.

[4] SHIRAKAWA H, EDWIN E J, MACDIARMID A G, et al. Synthesis of electrically conducting organic polymers: halogen derivatives of polyacetylene, $(CH)_x$[J]. Journal of the Chemical Society, Chemical Communications, 1977(16)：578-580.

[5] CHIANG C K, FINCHER C R, PARK Y W, et al. Electrical Conductivity in Doped Polyacetylene [J]. Phys Rev Lett, 1978, 40(22)：14-72.

[6] 林立华，郑翠红，闫勇，等. 超级电容器电极材料的研究进展[J]. 应用化工，2011，40(6)：1095-1099.

[7] SNOOK G A, KAO P, BEST A S. Conducting-polymer-based supercapacitor devices and electrodes

[J]. Journal of Power Sources, 2011, 196(1): 1-12.

[8] LONG Y Z, LI M M, GU C, et al. Recent advances in synthesis, physical properties and applications of conducting polymer nanotubes and nanofibers[J]. Progress in Polymer Science, 2011, 36(10): 1415-1442.

[9] DAS T K, PRUSTY S. Review on conducting polymers and their applications[J]. Polymer-Plastics Technology and Engineering, 2012, 51(14): 1487-1500.

[10] 【如】CONWAY B E. 电化学超级电容器——科学原理及技术应用[M]. 陈艾, 吴孟强, 张绪礼, 等译. 北京: 化学工业出版社, 2005.

[11] 袁磊, 王朝阳, 付志兵, 等. 超级电容器电极材料的研究进展[J]. 材料报道, 2010, 24(9A): 11-14.

[12] 陈俊蛟, 黄英, 黄海舰. 超级电容器电极材料研究进展[J]. 材料开发与应用, 2015, 30(1): 90-95.

[13] SNOOK G A, KAO P, BEST A S. Conducting-polymer-based supercapacitor devices and electrodes [J]. J Power Source, 2011, 196(1): 1-12

[14] MALINAUSKAS A, MALINAUSKIENE J, RAMANAVICIUS A. Conducting polymer-based nanostructurized materials: Electrochemical aspects[J]. Nano Technology, 2005, 16(10): R51.

[15] SHARMA P, BHATTI T S. A review on electrochemical double-layer capacitors[J]. Energy Convers Manage, 2010, 51(12): 2901-2912.

[16] 万梅香, 申有清, 黄洁. 一种导电高聚物微管的制备方法[P]. 中国专利, 98-109916-5, 1998-02-17.

[17] 高尚尚. 导电共轭聚合物的合成及其应用[D]. 南充: 西华师范大学, 2016.

[18] 袁聪姬. 导电聚合物微层共挤装置的研制[D]. 北京: 北京化工大学, 2013.

[19] WEI Z X, ZHANG Z M, WAN M X. Formation mechanism of self-assembled polyaniline micro/nanotubes[J]. Langmuir, 2002, 18(3): 917-921.

[20] 孙立波. 导电聚合物复合材料的制备与表征[D]. 济南: 山东大学, 2014.

[21] SHIRAKAWA H, LOUIS E L, MACDIARMID A G, et al. Synthesis of electrically conducting organic polymers: Halogen derivatives of polyacetylene[J]. J Chem Soc Chem Commun, 1977(16): 578-580.

[22] PEO M, ROTH S, HOCKER J. Magnetic investigations of the metallic polymers polyacetylene, polyparaphenylene and polypyrrole [J]. Chemica scripta. 1981, 17(1-5): 133-134.

[23] FRACKOWIAK E, METENIER K, BERTAGNA V, et al. Supercapacitor electrodes from multiwalled carbon nanotubes[J]. Appl Phys Lett, 2000, 77(15): 2421-2423.

[24] WANG Z, TAMMELA P, STROMME M, et al. Nanocellulose coupled flexible polypyrrole @ graphene oxide composite paper electrodes with high volumetric capacitance[J]. Nanoscale, 2015, 7 (8): 3418-3423.

[25] KARIM M R, LEE C J, LEE M S. Synthesis and characterization of conducting polythiophene/carbon nanotubes composites[J]. Journal of Polymer Science Part A: Polymer Chemistry, 2006, 44 (18): 5283-5290.

[26] GREEN R A, LOVELL N H, WALLACE G G, et al. Conducting polymers for neural interfaces: challenges in developing an effective long-term implant[J]. Biomaterials, 2008, 29(24): 3393-3399.

[27] ROZLOSNIK N. New directions in medical biosensors employing poly(3,4-ethylenedioxy thiophene) derivative-based electrodes[J]. Analytical and bioanalytical chemistry, 2009, 395(3): 637-645.

[28] BERTRAN O, ARMELIN E, ESTRANY F, et al. Poly(2-thiophen-3-yl-malonic acid), a polythiophene with two carboxylic acids per repeating unit[J]. Journal of Physical Chemistry B, 2010, 114 (19): 6281-6290.

[29] YAMAMOTO T, SANECHIKA K, YAMAMOTO A. Preparation of themosttable and electric-conducting poly(2,5-thienylene)[J]. Journal of Polymer Science Part C: Polymer Letters, 1980, 18(1): 9-12.

[30] MACDIARMID A G, CHIANG J C, HALPERN M, et al. Aqueous chemistry and electrochemis try of polyacetylene and " polyaniline": Application to rechargeable batteries [J].Polym Prep,1984,121: 195.

[31] 王冉冉. 聚苯胺的合成方法[J]. 科技展望,2016,26(19): 73-73.

[32] 吴丹, 朱超, 强骥鹏, 等. 聚苯胺的掺杂及其应用[J]. 工程塑料应用, 2006, 34(9): 70-73.

[33] 崔青霞. 聚苯胺的制备、复合及电化学电容性能[D]. 乌鲁木齐: 新疆大学, 2014.

[34] CHOWDHURY A N, AZAM M S, RAHIMA, et al. Oxidative and antibacterial activity of Mn_3O_4 [J]. J Hazard Mater,2009,172(2): 1229-1235.

[35] FEI J, CUI Y, YAN X, et al. Controlled fabrication of polyaniline spherical and cubic shells with hierarchical nanostructures[J]. ACS Nano,2009, 3(11): 3714-3718.

[36] 李永明, 万梅香. 乳液聚合-萃取法制备掺杂态聚苯胺溶液[J]. 功能高分子学报, 1998(3): 337-342.

[37] 赵文元, 王亦军. 功能高分子材料化学[M]. 北京: 化学工业出版社, 2003.

[38] MALLOUKI M, TRAN-VAN F, SARRAZIN C, et al. Electrochemical storage of polypyrrole Fe_2O_3 nanocomposites in ionic liquids[J]. Electrochimica Acta, 2009, 54(11): 2992- 2997.

[39] LIU ZHEN. Synthesis of polypyrrole/graphene composite and their application in electrode materials of supercapacitors[D]. Wuhan: Central China Normal University, 2014.

[40] 谢师禹, 于靖, 翟威, 等. 超级电容器电极材料用导电聚合物复合材料研究进展[J]. 工程塑料应用, 2015, 43(08): 111-114.

[41] ROBERTS M E, WHEELER D R, MCKENIZE B B, et al. High specific capacitance conducting polymer supercapacitor electrodes based on poly[tris(thiophenylphenyl) amine][J]. J Mater Chem, 2009, 19(38): 6977-6979.

[42] HUANG J E, LI X H, XU J C, et al. Well-dispersed single-walled carbon nanotube/polyaniline composite films[J]. Carbon, 2003, 41(14): 2731-2736.

[43] 张晨. 浓乳液快速聚合方法的研究[D]. 北京: 北京化工大学, 2002.

[44] 张亚婷, 任绍昭, 李景凯, 等. PANi/煤基石墨烯宏观体复合材料的制备及其电化学性能[J]. 化工学报, 2017, 68(11): 4316-4322.

[45] SALINAS T D, SIEBEN J M, LOZANO C D, et al. Asymmetric hybrid capacitors based on activated carbon and activated carbon fibre-PANI electrodes[J]. Electrochimica Acta, 2013, 89: 326-333.

[46] ZHANG H, CAO G, WANG Z, et al. Tube-covering-tube nanostructured polyaniline/carbon nanotube array composite electrode with high capacitance and superior rate performance as well as good cycling stability[J]. Electrochemistry Communications, 2008, 10(7): 1056-1059.

[47] LIN H, LI L, REN J, et al. Conducting polymer composite film incorporated with aligned carbon nanotubes for transparent, flexible and efficient supercapacitor[J]. Scientific reports, 2013, 3.

[48] 冯鑫. 导电聚合物超级电容器电极材料研究进展[J]. 化工技术与开发, 2016, 45(05): 47-49.

[49] OLIVEIRA A H P, OLIVEIRA H P D. Carbon nanotube/polypyrrole nanofibers core-shell compos-

ites decorated with titanium dioxide nanoparticles for supercapacitor electrodes[J]. Journal of Power Sources, 2014, 268: 45-49.

[50] YANIK M O, YIGIT E A, AKANSU Y E, et al. Magnetic conductive polymer-graphene nanocomposites based supercapacitors for energy storage[J]. Energy, 2017, 138: 883-889.

[51] 王红敏, 梁旦, 韩菲菲, 等. 聚噻吩/多壁碳纳米管复合材料结构与导电机理的研究[J]. 化学学报, 2008, 66(20): 2279-2284

[52] 韩菲菲, 梁旦, 王红敏, 等. 聚 3-辛基噻吩/MWNTs 复合材料的导电性能研究[J]. 化学学报, 2009, 67(7): 611-617.

[53] 杜永, 蔡克峰. 聚噻吩及其衍生物、聚噻吩基复合材料的导电性能研究进展[J]. 材料导报, 2010, 24 (21): 69-73.

第5章
水系电解液

　　水系电解液具有较高的电导率和较低的阻抗，因电解质的分子直径较小，容易与微孔充分浸渍，便于充分利用其表面积[1]。水系电解液与其对应的有机物相比，在可承受性、导电性、热容量和环境影响方面是有利的，其电导率比有机和离子液体电解质要高出至少一个数量级，并且水性电解质价格便宜，且在实验室中不需要特殊条件，可较容易地处理，大大简化了超级电容器的制造和组装过程，所以，直到现在水系电解液一直被广泛应用到传统和新型的电化学超级电容器中。在 2004 年出版的有关超级电容器电解液的文献有 84.8％的电解液使用的是水系电解液[2]。

　　水系电解液在电池中的应用早已出现，1799 年，Alessandro Volta[3]研制出第一块使氯化钠溶液作为电解液的化学电池，俗称"伏打"电池。19 世纪60 年代法国的勒克兰谢（Leclanche）发明了勒克兰谢电池（炭锌干电池），以氯化铵水溶液作为电解液。除了传统电池之外，在近些年飞速发展的锂电池研究中，使用水系电解质的锂离子电池可避免有机电解质通常存在的安全隐患[4]。但是，以水溶液作为电解质的锂离子电池的循环使用寿命较短，一般循环 100 个周期后电量保存量小于 50％，即使更换电极材料也难以改善其循环寿命。最新的相关研究揭示了水系锂离子电池在循环过程中容量衰减的机理：放电状态下的负极材料与 H_2O 和 O_2 反应，与溶液的 pH 值无关[5]。而对于典型的介孔碳电极超级电容器在水系电解液中的比电容和能量密度范围为 $100\sim$ $200F\cdot g^{-1}$ 和 $10\sim50Wh\cdot kg^{-1[6-12]}$。

　　超级电容器中的电解质水溶液可以是任何盐、酸、碱或其组合，但必须不与电极材料发生反应。其中 H_2SO_4、KOH、LiOH、Na_2SO_4 等是最具代表性的也是超级电容器较常用的水系电解液。水系电解质的选择标准通常考虑水合阳离子和阴离子的大小和离子的迁移率（表 5-1），其不仅影响离子电导率，而且影响电容器的比电容值，还应考虑电解液对电极的腐蚀程度。水系电解液的主要缺点是受到水分解的制约，电容器的电化学窗口较窄。负极电位在 0V 左右发生析氢反应，正极电位在1.23V左右时发生析氧反应，所以电化学超级电容器的电池电压约为1.23V[13]。气体的生成会导致超级电容器的损坏，降低电容器性能，危及安全。为了避免气体的生成，水系电解液的电化学超级电容器的电压被限制在1.0V左右。表5-2列出了典型的水系电解液电化学超级电容器以及它们的性能。由表可以看出，对于酸性和碱性电解质来说，无论使用哪种电极材料，超级电容器的电压都被限制在1.3V以内；而对于中性电解液来说，超级电容器的最高电压可以达到2.2V。除此之外，对使用水系电解液的电化学超级电容器的操作温度也有限制，需要控制在水的凝固点以上沸点以下。

表5-1 单一离子、水合离子的大小，离子电导率的数值[12]

离子	单一离子尺寸/Å	水合离子尺寸/Å	离子电导率/S·cm²·mol⁻¹
H^+	1.15	2.80	350.1
Li^+	0.60	3.82	38.69
Na^+	0.95	3.58	50.11
K^+	1.33	3.31	73.5
NH_4^+	1.48	3.31	73.7
Mg^{2+}	0.72	4.28	106.12
Ca^{2+}	1.00	4.12	119
Ba^{2+}	1.35	4.04	127.8
Cl^-	1.81	3.32	76.31
NO_3^-	2.64	3.35	71.42
SO_4^{2-}	2.90	3.79	160.0
OH^-	1.76	3.00	198
ClO_4^-	2.92	3.38	67.3
PO_4^{3-}	2.23	3.39	207
CO_3^{2-}	2.66	3.94	138.6

表5-2 基于水系电解液的超级电容器及其性能[12]

水系电解液/浓度	电极材料	比电容/F·g⁻¹	电容器电压/V	能量密度/W·h·kg⁻¹	功率密度/W·kg⁻¹	温度/℃
			强酸电解液			
$H_2SO_4/2mol·L^{-1}$	宏/介孔石墨碳	105($4mV·s^{-1}$)	0.8	4	20	室温
$H_2SO_4/1mol·L^{-1}$	活性炭纤维	280($0.5A·g^{-1}$)	0.9	—	—	室温
$H_2SO_4/1mol·L^{-1}$	石墨烯量子点-3D石墨烯复合材料	268($1.25A·g^{-1}$)	0.8	—	—	室温

水系电解液/浓度	电极材料	比电容/F·g⁻¹	电容器电压/V	能量密度/W·h·kg⁻¹	功率密度/W·kg⁻¹	温度/℃
H_2SO_4/1mol·L⁻¹	多孔炭	约100(0.2A·g⁻¹)	1	约3.8	约100	室温
H_2SO_4/2mol·L⁻¹	3D-杂原子掺杂的碳纳米纤维	204.9(1A·g⁻¹)	1	7.76	约100	室温
H_2SO_4/1mol·L⁻¹	磷修饰的碳	220(1A·g⁻¹)	1.3	16.3	33	—
H_2SO_4/1mol·L⁻¹	6-氨基-4-羟基-2-萘磺酸氧化还原石墨烯	375(1.3A·g⁻¹)	2.0	213	1328	室温
H_2SO_4/0.5mol·L⁻¹	RuO_2-石墨烯	479(0.25A·g⁻¹)	1.2	20.28	600	—
H_2SO_4/1mol·L⁻¹	聚苯胺-氧化还原石墨烯	1045.51(0.2A·g⁻¹)	0.8	8.3	60000	—
H_2SO_4/0.5mol·L⁻¹	聚吡咯薄膜	510(0.25mA·cm²)	1	133	758	—
H_2SO_4/1mol·L⁻¹	石墨烯/超薄介孔石墨烯纳米薄膜	749(0.5A·g⁻¹)	0.7	11.3	106.7	—
H_2SO_4/1mol·L⁻¹	含氮或氧多孔碳框架	428.1(0.5A·g⁻¹)	0.8	37.4	197	—
强碱性电解质						
KOH/6mol·L⁻¹	3D多孔碳材料	294(2mV·s⁻¹)	1	—	—	
KOH/6mol·L⁻¹	多孔石墨烯	303(0.5A·g⁻¹)	1	6.5	约50	
KOH/6mol·L⁻¹	多孔网状石墨烯	202(0.325A·g⁻¹)	0.9	4.9	150	室温
KOH/2mol·L⁻¹	Co_3O_4纳米薄膜	1400(1A·g⁻¹)	0.47	—	—	室温
KOH/2mol·L⁻¹	多孔$NiCo_2O_4$纳米管	1647.6(1A·g⁻¹)	0.41	38.5	205	—
LiOH/1mol·L⁻¹	MnO_2纳米材料	363(2mV·s⁻¹)	0.6	—	—	
中性电解液						
Na_2SO_4/1mol·L⁻¹	3D多孔碳材料		1.8	15.9	317.5	—
$NaNO_3$/1mol·L⁻¹	活性炭	116(2mV·s⁻¹)	1.6	—	—	室温
Na_2SO_4/0.5mol·L⁻¹	多孔炭	约60(0.2A·g⁻¹)	1.8	约7	约40	
$NaNO_3$-EG/4mol·L⁻¹	活性炭	22.3(2mV·s⁻¹)	2	14~16	约500	0~60
Na_2SO_4/0.5mol·L⁻¹	海藻碳	123(0.2A·g⁻¹)	1.6	10.8	—	
Na_2SO_4/0.5mol·L⁻¹	活性炭	135(0.2A·g⁻¹)	1.6	约10	—	

水系电解液/浓度	电极材料	比电容/F·g^{-1}	电容器电压/V	能量密度/W·h·kg^{-1}	功率密度/W·kg^{-1}	温度/℃
KCl/1mol·L^{-1}	MnCl$_2$掺杂聚苯胺/单壁碳纳米管复合物	546(0.5A·g^{-1})	1.6	194.13	约550	室温
Li$_2$SO$_4$/1mol·L^{-1}	活性炭	180(0.2A·g^{-1})	2.2	—	—	—
Na$_2$SO$_4$/1mol·L^{-1}	多孔MnO$_2$	278.8(1mV·s^{-1})	1	约28.4	约70	室温
Li$_2$SO$_4$/1mol·L^{-1}	多孔MnO$_2$	284.24(1mV·s^{-1})	1	约28.8	约70	室温
K$_2$SO$_4$/1mol·L^{-1}	多孔MnO$_2$	224.88(1mV·s^{-1})	1	约24.1	约70	室温
Na$_2$SO$_3$/1mol·L^{-1}	介孔炭/Fe$_2$O$_3$纳米复合材料	235(0.5A·g^{-1})	1	39.4	—	室温
Na$_2$SO$_4$/0.5mol·L^{-1}	MnO$_2$/纳米碳纤维复合材料	551(2mV·s^{-1})	0.85	—	—	0~75
Na$_2$SO$_4$/1mol·L^{-1}	水合二氧化钌	0.5A·g^{-1}	1.6	18.77	500	—
Na$_2$SO$_4$/1mol·L^{-1}	碳纳米纤维片	—	1.8	29.1	450	—

5.1 酸性水系电解液

强酸水溶液具有电导率高、离子浓度高、内阻低、等效串联电阻低的特点，因此常用来作为电化学超级电容器的电解液，在众多的酸性电解液中，H_2SO_4电解液最为常用，因为其具有超高的电导率（在25℃下，$1.0mol·L^{-1}$ H_2SO_4的电导率为$0.8S·cm^{-1}$）。电导率的大小主要取决于H_2SO_4的浓度。浓度过低或过高，会导致电解质的离子电导率降低。在25℃下，H_2SO_4的离子电导率在$1.0mol·L^{-1}$时达到最大，因此大多数研究者使用$1.0mol·L^{-1}$ H_2SO_4作为电解质溶液，特别是使用碳基电极材料的电化学电容器。

5.1.1 电化学双电层电容器

大多数研究发现，双电层电容器使用硫酸电解质比使用中性电解质时得到的比电容要大，另外，由于H_2SO_4的离子电导率较高，当H_2SO_4作为电解质时电化学超级电容器的等效串联电阻要比中性溶液作为电解质时低[14-17]。研究发现，活性炭的比电容会随电解液导电性的增加而增加，这可以通过考虑与电解质电导率密切相关的离子迁移率来解释。在过去几年的报道中，具有强酸性的电解质（如H_2SO_4）的双电层电容器的比电容的范围大约为$100\sim300F·g^{-1}$，远高于有机电解质作为电解液时电容器的比电容。

5.1.2 赝电容电容器

配水系电解液不仅广泛应用于双电层电容器，也大量用于赝电容电容器中。当以碳基材料作为电极，H_2SO_4 水溶液作为电解质时，除了产生双电层电容以外，还有部分法拉第准电容（赝电容）。这种赝电容是由电极材料表面的官能团发生氧化还原反应而产生的，通过向电极材料表面引入杂原子（如氧、氮、磷等）呈者一些表面官能团可以进一步增强这类赝电容[18]。值得注意的是，材料表面的官能团在不同电解质中会发生不同的反应，所以电解质的性质对碳基电极材料的赝电容性能影响很大。例如，表面含醌类官能团的材料在酸性电解液中，质子氢参与了氧化还原反应产生赝电容，其反应过程如下所示[18]，而在碱性电解液中，这一反应几乎不可能发生。因此，选用适当的电解液使电极材料表面的官能团产生最大的赝电容对实现超级电容器性能最优化是相当重要的。另外，由于含官能团的电极材料在水系电解质中更易发生降解，赝电容电容器的循环寿命比双电层电容器的循环寿命短。解决这一问题的一种方法是将某些表面官能团（例如含磷基团）引入碳材料，这能在一定程度上提高电极材料在水系电解质中的稳定性。

另外，赝电容电容器的电极材料也可以使用如金属氧化物、硫化物和导电聚合物等非碳基材料。在水系电解液的存在下，用这些材料作为电极时的理论比电容要比碳基材料的高。然而，这些电极材料对电解质的类型和 pH 值非常敏感，在酸性电解质水溶液中极其不稳定，只有少量的非碳基材料适用于强酸性电解液的赝电容电容器。RuO_2 作为一种适用于 H_2SO_4 电解液的赝电容电极材料被广泛研究报道。无定形的 RuO_2 作为电极材料时，电容值最高可达到 $1000F\cdot g^{-1}$，这可能是由于质子氢可以较容易地进入无定形的结构中。但金属 Ru 的成本较高，且来源有限，这限制了其商业的发展，因此研究人员尝试使用一些在强酸电解质中性能较好的材料（如 $\alpha\text{-}MoO_3$）替代 RuO_2。

5.1.3 混合型电容器

为增加水系电解液电化学超级电容器的能量密度，电压窗口更宽的混合型超级电容器的开发受到了广泛的关注。例如，当一个具有相同电极材料的对称电化学超级电容器使用水系电解液时（如 H_2SO_4 和 KOH），电容器的最大电压受气体析出反应的限制，然而，如果是具有不对称构型的电化学超级电容器（阳极材料与阴极材料不同），即使在水系电解质溶液中，所得到的电化学超级电容器也具有较宽的工作电位窗口，在一个电化学超级电容器中，使用两种不同的电极材料可以互补潜在的电化学窗口，在碳基负极上，较高的电位会发生析氢反应，在电池的正极（PbO_2）或赝电容电极（RuO_2）上发生析氧反应，这可以在水系电解液的热力极限外，为电化学超级电容器提供一个工作电压窗口。迄今为止，以强酸性水系溶液作为电解液的不对称构型的电化学超级电容器（例如碳/二氧化铅、碳/二氧化钌、碳/导电聚合物、不同质量或性质的碳基材料作电极）已经被测量，并且已经证明了这种电容器的可行性[19]。

例如，以相同浓度的 H_2SO_4 为电解液，碳和二氧化铅混合型电化学超级电容器的能量密度可以达到 $25\sim30W\cdot h\cdot kg^{-1}$，这远高于碳基双电层超级电容器的能量密度（$3\sim6W\cdot h\cdot kg^{-1}$），然而，在 H_2SO_4 电解液中，二氧化铅电极的稳定性较差。Perret 等[20]发现浓度为 $1mol\cdot L^{-1}$ 时的 H_2SO_4 电解液在电化学循环过程中会导致二氧化铅纳米线结构的破坏，因此导致该电容器电化学的循环性能较差，为了解决这个问题，他们研究了用甲磺酸（CH_3SO_3H）和甲磺酸铅替代电解质，在这种情况下，PbO_2 电极上的氧化还原过程从 H_2SO_4 电解质中发生固/固耦合变为在甲磺酸基电解质中的固体/溶剂化离子[21]：

$$PbO_2 + 4H^+ + 2e^- \Longleftrightarrow Pb_{(aq)}^{2+} + 2H_2O$$

在整个放电过程中，PbO_2 被还原成 Pb^{2+} 进入到溶液中，在整个充电过程中，溶液中的 Pb^{2+} 被氧化成 PbO_2，在电极表面发生电沉积，因此，H_2SO_4 电解液并没有限制 PbO_2 的酸化，而是更好地实现了这个反应的循环，这虽然可以提高电化学电容器的能量密度，但电容器的功率密度和循环使用寿命均会受到影响，为了解决这一问题，将赝电容电极材料与碳基材料结合的非对称混合型电化学电容器，例如蒽醌修饰的碳/氧化钌、碳/导电聚合物、或碳/不同表面官能团的碳等被不断研发。

应该注意的是，除了 H_2SO_4，常见的酸性水系电解液还包括高氯酸、六氟磷酸以及四氟硼酸。应用这些酸性水溶液作为电解液时，腐蚀性较大，金属材料不能作为集流体，超级电容器受到挤压会导致电解液的泄漏，从而可能导致更多的腐蚀。除了要考虑所使用的电解液的安全问题，也需要考虑超级电容器中自放电的现象，尤其是在有污染的情况下金属离子和氧气的产生问题，因此可以考虑其他酸性水溶液作为超级电容器的电解液。Daniel Bélanger 等[21]在聚苯胺电化学电容器中使用 $4.0mol\cdot L^{-1}$ HBF_4 水溶液作为电解液，其电容器的比能量为 2.7W·h·kg^{-1}，比功率为 1.0kW·kg^{-1}。褚淑萍等[22]研究在 H$_2$SO$_4$ 电解液中掺杂 5% 的硼酸制备的有序介孔碳材料 BOMC-5 的超级电容器质量比电容值可以达到 140.9F·g^{-1}。

5.2 碱性水系电解液

碱性水系电解液是实际应用中最广泛的水性电解液之一，与强酸性电解质相比，一些成本较低的金属材料（如 Ni）可以用作电化学电容器的集流体。在碱性水系电解液中，最常用的电解液为 KOH 水溶液。KOH 水溶液的浓度一般为 1~6mol·L^{-1}，其中，以碳基材料为电极时，KOH 的浓度一般为 6mol·L^{-1}，而以金属氧化物为电极时，KOH 的浓度通常为 1mol·L^{-1}。除 KOH 水溶液外，在一些超级电容器中也会使用 LiOH 或 NaOH 水溶液作为电解液，这些碱性电解质可用于碳基双电层电容器、赝电容电容器 [例如 Ni(OH)$_2$ 和 Co$_3$O$_4$] 和混合型电化学超级电容器，但碱性水溶液作为电解液时会存在"爬碱现象"，这使得超级电容器的密封问题成为难题。

5.2.1 双电层电容器

在文献报道中，以 KOH 为电解液的双电层超级电容器的比容量和能量密度值与 H$_2$SO$_4$ 作为电解质时的相似。除了使用强酸性电解液外，大量研究报道使用碱性电解质通过增加电容器的比电容或扩大工作电压窗口，提高双电层电容器的能量密度。这些进展可以被简单的概括成以下几点：

① 通过引入赝电容来提高碳基电极材料的电容；
② 开发具有高比电容的赝电容材料；
③ 探索结合碳基材料和赝电容材料的复合材料；
④ 通过非对称电化学超级电容器的设计增加了碱性电解质的工作电压窗口。

5.2.2 赝电容电容器

碳基电极材料的赝电容是由碳表面的官能团与电解液中的离子之间的法拉第作用产生的。研究发现，KOH 电解质更适用于氮掺杂碳电极材料，这表明赝电容与电解质的类型和 pH 值等有关。Wang 等[23]报道了磷和氮共掺杂的多孔炭的超级电容器，与无磷电极材料相比会显示出更高的比电容、更宽的潜在窗口和更高的稳定性，从而进一步改善电化学超级电容器的性能。此外，我们注意到，氢可以通过负极的极化来储存且电势低于水的热力学还原电位值，这也与电解质类型有关，在碱性电解质的条件下更容易发生[24]。

在碱性电解液中，一些过渡金属（例如 NiO_x、CoO_x、MnO_2 和 $NiCo_2O_4$）、氢氧化物［例如 $Ni(OH)_2$、$Co(OH)_2$］、硫化物（例如硫化钴）和氮化物（例如氮化矾），由于其理论电容值较高，也被作为电极材料广泛研究。电解质中的离子和电极材料之间的相互作用在这些材料的赝电容行为中起着重要的作用，这些赝电容电极材料的电荷存储机制通常包括吸附/解吸附或将电解质离子插入/脱出电极材料中的过程。例如，Feng 等[25]制备了 3nm 以下的 Co_3O_4 纳米薄膜，在 $2mol·L^{-1}$ KOH 电解液中得到高达 $1400F·g^{-1}$ 的比电容。Mefford 等[26]在最近的研究中提出了在 KOH 电解液中，$LaMnO_3$ 结构的赝电容电极的阴离子插入电荷存储机制，为获得高电容的赝电容材料提供了一种新的思路。需要注意的是，电极材料和电解质之间可能存在电化学反应，这对赝电容行为有很大的影响。例如，一些金属硫化物如 CoS_x 和 NiS 在 KOH 电解质中会显示出较差的赝电容性能，然而，当它们在 KOH 电解液中被转化成新的电活性物质 $Co(OH)_2$ 和 $Ni(OH)_2$ 时，赝电容会大幅地增加[27,28]。

通常，电解质的性质，如离子类型、浓度和操作温度，会影响电化学超级电容器的性能。研究表明，碱性电解质浓度对等效串联电阻、比电容和析氧反应值均有影响。使用浓碱性电解质的缺点是电极表面易被腐蚀，电极材料很容易从基板上脱落，因此，有必要对整个电化学超级电容器的电解质浓度进行优化[29,30]。电解液温度的升高通常会增强离子扩散过程，从而导致等效串联电阻的降低及电容的增加[31]，然而，随着温度的升高，正极上的析氧反应加剧，从而导致析氧反应起始电位降低[32]。此外，在 KOH 电解质中，升高温度会使电极表面发生氧化而引起了材料的降解，从而降低了活性炭的循环稳定性。

由于碱性电解质离子的插层和脱嵌一般涉及赝电容材料，非溶剂化的离子尺寸可能会对赝电容行为产生明显的影响。一般来说，离子型电解质对电化学超级电容器性能的影响比较复杂，例如一些研究者发现，MnO_2 以 LiOH 作为电解液时电化学超级电容器的比电容要比 KOH 或 NaOH 作为电解质时的高，研究者将其归因于 Li^+ 的插层/脱嵌相对较容易，因为与 K^+ 或 Na^+ 相比，Li^+ 半径更小。Inamdar 等[33]发现在 NaOH 电解液中，NiO 的比电容大约是在 KOH 中的两倍，这归因于钠离子在电极材料表面的嵌入率较高。然而，当采用 $Co_2P_2O_7$，MnF_2O_4 和 Bi_2WO_6 作电极材料，使用 KOH 电解质比使用 NaOH 或 LiOH 电解质时超级电容器的比电容值高，但由于对各种碱性电解质的比较研究相当有限，目前尚不清楚这种现象是否与电解液的类型、电极材料的类型或制备过程和所得的材料结构有关。

如上所述，赝电容材料与非赝电容材料相比循环稳定性较差，这种不稳定性可能是由于碱性电解质中离子不断地插层/脱嵌而引起。除此之外，电极材料在碱性电解液中的溶解也可能导致长期充/放电循环后的电容性能下降。

与酸性电解质电化学超级电容器的研究相似，如何扩大碱性电解质超级电容器的工作电压窗口以显著提高其能量密度是目前的研究趋势。对于对称的超级电容器，通常可以通过电极材料的改性来实现其在较大的电位窗口下的电极稳定性或抑制电解质的副反应[34]，从而提高电容器的性能。

5.2.3　混合型电容器

根据报道，为提高电容器能量密度，开发了一系列使用碱性电解质且具有较宽电位窗口的不对称超级电容器。对于这种不对称电化学超级电容器来说，正、负极的电极材料是不同的。

不对称超级电容器正极是通过法拉第反应来储存电荷的电池型［如 $Ni(OH)_2$］或赝电容型（如 RuO_2）的电极材料，负极则是碳基材料，其中电荷主要以双电层形式储存。KOH 电解液能有效增加这些非对称电化学超级电容器的操作电压，例如，碳/$Ni(OH)_2$ 的电压为 1.7V[36]，碳/$Co(OH)_2$[37]、碳/Co_3O_4[38] 和碳/Co_9S_8 的电压在 1.4～1.6V 之间，碳/Ni_3S_2 的电压为 1.6V[39]，碳/RuO_2-TiO_2 的电压为 1.4V。由于使用较大的操作电压窗口和高容量的法拉第型的电极材料，这些电化学超级电容器大多数的能量密度范围为 20～40W·h·kg^{-1}，有些甚至可达到 140W·h·kg^{-1}，这与可充电的锂离子电池相当。然而，由于法拉第型电极的使用，这些不对称电化学超级电容器的循环稳定性通常远低于双电层电化学超级电容器1000～5000次循环后，一些不对称电化学超级电容器的比电容损失超过 10%，除此之外，与双电层超级电容器相比，这些不对称电化学超级电容器的充/放电过程要明显慢于双电层超级电容器。

5.3　中性水系电解液

除了酸性和碱性电解质以外，中性电解质在超级电容器中也得到了广泛的应用，这是因为中性电解质安全、无腐蚀性，可以使用各种集流体，电容器组装过程简便经济，且具有较大的电化学窗口，另外，电容器性能较稳定，且对环境污染小。典型的中性电解质盐主要包括锂盐（$LiCl$、Li_2SO_4 和 $LiClO_4$）、钾盐（KCl、K_2SO_4 和 KNO_3）、钠盐（$NaCl$、Na_2SO_4 和 $NaNO_3$）、钙盐［$Ca(NO_3)_2$］和镁盐（$MgSO_4$）。在这些中性电解质溶液中，Na_2SO_4 是最常用的中性电解质，对于许多赝电容材料（特别是基于 MnO_2 的材料）来说，Na_2SO_4 是一种很有前途的电解质。尽管有一些对中性电解质的研究应用于双电层电容器上，但最主要还是应用于赝电容电容器和混合型电化学超级电容器。

5.3.1 双电层超级电容器

双电层电容通常采用高比表面积的活性炭电极材料，其存储电荷的机理是离子在电极/电解质界面进行可逆的吸附/脱附过程。

通过比较研究发现，中性电解质双电层电容器的比电容值均低于 H_2SO_4 电解质或 KOH 的电解质，使用中性电解液的电化学超级电容器的等效串联电阻要比使用 H_2SO_4 或 KOH 的低，然而，与酸性和碱性的电解质相比，由于电解质的稳定性增加导致电化学稳定的电势窗口（ESPWs）增加，具有中性电解质的碳基电化学超级电容器可能会产生较高的工作电压。而且，中性电解质与酸性和碱性电解质相比具有较低的 H^+ 和 OH^- 浓度，因此析氢和析氧反应会得到更高的电势，会使电化学稳定窗口的增加。例如，Demarconnay 等[40]研究发现使用 $0.5 mol \cdot L^{-1}$ Na_2SO_4 电解质的对称活性炭基电化学超级电容器，在 1.6V 的高电池电压下经过 10000 次充电/放电循环后电容器性能仍保持良好。Zhao 等[41]使用氮和氧掺杂碳纳米纤维电极，以 $1 mol \cdot L^{-1}$ Na_2SO_4 作为电解质，将电化学超级电容器电压进一步提高到 1.8V，在能量密度为 $450 W \cdot kg^{-1}$ 下功率密度达到了 $29.1 W \cdot h \cdot kg^{-1}$。当一个碳基对称电化学超级电容器使用 $1 mol \cdot L^{-1}$ Li_2SO_4 作为电解质时，获得的工作电压为 2.2V，且电化学超级电容器在循环 15000 个周期后仍保持原有的电容特性。为了调查以 Li_2SO_4 作为电解液的电化学超级电容器在高电压操作下的碳基的降解情况，Ratajczak 等[42,43]进行了一些加速老化的测试，他们发现，由于碳电极材料的氧化，气体（例如 CO_2 和 CO）可能在高于 1.5V 的电池电压下开始释放。因此得出结论，具有 $1 mol \cdot L^{-1}$ Li_2SO_4 水溶液的碳基电化学超级电容器的安全电压为 1.5V，低于其他文献中的电容器电压。值得注意的是，在这项研究中，目前的集流体是用不锈钢，而不是像其他研究报告中所报道的那样使用黄金，这可能是导致结果不同的原因。基于中性电解质的电化学超级电容器获得的工作电压明显高于 KOH 和 H_2SO_4 电解质（通常碳基对称超级电容器的工作电压为 0.8~1V），而中性电解质比强酸性和碱性电解质腐蚀性低，以中性溶液作为电解质，以对称碳作为电极材料的电化学超级电容器，由于对环境产生的影响较小，且具有较高的能量密度，被认为是最有前途的电容器之一。

对于中性电解质来说，能否获得高浓度盐溶液是一个重要的问题，这对于酸性和碱性电解质来说不是问题，因为它们可以实现高浓度（例如 KOH 电解质的浓度通常为 $6 mol \cdot L^{-1}$），一般来说，高浓度电解质用于电化学电容器，以确保电容器的高性能，然而，一些盐（如 K_2SO_4）无法达到这样的高浓度，尤其是在较低的温度下。事实上，中性电解质对电化学超级电容器性能的影响也取决于电解质的类型。

为了理解不同离子对碳基电化学超级电容器性能的影响，对不同盐的中性电解质进行了一些比较研究，然而，这方面有一些结果还是存在争议的。例如，碱金属盐硫酸电解质包括 Li_2SO_4、Na_2SO_4 和 K_2SO_4，一些研究发现，电化学电容器的电容值遵循的特定顺序为：$Li_2SO_4 > Na_2SO_4 > K_2SO_4$[44]，但有一些研究却没有显示出这样的结果[45]，还有其他因素，如材料制备方法和测量条件，电压扫描率/放电率，也可能影响到实验结果，在这方面，可能需要进一步的工作来进一步说明盐对电化学超级电容器性能的影响。对于等效串联电阻来说，等效串联电阻随电解质电阻率的增加而增加：$Li_2SO_4 > Na_2SO_4 > K_2SO_4$，而功率密度和速率性能提高的顺序为：$Li_2SO_4 < Na_2SO_4 < K_2SO_4$。

关于阴离子对中性电解质的影响，研究者发现，对于具有相同阳离子和浓度的电解质，阴离子从 SO_4^{2-} 改为 Cl^- 可以增加超级电容器的比电容，因为相对于 SO_4^{2-} 来说，Cl^- 的体积更小。最近，Gao 等研究了一些新型的电解质作为电化学双电层电容器的水系中性电解质，如钨硅酸的锂盐、钠盐和钾盐[46]（Li-SiW、Na-SiW 和 K-SiW），与 Cl^-、SO_4^{2-} 或 NO_3^- 阴离子相比，这些电解质具有更高的离子电导率，这是因为阳离子数量越多，Keggin 型阴离子的离子迁移率越高，对于具有这些中性电解质的碳基电化学双电层电容器来说，电容器电压已经达到了 1.5V。

5.3.2 赝电容电容器

在中性电解液中，MnO_2^- 和 $V_2O_5^-$ 基电极材料已被证明是电化学超级电容器中很有前途的赝电容材料，到目前为止，MnO_2 是中性电解质中最广泛研究的赝电容电极材料，当 MnO_2 用作电极材料时，在充电/放电过程中，伴随着电解质阳离子 M^+（例如 K^+、Na^+ 和 Li^+）以及阳离子（H^+）的表面吸附/解吸或插层/脱嵌，Mn 的价态可以在 III 和 IV 之间变化，这个过程可被描述为[47]：

$$Mn(IV)O_2 \cdot nH_2O + \delta e^- + \delta(1-f)H_3O^+ + \delta f M^+ \rightleftharpoons$$
$$H_3O_{\delta(1-f)}M_{\delta f}[Mn(III)_\delta Mn(III)_{1-\delta}]O_2 \cdot nH_2O$$

由于电解质离子直接参与电荷储存过程，它是通过电解质在电极表面发生氧化还原反应进行储存电荷，所以中性电解质的性质对赝电容电容器性能具有显著的影响。

中性电解质的其他一些因素，如 pH 值、阳离子和阴离子种类、盐浓度[48-50]、添加物[51,52]、溶液温度，均会对电化学超级电容器的性能存在影响。对于阳离子的种类，各种碱性金属或碱土金属阳离子具有不同的离子大小和水合离子大小，因此具有不同的扩散系数和离子传导率，这对电化学超级电容器的比电容和等效串联电阻有很大的影响，然而，由于制备方法和电极材料结构的变化，比电容对阳离子种类的依赖性尚未得到充分的了解。据报道，在中性电解液中，介孔 MnO_2 基电极的比电容值和相应的比能量和功率密度值大小的顺序：$Li_2SO_4 > Na_2SO_4 > K_2SO_4$，这种情况似乎与这些碱金属离子的单个（未溶解）离子的大小有关，例如 $Li^+ > Na^+ > K^+$，表明较小的离子尺寸有利于提高电容器的比电容。相比之下，研究表明使用二氧化锰作为电极材料时，钠盐作为电解液（如硫酸钠和 NaCl）比锂盐和钾盐的电容器的比电容高。当 $K_xMnO_2 \cdot nH_2O$ 被用作电极材料，K_2SO_4 盐可以产生比 Na_2SO_4 和 Li_2SO_4 盐更高的电容。Wen 等[50]发现当使用三种不同的电解质（$KClO_4$、$NaClO_4$ 和 $LiClO_4$）时，比电容并没有明显的变化，值得注意的是，大多数研究都使用质量比电容来比较不同电解质中电化学超级电容器的性能。然而，电化学超级电容器的质量比电容值也取决于其他因素，例如结构（例如 d-MnO_2 或 a-MnO_2）、形态、制备方法和电极材料的量，因此，如果使用质量比电容进行比较，则不易识别阳离子种类对电化学超级电容器电容的影响。例如，不同的制备方法通常可以导致电极材料具有不同的孔结构，这也可能影响电解质离子的扩散路径，并使整个过程复杂化。在这方面，利用具有一定的比表面积的电极材料进行进一步的研究，可能有助于了解阳离子对电极材料的固有电容的影响，而且，由于阳离子的嵌入/脱嵌涉及 MnO_2 基电极材料结构，所以循环伏安的扫描速率或充/放电电流密度也可能对得到的比电容值有明显的影响。离子的嵌入/脱嵌速率，被认为是由充/放电过程决定的，因此降低扫描速度或充/放电率可能有利于嵌入/脱嵌过程，在这种情况下，单个离子的大小与嵌脱过程有关，可能会起到主导作用。例如，含有 Li^+ 的电解质将有利于电化学超级电容器的性能，因为 Li^+ 的尺寸较小可能有利于离子的嵌入/脱嵌[53]。

除碱性金属离子外，还研究了碱土阳离子对电化学超级电容器性能的影响。例如，使用二价阳离子（Mg^{2+}、Ca^{2+} 和 Ba^{2+}）代替一价阳离子（Li^+、Na^+ 和 K^+）会使以 MnO_2 作为电极材料的电化学超级电容器的比电容增倍，出现这样结果的原因是：当一个二价碱金属阳离子嵌入 MnO_2 中时，它可以平衡两个 Mn 离子从IV到III的化合价变化，而一价碱金属阳离子只能平衡一个 Mn 离子的价态变化。

对于阴离子来说，Boisset 等[54]使用水钠锰矿型或锰钾矿型的 MnO_2 作为电极材料，深入研究了阴离子对含不同锂盐的中性水电解质的性能的影响，发现每个锂盐电解液中阴离子的碱度和体积是控制 MnO_2 电极的氧化和反应电流电化学性能的两个关键参数。

对于温度的影响，与通常在较宽温度范围内稳定的碳质材料不同，研究发现 MnO_2 电极材料在高温下的充电/放电过程中会发生一些结构的变化，这可能会对循环稳定性产生负面影响。因此，电解质温度对赝电容行为的影响，特别是对基于 MnO_2 电化学超级电容器的循环稳定性的影响，被认为是重要的问题之一。

关于中性电解质的电化学超级电容器的循环使用寿命，由于大多数赝电容材料（如 MnO_2）的电荷存储过程涉及电解质中离子的插入/脱嵌，因此，在重复的充电/放电过程中，电极材料结构的变化可能严重影响电化学超级电容的循环使用寿命。

除了 MnO_2 之外，电解质对其他赝电容金属氧化物（如 V_2O_5、Fe_3O_4、SnO_2、ZnO 和 RuO_2）和导电聚合物的影响也被报道过。事实上，电解质的作用很大程度上取决于电极材料的类型，例如，RuO_2 电极通常被应用在酸性电解质中，但发现具有中性水溶液电解质（即 $1mol·L^{-1}\ Na_2SO_4$）的 RuO_2 基电化学电容器也可以实现 $1.6V$ 的高工作电压，在功率密度为 $500W·kg^{-1}$ 时能量密度为 $19W·h·kg^{-1}$。另外，由于 pH 条件较温和，使用中性电解质对各种基于导电聚合物的电化学超级电容器也是有益的。

5.3.3 混合型电解质

中性电解质也被广泛地应用于不对称电化学电容器中，且具有更大的工作电压并因此具有更高的能量密度。

最近报道了使用涂有凝胶聚合物电解质（GPE）和 LISICON 的石墨作为负极，$LiFePO_4$ 作为正极，电解质为水溶性电解液的锂离子电池[55]，将由 $Li_2O\text{-}Al_2O_3\text{-}SiO_2\text{-}P_2O_5\text{-}TiO_2\text{-}GeO_2$ 组成的简单的 LISICON 薄膜固定在凝胶聚合物上作为固体分离器，隔离水并仅允许 Li^+ 通过。这种锂离子电池的作用机理如图 5-1 所示。当电池充电时，Li^+ 将从 $LiFePO_4$ 的结构中脱嵌，然后依次通过水溶液 LISICON 薄膜，最后通过凝胶聚合物电解质，在充电过程中，Li^+ 最终会嵌入石墨中。在放电过程中，发生与之相反的过程。该 LISICON 薄膜水性锂离子电池的平均放电电压高达 $3.1V$，其比能量值为 $258W·h·kg^{-1}$，用 LISICON 薄膜包覆的 Li 金属作为负极和 $LiMn_2O_4$ 作为正极的锂离子电池的平均放电电压可高达 $4.0V$，其比能量值为 $446W·h·kg^{-1}$[56]。在类似的水性电容器中，金属镁被认为可以替代金属锂。使用 PhMgBr 的格氏试剂稳定 Mg 金属负极，而正极仍由 LiFePO$_4$ 制成，以构建 Mg 金属和 Li 离子混合型可再充电水性电容器。这种混合型电容器比能量可达到 245W·h·kg^{-1}[57]。与上述 LiTi$_2$(PO$_4$)$_3$/Li$_2$SO$_4$/LiFePO$_4$ 水溶液电容器相同，在这些 LISICON 薄膜基 Mg 金属和 Li 离子混合水性电容器中，使用 Li$_2$SO$_4$ 水溶液作为电解质，除了其具有高离子电导率外，Li$_2$SO$_4$ 含水电解质不会改变 LISICON 薄膜作为固态电解质的性质。

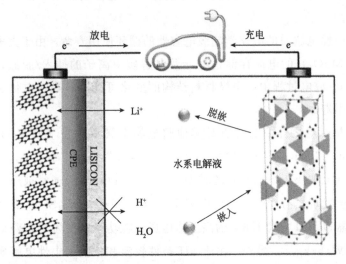

图 5-1　锂电池工作

注：以 GPE 和 LISICON 为负极，LiFePO$_4$ 作为正极，电解质为 0.5mol·L^{-1} Li$_2$SO$_4$ 水溶液[55]

　　尽管文献中很少有报道，但含水锂离子电池的开发和研究仍在进行，以满足低成本、高安全性的电化学超级电容器器件的需求。类似于锂离子电池的研究，大多数关于 Na$^+$ 电容器的研究工作也已经开始进行。最近的研究表明，空心的 K$_{0.27}$MnO$_2$ 纳米球可以促进阴离子中的电子/离子传输，导致其具有较长的循环性和较高的速率能力[58]。由空心的 K$_{0.27}$MnO$_2$ 纳米球作为负极，NaTi$_2$(PO$_4$)$_3$ 作为正极，1.0mol·L^{-1} Na$_2$SO$_4$ 水溶液作为电解质组成纽扣式超级电容器，在电流为 150mA·g^{-1} 时，其比容量可达到 84.9mA·h·g^{-1}，当电流增加到 600mA·g^{-1} 时，其比电容仍可维持在 56.6mA·h·g^{-1}。在循环 100 次后，容器的比电容为 200mA·h·g^{-1}，电容器的容量仍保持初始值的 83%。由此可见，对钠离子超级电容器电解液的研究应该引起足够的重视。

　　水系电解液的 pH 值会影响电极材料的性能，从而影响超级电容器的性能。例如，MnO$_2$ 在非化学计量条件下的电容行为。MnO$_2$ 是超级电容器中使用最广泛的电极材料之一，它在中性水性电解质中仅表现出类矩形的循环伏安图（CV），但在碱性溶液中呈现钟形循环伏安图（CV）。这些明显动态变化的

原因是 MnO_2 在正极上发生 MnO_2 转化为 $MnOOH$ 的氧化还原反应，提供了赝电容，使其循环伏安图呈矩形。在中性电解液中，MnO_2 处于半导体状态，导致循环伏安图呈现类矩形。由于 $MnOOH$ 的溶解度在浓碱溶液中增加，所以 MnO_2 在碱性溶液中会被还原为绝缘体的 $Mn(OH)_2$，溶解态的锰（Ⅲ）发生还原，在低电压下生成锰（Ⅱ）离子，最终与 OH^- 结合形成不溶性 $Mn(OH)_2$ [59-61]。在这种情况下，中性电解质，如 Li_2SO_4、Na_2SO_4、K_2SO_4、KCl 溶液被广泛用到基于 MnO_2 作为电极材料的超级电容器的研究 [62-65]。使用 K_2SO_4 水溶液作为电解液时，超级电容器在比功率为 $2kW \cdot kg^{-1}$ 时比能量可达到 $17.6W \cdot h \cdot kg^{-1}$，与 Li_2SO_4 作为电解液的超级电容器相比其电化学性能较好 [64]。最近报道，关于循环性能，由 $a\text{-}MnO_2/CNT$ 作为负极，活性炭作为正极，以 Na_2SO_4 作为电解液组成的不对称超级电容器在 $50A \cdot g^{-1}$ 下充/放电 2000 次后电容量仍保持为初始值的 77% [63]。

大多数赝电容材料（例如 MnO_2）具有很高的比电容，但是它们的电势窗口是有限的，因此，如果使用这些电极材料，则限制了对称电化学超级电容器的工作电压和能量密度，对于基于二氧化锰的对称电化学超级电容器，在大多数情况下，电池电压约为 1V，用其他电极材料替代负极（例如活性炭），它与二氧化锰有一个互补窗口，通过扩展到负电压，可以显著地提高电容器电压。

与前面提到的使用强酸性或强碱性电解质的不对称电化学超级电容器正电极相比 [例如活性炭/PbO_2 和活性炭/$Ni(OH)_2$]，不对称活性炭/二氧化锰电化学超级电容器在中性电解质中由于 MnO_2 的赝电容行为，具有很好的循环使用寿命。在早期的研究中，Hong 等 [66,67] 将中性的电解质使用在不对称的活性炭/MnO_2 的电化学超级电容器中，在开发基于中性电解质的不对称电化学超级电容器方面做出了巨大的贡献 [68]。迄今为止，各种类型的负极和正极材料在中性水系电解质的研究已被报道（主要是硫酸盐电解质），这些不对称的电化学超级电容器的操作电压范围可达到 1.8～2.0V，高于强酸性或碱性电解质的不对称电化学超级电容器。由于电容器电压升高，大多数电化学超级电容器的能量密度可以达到 $20W \cdot h \cdot kg^{-1}$ 以上，一些甚至达到 $50W \cdot h \cdot kg^{-1}$，这些能量密度值相当于甚至高于有机电解液双电层电容器。因此，如果可以进一步改善电容器的循环寿命和速率性能等，这些使用中性电解质的不对称电化学超级电容器将有望替代商业有机电解液双电层电容器。

最近，有报道使用合适的正极材料（例如活性炭和 MnO_2）结合电池型 Li 负电极，在 Li_2SO_4 和 LiCl 等中性电解质溶液中，电容器电压高达 4V。由于金属 Li 电极不能直接与含水电解液接触，因此可以使用对水稳定的多层 Li 作为负极[69]（被保护的 Li 电极）。

总而言之，在电化学超级电容器中使用中性水系电解质不仅可以解决腐蚀性问题，而且还可以增加工作电压，从而提高能量密度。然而，为了提高电容器的能量密度和循环寿命，中性电解质的电化学超级电容器的性能还需要进一步完善。

5.4　水系电解液的添加剂

超级电容器（SCs）是一种高效、实用的能量储存装置。在过去几十年中，已经使用不同类型的碳基材料、金属氧化物、金属氢氧化物、导电聚合物及其各种复合材料作为电极，以提高超级电容器的能量性能。为了进一步提高电化学超级电容器的性能，最近有一些研究小组提出了另一种方法，向中性电解质中加入添加剂，例如向电解质中引入氧化还原添加剂或介质，电解质（液体和聚合物）可以通过电极/电解质界面处的氧化还原反应来增强超级电容器的性能。这种新技术与制备一些活性电极材料相比，其主要优点是制备方法简单安全、成本低。

水系电解液通常作为超级电容器中电荷储存的离子介质，但它们不能提高超级电容器的比电容，而使用氧化还原添加剂（介体）或电活性材料可以增强超级电容器的性能。电解质可分为以下三种类型：

① 氧化还原添加剂-液体电解质；

② 氧化还原活性液体电解质；

③ 氧化还原添加剂-聚合物凝胶电解质。

上述电解质活性剂是一个新领域，它们的加入能有效提高超级电容器的电容或能量密度。与制备新型电极材料相比，加活性剂的方法简单、安全、高效且成本低，具有良好的氧化还原可逆性，无毒，适于大规模生产。

5.4.1　氧化还原添加剂——液体电解质

将氧化还原添加剂或化合物直接加入电解液中形成的电解质被称作氧化还原添加剂电解液或介导电解液。例如，在 H_2SO_4 中加入对苯二酚，对苯二酚是添加剂，H_2SO_4 是电解液，这些氧化还原添加剂或化合物直接参与电子转移的氧化还原反应，由于在电极电解液界面上形成表面赝电容，电化学电容器的性能得到了改善。对苯二酚、KI 等不同材料被用作氧化还原活性添加剂加入到常规电解质中（KOH、H_2SO_4 等），目前已报道的在表 5-3 中列出。

表 5-3　加入氧化还原添加剂后电容器的性质[51]

电极材料	氧化还原电解质添加剂	比电容 /$F \cdot g^{-1}$	能量密度 /$W \cdot h \cdot kg^{-1}$
活性炭	$H_2SO_4 + CuSO_4 + FeSO_4$	$223mA \cdot h \cdot g^{-1}$	—
Co-Al 层状双氢	$KOH + K_4Fe(CN)_6$	$317(2A \cdot g^{-1})$	—
氧化物	$KOH + K_3Fe(CN)_6$	$712(2A \cdot g^{-1})$	—
CuS	$KOH + Na_2S + S$	$2175(15A \cdot g^{-1})$	592
活性炭	$H_2SO_4 + KI$	$912(2mA \cdot cm^{-2})$	19.04
	$H_2SO_4 + KBr$	$572(2mA \cdot cm^{-2})$	11.6
活性炭	$H_2SO_4 + VOSO_4$	$630.6(1mA \cdot cm^{-2})$	13.7
活性炭	$H_2SO_4 + 对苯二酚$	$901(2.65mA \cdot cm^{-2})$	31.33
活性炭	$H_2SO_4 + 对苯二酚$	$220(2.65mA \cdot cm^{-2})$	30.6
聚苯胺-石墨烯	$H_2SO_4 + 对苯二酚$	$553(1A \cdot g^{-1})$	—
MnO_2	$KOH + 对苯二胺$	$325.24(1A \cdot g^{-1})$	10.12
活性炭	$KOH + 对苯二胺$	$605.22(1A \cdot g^{-1})$	19.86
单壁碳纳米管	$KOH + 对苯二胺$	$162.66(1A \cdot g^{-1})$	4.23
碳纳米管	$KOH + 间苯二胺$	$78(0.5A \cdot g^{-1})$	—
碳纳米管	$H_2SO_4 + 靛蓝二磺酸钠$	$50(0.88mA \cdot cm^{-2})$	1.7
活性炭	$H_2SO_4 + 亚甲基蓝$	$23F \cdot g^{-1}$	—
活性炭	$H_2SO_4 + 木素磺酸盐$	$178(0.1A \cdot g^{-1})$	—

例如，Komaba 等[51]发现将少量的 Na_2HPO_4、$NaHCO_3$ 或 $Na_2B_4O_7$ 加入到 Na_2SO_4 电解质中时，氧化锰电极的比电容在电流密度为 $1.0A \cdot g^{-1}$ 时可以从 $190F \cdot g^{-1}$ 增加到 $200 \sim 230F \cdot g^{-1}$，同时循环性能也显著提高（$>1000$ 圈），这是由于添加剂提供的 pH 缓冲剂在氧化锰表面形成一层保护层，从而抑制 Mn 的溶解。

Li 等[70]用 $FeSO_4$ 和 $CuSO_4$ 作为 Fe^{2+} 和 Cu^{2+} 的来源加入到硫酸中，在超级电容器中作为电解液氧化还原添加剂。超级电容器的比容量达到 $223mA \cdot h \cdot g^{-1}$，远高于纯的硫酸电解质和仅加 Cu^{2+} 的硫酸电解液的超级电容器的比容量。在纯 H_2SO_4 电解液中没有观察到氧化还原峰，而由于 Fe^{2+} 和 Cu^{2+} 的协同作用，添加 Fe^{2+} 和 Cu^{2+} 的硫酸电解液的超电容表现出较好的氧化还原可逆性。随后，Su 等[71]已经使用 $K_3Fe(CN)_6$ 和 $K_4Fe(CN)_6$ 作为氧化还原添加剂添加在 $1mol \cdot L^{-1}$ KOH 中，用 Co-Al LDH（层状双氢氧化物）作为电极，研究其赝电容性能。在整个充/放电过程中，Co^{2+}/Co^{3+} 和 $Fe(CN)_6^{3-}/Fe(CN)_6^{4-}$ 之间发生两次独立的氧化还原反应，在充电过程中，Co^{2+} 失去一个电子被氧化成 Co^{3+}，而 $Fe(CN)_6^{3-}$ 得到一个电子被还原成 $Fe(CN)_6^{4-}$，与此相反，在整个放电过程中，$Fe(CN)_6^{4-}$ 被氧化成 $Fe(CN)_6^{3-}$，Co^{3+} 被还原成 Co^{2+}，其反应方程式如下。

在充电过程中：$Co^{2+} - e^- \longrightarrow Co^{3+}$

$$Fe(CN)_6^{3-} + e^- \longrightarrow Fe(CN)_6^{4-}$$

在放电过程中：$Fe(CN)_6^{4-} - e^- \longrightarrow Fe(CN)_6^{3-}$

$$Co^{3+} + e^- \longrightarrow Co^{2+}$$

由于 $Fe(CN)_6^{3-}/Fe(CN)_6^{4-}$ 氧化还原电对的存在，使 KOH 电解质的电荷转移电阻从 3.27Ω 降至 2.96Ω。以 Co-Al LDH（层状双氢氧化物）作为电极，电解液为 $1mol \cdot L^{-1}$ KOH、$1mol \cdot L^{-1}$ KOH+$0.1mol \cdot L^{-1}$ $K_3Fe(CN)_6$ 和 $1mol \cdot L^{-1}$ KOH+$0.1mol \cdot L^{-1}$ $K_4Fe(CN)_6$ 时，电容器的比电容分别为：$226F \cdot g^{-1}$、$712F \cdot g^{-1}$ 和 $317F \cdot g^{-1}$，但是，上述电容器的循环稳定性较差。通过 XRD 研究确认，在充/放电过程中，在 Co-Al LDH 内部没有 $Fe(CN)_6^{3-}/Fe(CN)_6^{4-}$ 嵌入/脱嵌现象发生。一般说来，在层状结构中，如果发生层间反应，在 X 射线衍射图中会出现相应的峰，因此，进一步证实 $Fe(CN)_6^{3-}/Fe(CN)_6^{4-}$ 的氧化还原反应只发生在电极/电解质界面或电极表面，而不是在电极的内部。

最近，有报道将 KI 作为氧化还原剂添加剂加入到 $1mol \cdot L^{-1}$ H_2SO_4 电解质中以提高多孔活性炭基超级电容器的性能. 加入 KI 后的超级电容器的比电容和能量密度为 $912F \cdot g^{-1}$ 和 $19.04W \cdot h \cdot kg^{-1}$，远高于没加 KI 的数值（$472F \cdot g^{-1}$ 和 $9.5W \cdot h \cdot kg^{-1}$）。同理，将 KBr 加入到 $1mol \cdot L^{-1}$ H_2SO_4 中，也能使电容器的比电容和能量密度提高到 $572F \cdot g^{-1}$ 和 $11.6W \cdot h \cdot kg^{-1}$。

另外，$VOSO_4$ 作为钒氧化还原电池 H_2SO_4 电解质的最常用氧化还原添加剂（VO^{2+}/VO_2^+）之一，可提高电池的氧化还原可逆性（VO^{2+}/VO_2^+）和电解质的溶解度。将 $VOSO_4$ 加入到 $1mol \cdot L^{-1}$ H_2SO_4 电解质用于碳基超级电容器中，在 $1mA \cdot cm^{-2}$ 下获得了 $630.6F \cdot g^{-1}$ 的比电容，比单独使用 $1mol \cdot L^{-1}$ H_2SO_4（$440.6F \cdot g^{-1}$）提高了 43%，能量密度在 $1mA \cdot cm^{-2}$ 时，从 $9.3W \cdot h \cdot kg^{-1}$ 增加到 $13.7W \cdot h \cdot kg^{-1}$。另外，添加剂加入后，电容器的内部电阻和等效串联电阻降低，在循环 4000 次后，循环性能仍保持良好（97.57%）。

有机化合物特别是具有氢醌、醌和胺等功能基团的化合物被用作电解质介质，因为它们有参与电子转移反应的能力。Roldán 等[72,73]首次报道了将对苯二酚作为氧化还原活性物质添加剂 $1mol \cdot L^{-1}$ H_2SO_4 电解质中，因为对苯二酚是一种很好的化学活性有机化合物，可参与两电子转移的氧化还原反应。对苯二酚的氧化还原特性主要表现在能在电解液电极界面上产生赝电容，从而增加超级电容器的总电容，这种电容器的最大电容可达到 $901F \cdot g^{-1}$，在 $2.65mA \cdot cm^{-2}$ 下能量密度为 $31.3W \cdot h \cdot kg^{-1}$，这种改进之后的电容器的比电容比 $1mol \cdot L^{-1}$ H_2SO_4 电解质（约 $320F \cdot g^{-1}$）高出近 3 倍，但循环稳定性较差，循环 4000 次后，电容仅保留初始值的 65%。同样，Chen 等[74]报道了使用聚苯胺-石墨烯电极在 $1mol \cdot L^{-1}$ H_2SO_4 电解液中添加对苯二酚，该超级电容器的比电容为 $553F \cdot g^{-1}$，而 $1mol \cdot L^{-1}$ H_2SO_4 电解液超级电容器的比电容为 $280F \cdot g^{-1}$，电容提高了 92%，这是由于对苯二酚的氧化还原反应，另外，在循环 50000 次之后电容仍可保持初始值的 64%。

随后，Jun 等[75]研究了不同质量（$0.010g$、$0.025g$、$0.050g$、$0.075g$ 和 $0.100g$）对苯二胺加入到 $1.78mol \cdot L^{-1}$ KOH 溶液中，以 MnO_2 为电极材料的电容器性能，结果发现对苯二胺质量为 $0.0050g$ 时，电容器最大电容达到 $325.24F \cdot g^{-1}$（$1A \cdot g^{-1}$），该最大电容比纯 KOH 作电解液高近 6.25 倍，能量密度从 $1.29W \cdot h \cdot kg^{-1}$ 增加到 $10.12W \cdot h \cdot kg^{-1}$。其比电容和能量密度的显著增加归因于苯二胺/对苯二胺之间的氧化还原反应。此外，对苯二胺改变了电解液的导电机理，超级电容器的溶液电阻和电荷转移电阻从 4.32Ω 下降到 1.87Ω，4.68Ω 降至 2.87Ω，另外，在 5000 次循环以后，电容器的比容量保留为初始值的 75%。同样，他们还报道了[76]以活性炭为电极在 KOH 溶液中加入相同的氧化还原剂添加剂对电容器性能的影响。将对苯二胺加到 KOH 溶液后，超级电容器具有较高的比电容和能量密度：$605.225F \cdot g^{-1}$ 和 $19.862W \cdot h \cdot kg^{-1}$，而纯 KOH 的比电容和能量密度为：$144.037F \cdot g^{-1}$ 和 $4.458W \cdot h \cdot kg^{-1}$，4000 次循环后，超级电容器的电容仍保留初始值的 94.53%。在单壁碳纳米管为电极的超级电容器中，使用相同的电解质（对苯二胺＋KOH）的比电容和能量密度值为 $162.66F \cdot g^{-1}$ 和 $4.23W \cdot h \cdot kg^{-1}$，改进后的超级电容器的性能是使用单纯 KOH 作电解质的 4 倍。

除此之外，另一种新型氧化还原添加剂间苯二胺也被用于 KOH 电解质中，通过其电化学氧化还原过程提高了超级电容器的性能。在向 KOH 电解质中加入间苯二胺时，超级电容器的等效串联电阻从 $2.60\Omega \cdot cm^2$ 降低到 $1.98\Omega \cdot cm^2$，电容从 $36.43F \cdot g^{-1}$ 增加到 $78.01F \cdot g^{-1}$，经过 1000 次循环后仍具有良好的电化学性能。

靛蓝二磺酸钠也被用作氧化还原添加剂，因为其结构上具有两个主要参与氧化还原反应的醌和胺官能团。在 $1mol \cdot L^{-1}$ H_2SO_4 电解液中发生氧化还原反应机理为：在奎宁的位点上发生两电子转移反应，靛蓝二磺酸钠被氧化还原成白靛蓝二磺酸钠，而后通过胺位点上的两电子转移反应进一步参与氧化还原反应，最终将靛蓝二磺酸钠转化为脱氢靛蓝二磺酸钠，这一过程的氧化还原峰可在其循环伏安图中观察到。靛蓝二磺酸钠加入到 $1mol \cdot L^{-1}$ H_2SO_4 电解液中，电容器的比电容从 $17F \cdot g^{-1}$ 升高到 $50F \cdot g^{-1}$，能量密度从 0.6 $W \cdot h \cdot kg^{-1}$ 提高到 $1.7W \cdot h \cdot kg^{-1}$，而且，10000 次循环后，电容值保留了初始值的 30%。由于亚甲基蓝的可逆电化学行为[77]，它被用作氧化还原介质，并且被称为有机染料。

将亚甲基蓝加入到 $1mol \cdot L^{-1}$ H_2SO_4 电解质可将活性炭超级电容器比电容从 $5F \cdot g^{-1}$ 提高至 $23F \cdot g^{-1}$，因为在氧化还原过程中，通过 $2e^-$ 得失产生或者吸附 $3H^+$，循环 6000 个周期后，电容值仍保持初始值的 88%。木素磺酸钠加入到 $1mol \cdot L^{-1}$ H_2SO_4 电解质中也能提高电容器比电容，电解液为纯硫酸时，电容器比热容为 $145F \cdot g^{-1}$；加入木素磺酸钠以后比热容为 $178F \cdot g^{-1}$。

将腐殖酸溶解到 $6mol \cdot L^{-1}$ KOH 溶液中，制备不同浓度的电解液（质量分数分别为：2%、5%、10%），腐殖酸及其钾盐溶于水形成深棕色溶液，溶解度较小，当腐殖酸的含量接近 10% 时，该溶液表现出接近饱和的状态，即使在长时间搅拌后仍能保留少量的黏稠团聚物。在 25℃ 下，用不锈钢电极和聚四氟乙烯垫片（电池常数 $0.588cm^{-1}$）来确定其电导率（见表 5-4）。随着腐殖酸含量的增加，溶液的电导率明显降低，腐殖酸的浓度达到最高时电容器的电阻约为纯 $6mol \cdot L^{-1}$ KOH 的一半（根据文献数据，$6mol \cdot L^{-1}$ KOH 的电导率为 $0.627S \cdot cm^{-1}$）。腐殖酸的添加导致轻微的黏度增加，这会导致离子迁移率的降低，随着腐殖酸含量的增加，在腐殖酸含量为 10% 的情况下，溶液的电导率下降到 $0.347S \cdot cm^{-1}$。

表 5-4 $6mol \cdot L^{-1}$ KOH 电解质中添加不同质量分数的
腐殖酸作为添加剂超级电容器的性能[75]

腐殖酸的质量分数/%	电容/$F \cdot g^{-1}$					电导率/$S \cdot cm^{-1}$
	循环伏安		恒定电流		交流阻抗	
	$2mV \cdot s^{-1}$	$200mV \cdot s^{-1}$	$0.1A \cdot g^{-1}$	$2A \cdot g^{-1}$	$1mHz$	
0	89	30	108	68	108	0.627
2	92	42	102	83	110	0579
5	98	45	117	89	114	0.458
10	97	42	114	85	113	0.347

与纯电解质相比，加入腐殖酸添加剂的电解质的超级电容器在整个循环过程中不仅表现出较高的电容性能，且在 5000 次循环后，电容值下降得更小。表 5-4 给出了含不同腐殖酸添加剂的电容器性能参数，不难看出，添加腐殖酸后电容器性能明显提升。

当腐殖酸质量分数 5% 时对电容器的性质影响最大，腐殖酸的质量分数超过 5% 后，电导率降低，离子迁移率降低，电容量略有下降。

由于化学活性氧基团，包括羧基、酚和醇羟基的存在，腐殖酸物质会与其化学和物理性质相似的碳的表面相互作用，为氧化还原反应提供条件。基于氢键的相互作用分析会导致动力学的过程讨论较复杂，因为腐殖酸也可与碳的表面介质形成稳定的共价键，从而导致电解质中的氧官能团的增加，碳界面的亲水性的增加，但是对这种双电层结构的修饰方式还有待于理解，由于腐殖酸的复杂化学性质，该过程涉及许多现象和机制，相关的系统研究将成为未来深入研究的课题。

5.4.2 氧化还原活性液体电解质

是指没有任何额外的氧化还原添加剂就可以直接涉及电荷转移反应或氧化还原反应的电解质。它们可以同时作为电解质和氧化还原介质。图 5-2 是一个简单的氧化还原活性电解质电荷存储机制。在这种情况下，离子从电解质中吸附到电极表面，这些吸附离子直接参与电极/电解质界面的氧化还原反应，这些电化学氧化还原反应是可逆的。例如，$K_4Fe(CN)_6$ 可以作为电荷存储的电解质，也可以作为氧化还原介质，因为 $Fe(CN)_6^{4-}$ 参与氧化还原反应转化为 $Fe(CN)_6^{3-}$。这类电解质的优点在于它们是经济和安全的，且这些电解质可直接用作电解质和氧化还原活性物质，不需要添加任何额外的氧化还原添加剂。

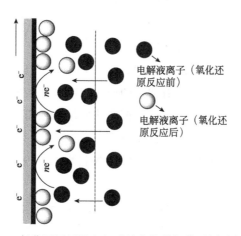

图 5-2　氧化还原活性电解质的电化学氧化还原过程[73]

Lota 等[79] 使用 KI 作为氧化还原电解液应用于超级电容器中，在 $1mV \cdot s^{-1}$ 扫描速率下，KI 作为超级电容器的电解质所获得的最大电容值为 $261F \cdot g^{-1}$，比硫酸的数值大（160F·g⁻¹）。随后，该研究小组研究了各种金属碘化物溶液作为电解液的性能，如 LiI、NaI、RbI、KI 和 CsI，其中 KI 和 CsI 显示出最大比电容（约 234F·g⁻¹），NaI、RbI 和 LiI 的比电容分别为 203F·g⁻¹、220F·g⁻¹ 和 178F·g⁻¹。另外，$K_4Fe(CN)_6$ 也可用作电化学双电层电容器的氧化还原活性电解质。在整个充/放电过程中，同时存在两种反应：$Fe(CN)_6^{4-}$ 的吸附/脱附以及 $Fe(CN)_6^{4-}/Fe(CN)_6^{3-}$ 的氧化还原反应，这两个反应发生在正极上，在电压为 1.2V 时，得到的最大比容量为 272F·g⁻¹。大多数情况下，I^- 和 $Fe(CN)_6^{4-}$ 会在正极上发生氧化还原反应，所以最大比电容可能来自于正电极而不是负电极。Frackowiak 等[80]引入了一种新的方法，通过在同一超级电容器（一个用于正极和另一个用于负极）上使用两种不同的氧化还原活性电解质（KI 和 $VOSO_4$）来平衡负极和正极两个相等的电容，以提高超级电容器的性能。这两种电解质被隔膜分开。通常，对于这种类型的能量存储系统，隔膜用于规避电解质的混合并通过运输阴离子或阳离子的非反应性物质来完成电流回路。本研究中使用的隔膜是质子（阳离子）交换膜，这个新的系统在 0.5A·g⁻¹ 时显示出较好的比电容（700F·g⁻¹）和能量密度（20W·h·kg⁻¹）。

近年来，超级电容器被大量的应用，但与电池相比，其能量密度较低是一个长期存在的问题。在过去的几十年里，为了解决这个问题，人们做了许多努力，主要是寻找新的电极材料和更合适的电解液。氧化还原添加剂或氧化还原活性离子可以通过在电极/电解质界面处发生的氧化还原反应，改变电解液的离子导电性和电容器的比电容等性质。这些电容器的比电容和能量密度几乎接近混合电容器的值，其能量密度值也与一些电池相当，与研发电极材料相比，电解液的改性研究更简单且经济实用。

尽管文献中已经提出许多通过使用氧化还原添加剂/活性电解质来改善超级电容器性能的方法，但还没有明确的研究表明电解液的最优化条件，在未来的工作中，对于电解液的基本理论和商业化应用，还需要更多的研究。在这方面会有许多研究的机会，但也要注意以下几点。

① 电极材料种类众多，但只有少数的材料适用于氧化还原活性电解质研究。

② 氧化还原添加剂主要用于水性电解质中，未在有机电解质中做过测试。

③ 这些类型的电解质仅在对称超级电容器中进行过研究，还未开始用于不对称超级电容器中。

④ 有许多可用的氧化还原活性材料或化合物，但它们尚未用作超级电容器中电解质的氧化还原添加剂。

如果以上这些问题在将来都可以得到解决，必将会进一步加快氧化还原添加剂/活性电解质在超级电容器中的应用。因此，我们希望这一研究领域将在不久的将来快速发展，使超级电容器的性能得到进一步提升。

参 考 文 献

[1] 殷金玲. 水系电解液超级电容器的研究与应用[D]. 哈尔滨：哈尔滨工业大学，2005.

[2] ZHONG C, DENG Y, HU W, et al. A review of electrolyte materials and compositions for electrochemical supercapacitors[J]. Chemical Society Reviews，2015，44(21)：7484-7539.

[3] XIA L, YU L, HU D, et al. Electrolytes for electrochemical energy storage[J]. Materials Chemistry Frontiers，2017，1(4)：584-618.

[4] LI W, DAHN J R, WAINWRIGHT D S. Rechargeable lithium batteries with aqueous electrolytes [J]. Science-AAAS-Weekly Paper Edition-including Guide to Scientific Information，1994，264 (5162)：1115-1117.

[5] LUO J Y, CUI W J, HE P, et al. Raising the cycling stability of aqueous lithium-ion batteries by eliminating oxygen in the electrolyte[J]. Nature chemistry，2010，2(9)：760-765.

[6] INAGAKI M, KONNO H, TANAIKE O. Carbon materials for electrochemical capacitors[J]. Journal of power sources，2010，195(24)：7880-7903.

[7] GHOSH A, LEE Y H. Carbon-based electrochemical capacitors[J]. Chem Sus Chem，2012，5(3)：480-499.

[8] ZHAI Y P, DOU Y Q, ZHAO D Y, et al. Carbon materials for chemical capacitive energy storage [J]. Adv Mater，2011，23(42)：4828-4850.

[9] ZHANG L L, ZHOU R, ZHAO X S. Graphene-based materials as supercapacitor electrodes[J]. J Mater Chem，2010，20(29)：5983-5992.

[10] YANG Z, REN J, ZHANG Z, et al. Recent advancement of carbon for energy applications[J]. Chem Rev，2015，115(11)：5159-5223.

[11] SU D S, SCHLOGL R. Nanostructured carbon and carbon nanocomposites for electrochemical energy storage applications[J]. Chemsuschem，2010，3(2)：136-168.

[12] WANG J, XIN H L, WANG D. Recent progress on mesoporous carbon materials for advanced energy conversion and storage[J]. Part Part Syst Charact，2014，31(5)：515-539.

[13] YU A, CHABOT V, ZHANG J. Electrochemical supercapacitors for energy storage and delivery：fundamentals and applications[M]. CRC Press，2013.

[14] JIMÉNEZ-CORDERO D, HERAS F, GILARRANZ M A, et al. Grape seed carbons for studying the influence of texture on supercapacitor behaviour in aqueous electrolytes[J]. Carbon，2014，71：127-138.

[15] TORCHAL A K, KIERZEK K, MACHNIKOWSKI J. Capacitance behavior of KOH activated mesocarbon microbeads in different aqueous electrolytes [J]. Electrochimica Acta，2012，86：260-267.

[16] WU H, WANG X, JIANG L, et al. The effects of electrolyte on the supercapacitive performance of activated calcium carbide-derived carbon[J]. Journal of Power Sources，2013，226：202-209.

[17] ZHANG X, WANG X, JIANG L, et al. Effect of aqueous electrolytes on the electrochemical behaviors of supercapacitors based on hierarchically porous carbons[J]. Journal of Power Sources, 2012, 216: 290-296.

[18] CONWAY B E. Electrochemical supercapacitors: scientific fundamentals and technological applications[M]. Springer Science & Business Media, 2013.

[19] LONG J W, BÉLANGER D, BROUSSE T, et al. Asymmetric electrochemical capacitors-Stretching the limits of aqueous electrolytes[J]. Mrs Bulletin, 2011, 36(7): 513-522.

[20] PERRET P, BROUSSE T, BÉLANGER D, et al. Electrochemical template synthesis of ordered lead dioxide nanowires[J]. Journal of The Electrochemical Society, 2009, 156(8): A645-A651.

[21] BÉLANGER D, REN X M, DAVEY J, et al. Characterization and long-term performance of polyaniline-based electrochemical capacitors [J]. J Electrochem Soc, 2000, 147(8): 2923-2929.

[22] 周晋, 李文, 邢伟, 禚淑萍. 可调有序介孔炭在有机和硫酸电解液中的电容性质[J]. 物理化学学报, 2011, 27(6), 1431-1438.

[23] WANG C, SUN L, ZHOU Y, et al. P/N co-doped microporous carbons from H_3PO_4-doped polyaniline by in situ activation for supercapacitors[J]. Carbon, 2013, 59: 537-546.

[24] JUREWICZ K, FRACKOWIAK E, BÉGUIN F. Towards the mechanism of electrochemical hydrogen storage in nanostructured carbon materials[J]. Applied Physics A: Materials Science & Processing, 2004, 78(7): 981-987.

[25] FENG C, ZHANG J F, HE Y E, et al. Sub-3 nm Co_3O_4 nanofilms with enhanced supercapacitor properties[J]. ACS Nano, 2015, 9: 1730-1739.

[26] MEFFORD J T, HARDIN W G, DAI S, et al. Anion charge storage through oxygen intercalation in $LaMnO_3$ perovskite pseudocapacitor electrodes[J]. Nature materials, 2014, 13(7): 726-732.

[27] HOU L, YUAN C, LI D, et al. Electrochemically induced transformation of NiS nanoparticles into $Ni(OH)_2$ in KOH aqueous solution toward electrochemical capacitors[J]. Electrochimica Acta, 2011, 56(22): 7454-7459.

[28] YUAN C, ZHANG X, SU L, et al. Facile synthesis and self-assembly of hierarchical porous NiO nano/micro spherical superstructures for high performance supercapacitors[J]. Journal of Materials Chemistry, 2009, 19(32): 5772-5777.

[29] TIAN Y, YAN J W, XUE R, et al. Influence of electrolyte concentration and temperature on the capacitance of activated carbon[J]. Acta Physico-Chimica Sinica, 2011, 27(2): 479-485.

[30] PATIL U M, SALUNKHE R R, GURAV K V, et al. Chemically deposited nanocrystalline NiO thin films for supercapacitor application[J]. Applied Surface Science, 2008, 255(5): 2603-2607.

[31] SU L, GONG L, LÜ H, et al. Enhanced low-temperature capacitance of MnO_2 nanorods in a redox-active electrolyte[J]. Journal of Power Sources, 2014, 248: 212-217.

[32] WANG X, YUAN A, WANG Y. Supercapacitive behaviors and their temperature dependence of sol-gel synthesized nanostructured manganese dioxide in lithium hydroxide electrolyte[J]. Journal of Power Sources, 2007, 172(2): 1007-1011.

[33] INAMDAR A I, KIM Y S, PAWAR S M, et al. Chemically grown, porous, nickel oxide thin-film for electrochemical supercapacitors[J]. Journal of Power Sources, 2011, 196(4): 2393-2397.

[34] WANG C, ZHOU Y, SUN L, et al. Sustainable synthesis of phosphorus-and nitrogen-co-doped porous carbons with tunable surface properties for supercapacitors[J]. Journal of Power Sources, 2013, 239: 81-88.

[35] WANG X, WANG F, WANG L, et al. An Aqueous Rechargeable Zn//Co_3O_4 Battery with High Energy Density and Good Cycling Behavior[J]. Advanced Materials, 2016, 28(24): 4904-4911.

[36] ZHANG Y, SUN C, SU H, et al. N-Doped carbon coated hollow $Ni_xCo_{9-x}S_8$ urchins for a high performance supercapacitor[J]. Nanoscale, 2015, 7(7): 3155-3163.

[37] KONG L B, LIU M, LANG J W, et al. Asymmetric supercapacitor based on loose-packed cobalt hydroxide nanoflake materials and activated carbon[J]. Journal of the Electrochemical Society, 2009, 156(12): A1000-A1004.

[38] VIDYADHARAN B, AZIZ R A, MISNON I I, et al. High energy and power density asymmetric supercapacitors using electrospun cobalt oxide nanowire anode[J]. Journal of Power Sources, 2014, 270: 526-535.

[39] DAI C S, CHIEN P Y, LIN J Y, et al. Hierarchically structured Ni_3S_2/carbon nanotube composites as high performance cathode materials for asymmetric supercapacitors[J]. ACS applied materials & interfaces, 2013, 5(22): 12168-12174.

[40] DEMARCONNAY L, RAYMUNDO-PINERO E, BÉGUIN F. A symmetric carbon/carbon supercapacitor operating at 1.6V by using a neutral aqueous solution[J]. Electrochemistry Communications, 2010, 12(10): 1275-1278.

[41] ZHAO L, QIU Y, YU J, et al. Carbon nanofibers with radially grown graphene sheets derived from electrospinning for aqueous supercapacitors with high working voltage and energy density[J]. Nanoscale, 2013, 5(11): 4902-4909.

[42] RATAJCZAK P, JUREWICZ K, BÉGUIN F. Factors contributing to ageing of high voltage carbon/carbon supercapacitors in salt aqueous electrolyte[J]. Journal of Applied Electrochemistry, 2014, 44(4): 475-480.

[43] RATAJCZAK P, JUREWICZ K, SKOWRON P, et al. Effect of accelerated ageing on the performance of high voltage carbon/carbon electrochemical capacitors in salt aqueous electrolyte[J]. Electrochimica Acta, 2014, 130: 344-350.

[44] CHAE J H, CHEN G Z. Influences of ions and temperature on performance of carbon nano-particulates in supercapacitors with neutral aqueous electrolytes[J]. Particuology, 2014, 15: 9-17.

[45] QU Q T, WANG B, YANG L C, et al. Study on electrochemical performance of activated carbon in aqueous Li_2SO_4, Na_2SO_4 and K_2SO_4 electrolytes[J]. Electrochemistry Communications, 2008, 10(10): 1652-1655.

[46] GAO H, VIRYA A, LIAN K. Monovalent silicotungstate salts as electrolytes for electrochemical supercapacitors[J]. Electrochimica Acta, 2014, 138: 240-246.

[47] KUO S L, WU N L. Investigation of pseudocapacitive charge-storage reaction of $MnO_2 \cdot nH_2O$ supercapacitors in aqueous electrolytes[J]. Journal of The Electrochemical Society, 2006, 153(7): A1317-A1324.

[48] XU C, LI B, DU H, et al. Supercapacitive studies on amorphous MnO_2 in mild solutions[J]. Journal

of Power Sources, 2008, 184(2): 691-694.

[49] XU C, WEI C, LI B, et al. Charge storage mechanism of manganese dioxide for capacitor application: Effect of the mild electrolytes containing alkaline and alkaline-earth metal cations[J]. Journal of Power Sources, 2011, 196(18): 7854-7859.

[50] WEN S, LEE J W, YEO I H, et al. The role of cations of the electrolyte for the pseudocapacitive behavior of metal oxide electrodes, MnO_2 and RuO_2 [J]. Electrochimica acta, 2004, 50 (2): 849-855.

[51] KOMABA S, TSUCHIKAWA T, TOMITA M, et al. Efficient electrolyte additives of phosphate, carbonate, and borate to improve redox capacitor performance of manganese oxide electrodes[J]. Journal of The Electrochemical Society, 2013, 160(11): A1952-A1961.

[52] WANG B, GUO P, BI H, et al. Electrocapacitive properties of $MnFe_2O_4$ electrodes in aqueous $LiNO_3$ electrolyte with surfactants[J]. International Journal of Electrochemical Science, 2013, 8 (7): 8966-8977.

[53] WU M, ZHANG L, GAO J, et al. Effects of thickness and electrolytes on the capacitive characteristics of anodically deposited hydrous manganese oxide coatings[J]. Journal of Electroanalytical Chemistry, 2008, 613(2): 125-130.

[54] BOISSET A, ATHOUEL L, JACQUEMIN J, et al. Comparative performances of birnessite and cryptomelane MnO_2 as electrode material in neutral aqueous lithium salt for supercapacitor application[J]. The Journal of Physical Chemistry C, 2013, 117(15): 7408-7422.

[55] CHANG Z, LI C, WANG Y, et al. A lithium ion battery using an aqueous electrolyte solution[J]. Scientific reports, 2016, 6: 28421.

[56] WANG X, HOU Y, ZHU Y, et al. An aqueous rechargeable lithium battery using coated Li metal as anode[J]. Scientific Reports, 2013, 3(7439): 1401.

[57] CHANG Z, YANG Y, WANG X, et al. Hybrid system for rechargeable magnesium battery with high energy density[J]. Scientific reports, 2015, 5: 11931.

[58] LIU Y, QIAO Y, LOU X, et al. Hollow $K_{0.27}MnO_2$ nanospheres as cathode for high-performance aqueous Sodium ion batteries[J]. ACS applied materials & interfaces, 2016, 8(23): 14564-14571.

[59] MALLOY A P, DONNE S W. Characterization of solid electrode materials using chronoamperometry: A study of the alkaline γ-MnO_2 electrode[J]. Journal of Power Sources, 2008, 179 (1): 371-380.

[60] QU D Y, CONWAY B E, BAI L, et al. Role of dissolution of Mn(Ⅲ) species in discharge and recharge of chemically-modified MnO_2 battery cathode materials[J]. Journal of Applied Electrochemistry, 1993, 23(7): 693-706.

[61] KOZAWA A, KALNOKI-KIS T, YEAGER J F. Solubilities of Mn(Ⅱ) and Mn(Ⅲ) ions in concentrated alkaline solutions[J]. Journal of The Electrochemical Society, 1966, 113(5): 405-409.

[62] WANG F X, XIAO S Y, ZHU Y S, et al. Spinel $LiMn_2O_4$ nanohybrid as high capacitance positive electrode material for supercapacitors[J]. Journal of Power Sources, 2014, 246: 19-23.

[63] VINNY R T, CHAITRA K, VENKATESH K, et al. An excellent cycle performance of asymmetric supercapacitor based on bristles like α-MnO_2 nanoparticles grown on multiwalled carbon nanotubes

[J]. Journal of Power Sources, 2016, 309: 212-220.

[64] QU Q, LI L, TIAN S, et al. A cheap asymmetric supercapacitor with high energy at high power: Activated carbon//$K_{0.27}MnO_2 \cdot 0.6 H_2O$[J]. Journal of Power Sources, 2010, 195(9): 2789-2794.

[65] JIN X, ZHOU W, ZHANG S, et al. Nanoscale microelectrochemical cells on carbon nanotubes[J]. Small, 2007, 3(9): 1513-1517.

[66] HONG M S, LEE S H, KIM S W. Use of KCl aqueous electrolyte for 2V manganese oxide/activated carbon hybrid capacitor[J]. Electrochemical and Solid-State Letters, 2002, 5(10): A227-A230.

[67] BROUSSE T, TOUPIN M, BELANGER D. A hybrid activated carbon-manganese dioxide capacitor using a mild aqueous electrolyte[J]. Journal of the Electrochemical Society, 2004, 151(4): A614-A622.

[68] ZHANG G, REN L, DENG L J, et al. Graphene-MnO_2 nanocomposite for high-performance asymmetrical electrochemical capacitor[J]. Materials Research Bulletin, 2014, 49: 577-583.

[69] SHIMIZU W, MAKINO S, TAKAHASHI K, et al. Development of a 4.2 V aqueous hybrid electrochemical capacitor based on MnO_2 positive and protected Li negative electrodes[J]. Journal of Power Sources, 2013, 241: 572-577.

[70] LI Q, LI K, SUN C, et al. An investigation of Cu_2^+ and Fe_2^+ ions as active materials for electrochemical redox supercapacitors[J]. Journal of Electroanalytical Chemistry, 2007, 611(1): 43-50.

[71] SU L H, ZHANG X G, MI C H, et al. Improvement of the capacitive performances for Co-Al layered double hydroxide by adding hexacyanoferrate into the electrolyte[J]. Physical Chemistry Chemical Physics, 2009, 11(13): 2195-2202.

[72] ROLDÁN S, BLANCO C, GRANDA M, et al. Towards a further generation of high-energy carbon-based capacitors by using redox-active electrolytes[J]. Angewandte Chemie International Edition, 2011, 50(7): 1699-1701.

[73] ROLDÁN S, GRANDA M, MENÉNDEZ R, et al. Mechanisms of energy storage in carbon-based supercapacitors modified with a quinoid redox-active electrolyte[J]. The Journal of Physical Chemistry C, 2011, 115(35): 17606-17611.

[74] CHEN W, RAKHI R B, ALSHAREEF H N. Capacitance enhancement of polyaniline coated curved-graphene supercapacitors in a redox-active electrolyte[J]. Nanoscale, 2013, 5(10): 4134-4138.

[75] WASIŃSKI K, WALKOWIAK M, LOTA G. Humic acids as pseudocapacitive electrolyte additive for electrochemical double layer capacitors[J]. Journal of Power Sources, 2014, 255: 230-234.

[76] WU J, YU H, FAN L, et al. A simple and high-effective electrolyte mediated with p-phenylenediamine for supercapacitor[J]. Journal of Materials Chemistry, 2012, 22(36): 19025-19030.

[77] ROLDÁN S, GRANDA M, MENÉNDEZ R, et al. Supercapacitor modified with methylene blue as redox active electrolyte[J]. Electrochimica Acta, 2012, 83: 241-246.

[78] SENTHILKUMAR S T, SELVAN R K, MELO J S. Redox additive/active electrolytes: a novel approach to enhance the performance of supercapacitors[J]. Journal of Materials Chemistry A, 2013, 1(40): 12386-12394.

[79] LOTA G, FRACKOWIAK E. Striking capacitance of carbon/iodide interface[J]. Electrochemistry Communications, 2009, 11(1): 87-90.

[80] FRACKOWIAK E, FIC K, MELLER M, et al. Electrochemistry Serving People and Nature: High-Energy Ecocapacitors based on Redox-Active Electrolytes[J]. Chem Sus Chem, 2012, 5(7): 1181-1185.

第6章
有机电解液

尽管大量的学术研究集中在水系超级电容器方面，但是有机系超级电容器由于其 2.5～2.8V 的高工作电压，占据主要的超级电容器市场。因为工作电压的提升带来的直接效益就是超级电容器的功率密度和能量密度的提升。与此同时，原先在水系超级电容器中难以使用的廉价包装材料：铝材料也因有机系电解液腐蚀性小等优点而大量用于有机系超级电容器的封装和包装之中，一定程度上降低了有机系超级电容器的成本。

但是，使用有机系电解液的超级电容器仍然存在许多期待解决的问题。同水系超级电容器相比，使用有机电解液的超级电容器的价格更加昂贵，比容量也没有水系超级电容器高。另外，还要考虑电容器的安全问题，譬如电解液的可燃性、挥发性和毒性等。有机系超级电容器的生产和组装过程对环境条件十分严格，甚至可以说是苛刻，这无疑增加了生产的成本。

有机系超级电容器的电解液通常是将电解质盐溶解在有机溶剂中配制而成。表 6-1 和表 6-2 中列出了超级电容器中常用的导电盐和有机溶剂。在文献中，大多数关于有机电解液的研究都集中在双电层超级电容器上。但是，随着新材料和新电解液的发现和发展，关于赝电容超级电容器和混合型超级电容器的电解液的研究也备受关注。

表 6-1 常见超级电容器的电解液及其性质[1]

电解液	电极材料	比电容 /$F \cdot g^{-1}$	电压 /V	能量密度 /$W \cdot h \cdot kg^{-1}$	功率密度 /$W \cdot kg^{-1}$	温度/℃
碳基对称双电层超级电容器						
$1 mol \cdot L^{-1}$ TEABF$_4$/AN	多孔碳纳米片	120～150 (1mV·s^{-1})	2.7	25	25000 ～27000	—
$1 mol \cdot L^{-1}$ TEABF$_4$/PC	石墨烯-CNT	110(1A·g^{-1})	3	34.3	400	—
$1 mol \cdot L^{-1}$ TEABF$_4$/HFIP	AC	110(1mV·s^{-1})	—	—	—	—
$0.7 mol \cdot L^{-1}$ TEABF$_4$/AND	AC	25 (20mV·s^{-1})	3.75	28	—	RT

电解液	电极材料	比电容 /F·g⁻¹	电压 /V	能量密度 /W·h·kg⁻¹	功率密度 /W·kg⁻¹	温度/℃
$1.6mol \cdot L^{-1}$ TEA-ODFB /PC	AC	21.4($1A \cdot g^{-1}$)	2.5	28	1000	$-40\sim60$
$1mol \cdot L^{-1}$ TEMA-BF$_4$ /(PC∶PS=95∶5)	微孔 TiC-CNC	100 ($10mV \cdot s^{-1}$, 60℃)	2.7	25-27	1000	$-45\sim60$
$1mol \cdot L^{-1}$ SBP-BF$_4$/ AN	碳材料	109	2.3	—	—	$-30\sim60$
$1.5mol \cdot L^{-1}$ SBPBF$_4$/PC	AC	122(0.1$A \cdot g^{-1}$)	3.5	52	—	RT
$1mol \cdot L^{-1}$ LiPF$_6$/(EC∶ DEC=1∶1)	杂原子掺杂碳片	126($1A \cdot g^{-1}$)	3	29	2243	RT
$1mol \cdot L^{-1}$ NaPF$_6$/(EC∶ DMC∶PC∶EA=1∶ 1∶1∶0.5)	微孔碳化物碳材料	120($1mV \cdot s^{-1}$)	3.4	40	90	$-40\sim60$
赝电容超级电容器						
$1mol \cdot L^{-1}$ LiPF$_6$/(EC∶ DEC=1∶1)	纳米多孔 Co$_3$O$_4$- 石墨烯	424.2($1A \cdot g^{-1}$)	—	—	—	RT
$1mol \cdot L^{-1}$ LiClO$_4$/PC	MnO$_3$ 纳米片	540(0.1$A \cdot g^{-1}$)	—	—	—	RT
$0.5mol \cdot L^{-1}$ Bu$_4$N-BF$_4$/AN	异构化聚[3,6-二 (噻吩-乙基)-9H-咔 唑-9-乙酸]/TiO$_2$ 纳米粒子	462.88 ($2.5mA \cdot cm^{-2}$)	1.2	89.98	—	RT
$0.5mol \cdot L^{-1}$ LiClO$_4$/PC	PANi/石墨烯	420($50mV \cdot s^{-1}$)	1	—	—	RT
混合型超级电容器						
$1mol \cdot L^{-1}$ SBP-BF$_4$/PC	无孔活性炭微球/AC	—	3.5	47	100	—
$1.5mol \cdot L^{-1}$ TEMA-BF$_4$/PC	无孔活性炭微球/石墨化碳		4	60	30	RT
$1mol \cdot L^{-1}$ LiPF$_6$/(EC∶ DMC=1∶1)	商用活性炭 (MSO-20)/介孔 Nb$_2$O$_5$-碳纳米复合材料	—	3.5	74	100	—
$1mol \cdot L^{-1}$ LiPF$_6$/(EC∶ DMC∶DEC=1∶1∶1)	Fe$_3$O$_4$-石墨烯/ 3D 石墨烯		3	147	150	RT
$1mol \cdot L^{-1}$ LiPF$_6$/(EC∶ DMC=1∶1)	多孔石墨炭/ Li$_4$Ti$_5$O$_{12}$		3	55	110	RT
$1mol \cdot L^{-1}$ LiTFSI/AN	MnO$_2$ 纳米-rGO/ V$_2$O$_5$ NWs-rGO	36.9	2	15.4	436.5	RT

注：缩写词：RT，室温；CNT，碳纳米管；TEABF$_4$，四乙基四氟硼酸铵；AN，乙腈；PC，碳酸丙烯酯；SBPBF$_4$，双吡咯烷四氟硼酸铵；HFIP，六氟异丙醇；AC，活性炭；AND，己二腈；TEAODFB，四乙基双草酸硼酸铵；TEMABF$_4$，三乙基甲基四氟硼酸铵；PS，亚硫酸二乙酯；TiC-CDC，碳化钛衍生物碳；EC，碳酸乙烯酯；DEC，碳酸二乙酯；DMC，碳酸二甲酯；EA，乙酸乙酯；PANi，聚苯胺；NWs，纳米线；rGO，还原氧化石墨烯。

表 6-2 常见的有机系超级电容器电解质盐电导率以及氧化还原电位[1]

电解质	δ/mS·cm^{-1}	E_{red}	E_{ox}	电解质	δ/mS·cm^{-1}	E_{red}	E_x
		vs. SCE/V				vs. SCE/V	
四甲基四氟硼酸铵（TMA-BF$_4$）	2.41	−3.10	3.50	N,N-二甲基吡咯烷四氟硼酸盐	10.36	−3.00	3.65
三甲基乙基四氟硼酸铵（TEMA-BF$_4$）	10.16	−3.00	3.60	N-甲基-N-乙基吡咯烷四氟硼酸盐	10.82	−3.00	3.70
二甲基二乙基四氟硼酸铵（DEDMA-BF$_4$）	10.34	−3.00	3.65	N,N-二乙基吡咯烷四氟硼酸盐	10.40	−3.00	3.60
三乙基甲基四氟硼酸铵（MeEt$_3$NBF$_4$）	10.68	−3.00	3.65	N,N-二甲基哌啶四氟硼酸盐	10.20	−3.05	3.65
四乙基四氟硼酸铵（TEABF$_4$）	10.55	−3.00	3.65	N-甲基-N-乙基哌啶四氟硼酸盐	10.40	−3.05	3.70
四丙基四氟硼酸铵（Pr$_4$NBF$_4$）	8.72	−3.05	3.65	N,N-二乙基哌啶四氟硼酸盐	10.17	−3.05	3.60
三丁基甲基四氟硼酸铵（MeBu$_3$NBF$_4$）	7.80	—	—	双吡咯烷四氟硼酸盐	10.94	−3.00	3.60
四丁基四氟硼酸铵（Bu$_4$NBF$_4$）	7.23	−3.05	3.65	双哌啶四氟硼酸盐	9.67	−3.00	3.60
四己基四氟硼酸铵（Hex$_4$NBF$_4$）	5.17	−3.10	3.85	N-甲基-N-乙基吗啉四氟硼酸盐	8.78	−3.00	3.60
四甲基鏻四氟硼酸（Me$_4$PBF$_4$）	9.21	−3.05	3.60				
四乙基鏻四氟硼酸（ET$_4$PBF$_4$）	10.52	−3.00	3.60				
四丙基鏻四氟硼酸（Pr$_4$PBF$_4$）	8.63	−3.05	3.60				
四丁基鏻四氟硼酸（Bu$_4$PBF$_4$）	7.14	−3.05	3.80				

注：δ：电导率；E_{red}：还原电位；E_{ox}：氧化电位（玻碳电极作为工作电极）。电解质盐均配制为 0.65mol·L^{-1} 的碳酸丙烯酯溶液。

6.1 双电层超级电容器有机电解液

早在 1879 年 Helmhlz 就发现了双电层结构的电化学电容性质，并提出了相应的双电层理论。直到近几十年，双电层结构用于能量储存领域之后才受到了学术界的广泛关注。1947 年，Grahame 完善了双电层的理论，奠定了双电层超级电容器的理论基础。在 1957 年 Becker 第一次申请了以活性炭电极作电极材料的双电层电容器的专利，该器件的能量密度与当时的电池相接近。1969 年标准石油公司（SOHIO）首次把双电层电容器推向市场。随后日本 NEC 公司购得专利开始生产"Supercapacitor"品牌的大容量电容器，其容量达到了法拉级别，超级电容器由此而得名。双电层超级电容器在工作时，通过在电极和电解液界面形成稳定的双电层来累积电荷而实现储能，如图 6-1 所示。由于双电层超级电容器的优越的性能，双电层超级电容器占据超级电容器市场的主导地位。

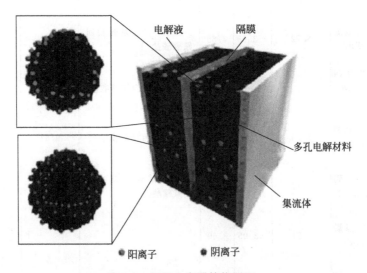

图 6-1　超级电容器储能原理

相对于其他储能设备，双电层超级电容器仍可以算作是储能家族中的新秀。这个储能家族中的新秀能够提供快速的充/放电容量（即高功率密度，$>$ 10kW·kg^{-1}）、高充/放电效率（接近 100％）、极长的循环寿命（$>$500000次），在未来的储能系统中极具发展潜力。然而，同其他储能装置相比，双电层超级电容器的短板在于它的能量密度很低（通常水系超级电容器$<$30W·h·kg^{-1}）。众所周知，提高双电层超级电容器的工作电压可能有效地提高它的功

率密度和能量密度。这就要求双电层超级电容器的电极和电解液材料具有能够承受大电压条件下所要求的物理、化学和电化学稳定性。尤其是对电解液来说，必须具备低燃性或不可燃性、与电极材料良好的相容性等许多特性。但是，相对于电极材料来说，对于电解液的调查和研究还有些欠缺。因此，双电层超级电容器的电解液的选用，对于双电层超级电容器的发展和应用有至关重要的意义。

在双电层超级电容器中电解液是必不可少的重要组成部分。电解液在超级电容器中的作用如图 6-2 所示。

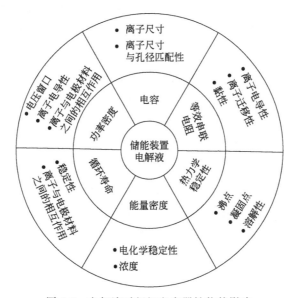

图 6-2　电解液对超级电容器性能的影响

由于电解液存在于正极和负极两电极之间，而且与电极紧密接触。因此，电解液是决定双电层超级电容器装置安全性和其性能的关键因素。有机电解液由导电盐、有机溶剂和添加剂组成。性能优良的有机电解液应该具备以下特性：

① 宽泛的电化学窗口；

② 较高的离子导电性；

③ 化学和热力学稳定性好；

④ 化学惰性，不与装置中其他材料发生反应；

⑤ 安全，无毒，价格低廉。

事实上，想要找到一种能够完全符合以上特征的电解液是非常困难的，无数的学者为此做了无数的工作，今后也将继续为之努力。

同水系电解液相比，有机电解液具有更宽泛、稳定的电化学窗口（>2.8V)[2]，因此能够大幅度地提升双电层超级电容器的能量密度[1,3]。目前，对于有机电解液的研究主要集中在开发新型电解质盐和优选有机溶剂体系两个方面，一方面是提高有机电解液的电导率，另一方面是降低电解液的黏度等，使电解液在高电压和低温或高温领域具有优异的电化学性能。

6.1.1　电解质盐

通过前面的介绍我们了解到，双电层超级电容器的有机电解液是由电解质盐和有机溶剂构成的。电解质盐溶于有机溶剂后在双电层超级电容器工作时充当电荷的运输者（阴离子、阳离子）。因此，离子的浓度和离子的可迁移性对于电解液的离子电导率有着至关重要的影响。实际上，有机电解质盐的结构（对称性和离子尺寸）对于电解质的溶解性、电离度等也有很大的影响，因此也对电解液的电导率的大小具有重大的影响。另外，电解质盐对于双电层超级电容器的电化学窗口、有机电解液的热力学稳定性和超级电容器的电容有着深远的意义。因此，要想开发一种能够耐受大电压的电解液以提升双电层超级电容器的电容、能量密度和功率密度，首先必须找到一种能够耐受大电压的电解质盐，才有可能获得理想的有机电解液。而且，选择电解质盐时，必须要考虑到溶解性、电导率、稳定性、安全性和成本等问题。目前关于电解质盐的研究主要集中在电解质盐在有机溶剂中的溶解性的提高、电导率的提升、稳定性的增强和温度范围的拓展等方面。常见的有机电解液中电解质盐主要有烷基铵盐类、烷基鏻盐、烷基锍盐、金属盐类等。

6.1.1.1　烷基铵盐类

目前商业化的烷基季铵盐类电解质盐主要有：四乙基铵四氟硼酸盐（TEABF₄）、三乙基甲基铵四氟硼酸盐（TEMABF₄）、双吡咯烷四氟硼酸盐（SBPBF₄）。由于 TEABF₄ 具有较为优良的性能，已经被广泛地用于超级电容器中。另外，有学者尝试了许多不同结构的季铵盐，也取得了较好的成果。

TEABF₄ 由于其较宽的电化学窗口，在大多数溶剂中具有较好的溶解性和离子导电性等特性，成为最常用的双电层超级电容器有机电解液的电解质盐。TEABF₄ 的乙腈（AN）或碳酸丙烯酯（PC）电解液被广泛地应用于双电层超级电容器中，其运行电压可达到 2.8V。但是，在许多常见的有机溶剂中，TEABF₄ 的溶解度只能达到 $1mol \cdot L^{-1}$，无法满足超级电容器的高导电性的发展需求[4,5]。

对于电解质盐的溶解性来说，溶解性不仅仅影响离子浓度，而且还影响着双电层超级电容器的能量密度。为提高电解质盐在电解液中的溶解度，人们又研究开发了许多不对称季铵盐，譬如三乙基甲基铵四氟硼酸盐（TEMABF$_4$）、1-甲基-1-乙基吡咯烷四氟硼酸盐（MEY-BF$_4$）和四亚甲基吡咯烷四氟硼酸盐（TMPY-BF$_4$）等和其他环状季铵盐[6]。这些盐在有机溶剂中具有更大的溶解度，从而增强了电解液的导电性。图 6-3 为一些常见的烷基季铵盐类电解质的浓度与电导率关系示意图。由图中可以看出，电解液的电导率值随着浓度的增大而增大，而后又减小，存在极大值。同时，常用的 TEABF$_4$ 电解质在 PC 中的浓度仅为 1mol·L^{-1} 左右，而其他电解质盐浓度能够达到 2mol·L^{-1} 以上，能够使电解液具有更高的电导率。因此，开发一种在有机溶剂中具有较大溶解性的电解质盐是十分有意义的。但是，从电解液的生产成本来看，电解质盐通常占据一大部分的成本。所以，同时考虑电解液性能（电解质盐的浓度）和电解液的生产成本也是十分有必要的。

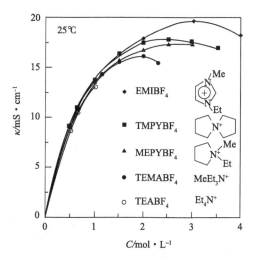

图 6-3　季铵盐在 PC 中的浓度与电解液的电导率函数关系

相对于 TEABF$_4$ 来说，TEMABF$_4$ 由于其分子对称性较低，所以在 PC 中的溶解度大于 TEABF$_4$。其离子半径与质量都较小，形成的双电层对称性好，具有更多的正电荷和较强的极化率[7]。所以其比容量要高于同类 TEABF$_4$ 电解液的双电层超级电容器[8]。因此，可以在 PC 类电解液中用以替代 TEABF$_4$ 来充当双电层超级电容器的电解质盐[9]。

Lai 等[10]将四乙基铵阳离子与含硼阴离子的双氟草酸硼酸根配对得到了一种溶解度较大的电解质盐。经实验发现 1.6mol·L^{-1} 的四乙基铵双氟草酸硼酸盐的 PC 电解液体系，室温下电导率可达到 14.46mS·cm^{-1}。研究者在 1A·g^{-1} 的电流密度和 0～2.5V 的电压条件下进行充/放电测试，经实验测试结果分析计算发现，使用四乙基铵双氟草酸硼酸盐作为电解质的双电层超级电容器的比

电容为 $21.4F \cdot g^{-1}$，高于同等条件下 $1mol \cdot L^{-1}$ 的 TEABF$_4$ 的 PC 电解液体系的 $19.6F \cdot g^{-1}$。

虽然 TEABF$_4$ 电解液的性能较为优良。但是，其能量密度和功率密度还是有所欠缺。为了增大双电层超级电容器的能量密度和功率密度，最为有效的方式是提高双电层超级电容器的工作电压。那么为了进一步提高双电层超级电容器的工作电压，必须找到一种能够耐受超过 2.8V 电压的电解质盐。

因此在近些年，双吡咯烷四氟硼酸盐，也就是通常所说的螺环季铵盐（SBPBF$_4$）因其能够耐受大电压并且同时具备许多卓越的物理、化学和电化学特性而备受人们的关注。学者研究表明[11]，SBPBF$_4$ 的 PC 电解液所组装而成的活性炭基双电层超级电容器的工作电压可以达到 3.2V，并且表现出良好的电容行为。

Yu 等[11]测试了 $1.5mol \cdot L^{-1}$ SBPBF$_4$ 和 TEMABF$_4$ 的 PC 电解液的电化学性能。通过循环伏安测试可以明显看出，当扫描电压增至 3.0V 以上时，TEMABF$_4$ 电解液的循环伏安曲线发生了极化，曲线形状偏离典型超级电容器的类矩形循环伏安曲线。而在同样的条件下，SBPBF$_4$ 电解液仍然呈现经典的超级电容器的类矩形循环伏安曲线，证实了 SBPBF$_4$ 的循环特性要明显优于 TEMABF$_4$ 电解液，其电化学窗口也要大于 TEMABF$_4$ 电解液。

SBPBF$_4$ 这些优良的电化学性能源自于它独特的化学结构。SBPBF$_4$ 阳离子具有类似数字"8"的不对称结构如图 6-4 所示。

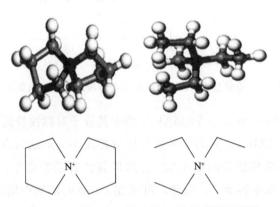

图 6-4　SBPBF$_4$ 和 TEMABF$_4$ 分子模型和结构

我们知道，双电层超级电容器的比电容不仅仅取决于电极材料的比表面积而且还取决于电极材料的孔径分布。孔洞的可进入性与电解质盐的阴阳离子的尺寸和类型以及离子的溶剂化效应密切相关[12]。电极材料上存在的微小的孔洞，一方面增大了电极材料的比表面积，而在另一方面则限制了离子进入，使得较大尺寸的离子无法进入到材料的孔洞之中，使得电极材料的表面无法被有效利用，最终导致了双电层超级电容器的比电容下降。通过模拟计算发现[13]，SBPBF$_4$ 的阳离子的尺寸为 0.418nm，而 TEMABF$_4$ 的阳离子尺寸为 0.654nm。由于 SBPBF$_4$ 具有相比于 TEMABF$_4$ 更小尺寸的阳离子，电化学性能稳定，可在有机溶剂中获得更高的浓度和更稳定的电化学性能。所以在溶剂中比 TEMA 和 TEA 阳离子具有更好的扩散性，从而使得电解液的电导率得以提高，能够更好地进入电极材料的微孔之中，充分利用活性材料的表面积，使得双电层超级电容器的电容量得以提升[14]。

Zhou 等[15]发现 SBPBF$_4$ 的 AN 电解液的电阻小于 TEMABF$_4$ 的 AN 电解液的电阻。原因可能是 SBPBF$_4$ 电解液的离子迁移率和导电性都优于 TEMABF$_4$ 电解液。同时 SBPBF$_4$ 电解液的界面电阻也小于 TEABF$_4$ 电解液的界面电阻，造成这种现象的原因可能是 SBPBF$_4$ 电解液的迁移性较好，具有更好的分离能力和较小的阳离子粒径，有利于电解液渗透进入活性炭的孔结构中，减小了界面电阻。Chiba 等研究发现，SBPBF$_4$ 具有宽电化学窗口、高导电性和良好的比电容率。在 -40℃的低温条件下，SBPBF$_4$ 的 PC 电解液的电容量比 TEMABF$_4$ 的 PC 电解液的要高。Korenblit 等[16] 研究发现使用 SBPBF$_4$/AN 和甲酸甲酯电解液和沸石模板炭在 -70℃的低温时，能量密度仍能达到室温下能量密度的 86%。综上所述，SBPBF$_4$ 的各种优势都较明显，已经逐渐地取代目前市场上的其他商用电解液。但是相对于 TEABF$_4$ 和 TEMABF$_4$ 的较低的价格，SBPBF$_4$ 相对较高的制备和提纯成本使得 SBPBF$_4$ 电解液的应用受到了限制。

除了 SBPBF$_4$ 外，有很多学者也尝试了其他含有较为稳定结构的季铵盐。Cai 等[17]合成了具有桥环结构的 N,N'-1,4-二乙基三乙烯二铵四氟硼酸盐。结构如图 6-5 所示。

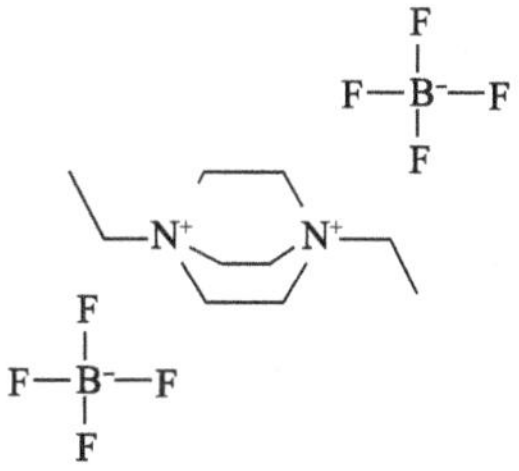

图 6-5　N,N'-1,4-二乙基三乙烯
二铵四氟硼酸盐

研究发现，该桥环季铵盐的戊二腈电解液在 1.0mol·L^{-1} 时具有最高的电导率 23.25mS·cm^{-1}。如图 6-6 所示。

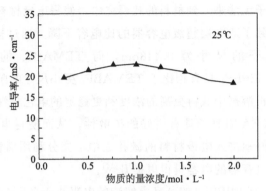

图 6-6　N,N'-1,4-二乙基三乙烯二铵
四氟硼酸盐的浓度与电导率关系

通过循环伏安测试发现，该电解液在$-2.2\sim2.4V$的电压范围内有较好的循环特性，表现出典型的超级电容器双电层电容行为。这是由于N,N'-1,4-二乙基三乙烯二铵四氟硼酸盐的桥环结构具有较好的电化学稳定性，能够耐受较大的工作电压而不发生分解造成的。随后进行了恒流充/放电测试，如图 6-7 所示。

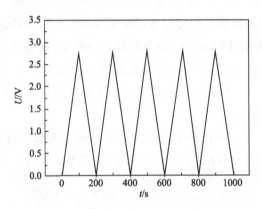

图 6-7　100mA 恒流充/放电测试曲线

在 100mA 的电流下，由 N,N'-1,4-二乙基三乙烯二铵四氟硼酸盐的戊二腈电解液组成的超级电容器的充/放电曲线表现为等腰三角形，说明该电解液有着很好的可逆性以及循环特性。而且，随着时间的变化，该电容器的电压呈现出线性变化。说明在这个电容器中，电极/电解液界面仅仅发生了离子的吸附和脱附过程，并未发生任何氧化还原反应。根据放电曲线计算出的放电比电容为 245.3F·g^{-1}，同时充/放电效率高达 97.3%。

多项研究表明，利用已有的商用电解液使双电层超级电容器的工作电压超过 3V 是十分困难的。事实上，无论是电解质盐、有机溶剂还是电解液中存在的杂质都对电解液的电化学窗口具有很大的影响。不同的电解质盐含有不同类型的阴阳离子，而不同的阴阳离子具有不同的离子尺寸也就具有不同的溶剂化离子尺寸。通过研究发现[18]，阳离子尺寸较小的季铵盐能够使双电层超级电容器的比电容得到较大幅度的提升。因此，为了提高双电层超级电容器的性能，有必要考虑烷基季铵盐电解质的离子、溶剂化离子的尺寸以及与电极材料孔洞的匹配性等问题。通过调查研究发现，这种匹配性对于双电层超级电容器的电容和功率密度的影响是十分重大的。Koh 等使用四乙基四氟硼酸铵（TE-ABF₄）、三乙基甲基四氟硼酸铵（TEMABF₄）、三甲基丙基铵四氟硼酸盐（TMPABF₄）和二乙基二甲基铵四氟硼酸盐（DEDMABF₄）等不同的盐来研究阳离子的尺寸对于双电层超级电容器的比电容的影响。这些盐具有不同的碳链结构，同时具有不同的阳离子尺寸。研究发现，电解液中季铵盐阳离子的尺寸越小，组装而成的双电层超级电容器的比电容越大。近期，Park 等学者[19]研究了由最小的烷基季铵盐阳离子——四甲基铵离子和四氟硼酸根阴离子组合而成的新型季铵盐的电化学特性，并且将这种含有最小阳离子的季铵盐应用于双电层超级电容器之中。实验发现，这种烷基季铵盐能够显著提高双电层超级电容器的容量。这可能是因为四甲基四氟硼酸铵（TMABF₄）的阳离子尺寸小，能够进入活性炭电极材料中的其他较大阳离子无法进入的微孔之中，从而提高了电极材料的表面利用效率，提高了电极表面的离子密度，进而提升了整个双电层超级电容器的容量，如图 6-8 所示。

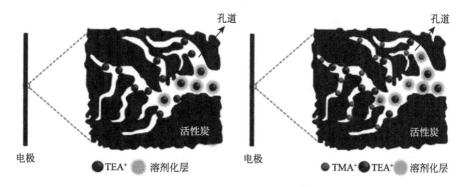

图 6-8　TMABF₄ 电解液工作示意图

　　但是，由于 TMABF₄ 的阳离子结构具有高度对称性，因此在有机溶剂中的溶解度不大，必须与其他的电解质结合使用，不能单独用于配制双电层超级电容器的电解液。所以，研究者将 TMABF₄ 分别和其他五种季铵盐一起配置为总浓度为 1mol·L^{-1} 的 AN 电解液，TMABF₄ 的添加量为 $4\% \sim 5\%$（摩尔比）。其他五种季铵盐结构如图 6-9 所示。

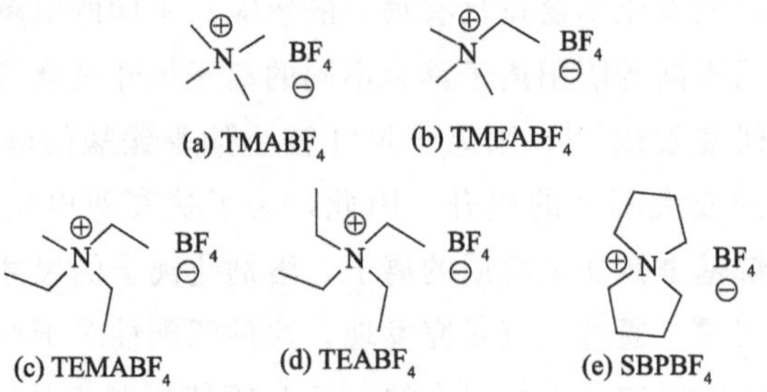

图 6-9　季铵盐结构

配制得到的电解液中以 $0.96mol \cdot L^{-1}$ TEABF$_4$ 和 $0.04mol \cdot L^{-1}$ 的 TMABF$_4$ 电解液的电导率最高，室温下为 $56.4mS \cdot cm^{-1}$。总体来说，配制好的电解液的电导率在室温情况下相差不大。

将配制好的电解液分别组装为双电层超级电容器，在电压为 3.0V、电流密度为 $10A \cdot g^{-1}$ 的条件下进行充/放电测试。通过充/放电测试发现，添加 TMABF$_4$ 的混合电解液所组成的双电层超级电容器的比容量要比传统商用电解液组装而成的双电层超级电容器的容量高 12%～13%。并且随着电流密度的增加，这种增长效果会越来越显著，而且 TMABF$_4$ 能够明显降低双电层超级电容器在放电过程中所产生的电压降。因此，TMABF$_4$ 在双电层超级电容器中的应用前景十分广阔。Yokoyama 等[20]通过实验发现，超级电容器的电容也受到电解质盐阴离子的影响，而且电容按照 $PF_6^- > BF_4^- > ClO_4^-$（阳离子为四乙基铵离子，有机溶剂为 PC-DMC 混合溶剂）的顺序依次减小。由此可见，六氟磷酸根阴离子在研究的这些阴离子中是最稳定的，而且具有最大的电容。

综上所述，通过研究一些常见电解质盐在不同的有机溶剂中的电导率发现，电导率一般按照阳离子 $TEA^+ > Pr_4N^+ > Bu_4N^+ > Li^+ > Me_4N^+$ 的顺序递减，按照阴离子 $BF_4^- > PF_6^- > ClO_4^- > CF_3SO_3^-$ 的顺序递减[21]。电解质盐对电解液的电化学窗口也有很大的影响[22]，在 EC 和 DMC 混合溶剂中，不同阳离子的电解质盐在活性炭电极的超级电容器中的电化学窗口按照 $Pr_3MeN^+ > Et_4N^+ > Bu_3MeN^+ > Et_3MeN^+ > Pr_2MeEtN^+ > Me_3EtN^+ > Bu_3MeP^+ > Et_3MeP^+$ 的顺序递减，而不同的阴离子在玻碳电极上按照 $AsF_6^- \approx BF_4^- > Tf^- \approx Im^-$ 的顺序递减。

由于双电层超级电容器在实际的应用中常常需要在较大的温度范围内保持正常的运作（$-70 \sim -30℃$）。因此，在低温下的溶解性就显得尤为重要。通过前面的介绍我们知道，电解液的电导率受到许多诸如电解质盐浓度、电解质盐在有机溶剂中的电离度、电离出离子的迁移性、有机溶剂的类型以及温度等因素的影响。通常来说，许多水系电解液中的电解质盐具有很高的电离度（接近1），而在有机电解液中的电解质盐的电离度就比水系电解液中的小很多。因此，电解质盐在有机溶剂中的溶解性一般都比较低，进而导致有机电解液的电导率不高。

烷基季铵盐类电解质盐由于其物理、化学和电化学稳定性较好，电化学窗口宽泛，在有机溶剂中溶解性较好等诸多优点，成为当今研究双电层超级电容器电解液的研究课题中最受关注的方向。虽然烷基季铵盐具有许多卓越的性能，但是仍存在不能耐受更大的电压、在特定溶剂中溶解性有限、配置成的电解液在低温条件下的电导率无法满足商业要求、在高温条件下容易降解、合成制备工艺复杂、使用成本高等缺陷，期待更多的学者和研究者去研究和克服。

6.1.1.2 烷基膦盐类

烷基膦盐的报道相对于烷基季铵盐来说比较少。Kurig等[23]用碳化钛衍生碳材料作为电极测试了一系列烷基膦阳离子电解质盐电解液的双电层超电容性能。研究发现，碳化钛衍生碳材料电极在1mol·L^{-1}四（二乙胺基）膦六氟磷酸盐（TDENPPF$_6$）的AN电解液中能够承受高至3.2V的电压，而且当电压为3.2V时，1mol·L^{-1}的四（二乙胺基）膦六氟磷酸盐（TDENPPF$_6$）的AN电解液的双电层超级电容器具有85F·g^{-1}的比电容、27W·h·kg^{-1}的能量密度，恒流充/放电循环10000次后电容无明显损失。然而，这种电解液相对于TE-ABF$_4$和TEMABF$_4$的AN电解液来说，它的电导率就显得十分低。因此，其等效串联电阻较大，倍率性能和热力学稳定性差，限制了这种电解液的应用。另外，还有很多膦类电解质盐在室温下是液态，是一类离子液体，这方面的内容将在后续章节中介绍。

6.1.1.3 烷基锍盐类

除了季膦盐外还有含硫阳离子电解质盐等，Orita等[24]合成了含硫的阳离子，与四氟硼酸根组合成电解质盐，结果发现其比容量和内阻等性能均优于三乙基甲基铵四氟硼酸盐的PC电解液。但是，遗憾的是含硫有机盐的电化学稳定性差、循环寿命比较短。因此，在实际生产生活中的意义不大，仍然需要科研工作者不断地研究改进。

6.1.1.4 金属盐类

除了有机阳离子外，无机阳离子，譬如锂离子（Li$^+$）、钠离子（Na$^+$）、镁离子（Mg^{2+}）等金属阳离子[25-28]也被学者进行了研究。金属盐类电解质是水系双电层超级电容器中最常用的电解质盐类。在有机电解液中，由于金属盐类溶解度的限制，使得大多数能够应用在水系电解液中的电解质盐都无法应用于有机电解液之中。但是，金属锂盐由于其在有机溶剂中具有较好的溶解性，有很多学者研究了金属锂盐在双电层超级电容器中的应用。

Yu 等[29]利用活性炭作电极，$LiClO_4$ 的 AN 溶液作为电解液，在 $0.5A \cdot g^{-1}$ 的电流和 $-1.25 \sim 1.25V$ 的电压下充/放电，其比能量可达到 $54.46W \cdot h \cdot kg^{-1}$。张宝宏等[30]也探究了 $1mol \cdot L^{-1}$ $LiClO_4$ 的 AN 电解液和 $1mol \cdot L^{-1}$ 的 PC 电解液以及它们的混合电解液的电化学性能。通过混合制备得到了电导率为 $15.8mS \cdot cm^{-1}$ 的混合电解液。结果发现，将该混合电解液应用于双电层超级电容器中后，在大电流条件下的放电性能和比容量与纯 AN 电解液体系相接近。但是，在循环特性、漏电流和电压保持能力等方面有大幅度的提高。

同烷基季铵盐相比，金属盐类电解质具有价格相对低廉、制备工艺较为简单、得到的产品容易提纯等优点。但是，金属盐类电解质盐在有机溶剂中的溶解度较小，仅有少数的金属盐能够在有机溶剂中达到较大的浓度。此外，限制金属盐类电解质盐发展的最大挑战在于绝大多数的金属盐在较大电压下都会发生氧化还原反应，从而使得电解液成分发生改变。而在很多情况下，这种氧化还原反应是不可逆的，从而使得电解液受到永久性的破坏，带来一系列的性能下降问题和使用安全性问题。因此，金属盐类电解质仍需要我们不断地探究和发展。

6.1.2 有机溶剂

有机溶剂是超级电容器的重要组成部分，对超级电容器的性能有着重大影响。理想的有机溶剂应该具有对电解质盐有良好的溶解性、宽泛的电化学窗口、范围广的工作温度、低黏度以及高安全性（无毒性和不可燃性）等特点。目前，商业化的双电层超级电容器中所使用的溶剂有很多种，最为常用的是 AN 和 PC。除此之外，N,N-二甲基甲酰胺（DMF）、四氢呋喃（THF）、环丁砜（SL）、γ-丁内酯（GBL）、碳酸乙烯酯（EC）也是目前常用的有机溶剂。与 PC 电解液相比，AN 类电解液具有低黏度、低凝固点和高介电常数等特点。通常来说，在相同条件下 AN 类电解液比 PC 类电解液具有更高的电导率。因此，AN 类电解液的等效串联电阻更小，功率密度更高，低温性能更高。然而，由于 AN 的毒性和易燃性的影响，AN 类的超级电容器电解液正在逐步被淘汰[31]。目前，因为 AN 类电解液对环境具有较大的污染性，所以在日本已经禁止 AN 类超级电容器的生产和使用。而 PC 类电解液具有高燃点、低毒性、很宽的电化学窗口、高电导率且不易水解等诸多优点，所以 PC 类电解液被认为是取代 AN 类电解液的较理想溶剂而受到越来越多的学者和研究者的关注[32]。因为 PC 类电解液的电导率普遍比 AN 类电解液小，由此带来的就是

PC 类电解液的功率密度和能量密度都低于 AN 类电解液。当超级电容器在较低温度下运行时，PC 类电解液由于黏度增大，电导率下降很快，导致电容器的功率密度和能量密度急剧下降[21]。另外，不管是 AN 类电解液还是 PC 类电解液的工作电压都限制在 2.5～2.8V。因此，进一步提升电容器的工作电压进而提升超级电容器的能量密度和功率密度具有重大意义。为了克服这一挑战，无数的科研工作者做出了巨大的努力和贡献。

6.1.2.1 单一溶剂

对于单一溶剂来说，田源等[33]利用丙腈作为电解液，与活性炭电极材料组装成超级电容器，通过交流阻抗、循环伏安以及恒流充/放电等测试手段对其电化学性能进行了研究。结果表明，该超级电容器的电化学窗口可以达到 4.7V，超级电容器的单正极比电容可以达到 469.94F·cm^{-2}，并且具有良好的电容特性、可逆性以及循环特性等优点。最近有一些关于 γ-丁内酯（GBL）电解液用于超级电容器中的报道，对比了有关 GBL 类电解液、AN 类电解液和 PC 类电解液在双电层超级电容器中的性能。例如，Ue 等[21]研究发现，在浓度都为 0.65mol·L^{-1} TEABF$_4$ 的 GBL 类电解液和 PC 类电解液中，GBL 类电解液具有比 PC 类电解液更为优异的抗氧化性能。但是同时也发现，较 AN 类电解液来说，GBL 类电解液的黏度较高而电导率较低，最终导致 GBL 类电解液的功率密度要比 AN 类电解液的小。在 Ue 等的研究基础上，Chiba 等[34]发现碳酸丁烯酯比 PC 具有更好的氧化稳定性，并推测碳酸盐五元环上四号位或五号位被烷基取代后可能会提高碳酸酯类的抗氧化性，如图 6-10 所示。

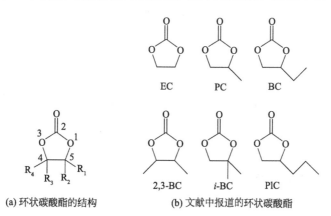

(a) 环状碳酸酯的结构　　(b) 文献中报道的环状碳酸酯

图 6-10　环状碳酸酯类结构

此外，也发现当 2,3-碳酸丁烯酯的四号位或五号位被甲基取代后，得到的产物能够耐受高达 3.5V 的高电压（SBPBF$_4$ 溶液），要比 PC 类电解液的工作电压（2.5～2.7V）要高得多。研究发现[35]，将溶剂上的 C—H 用 C—F 取代之后，溶剂的化学稳定性和电化学稳定性将会得到明显地提升。由于氟原子的高电负性和低极化性使得氟原子取代类溶剂具有优良的化学和电化学稳定性。例如，氟代乙腈（FAN）具有更宽的电化学窗口。但是，1mol·L^{-1} 的 TEABF$_4$ 氟代乙腈溶液的电导率要低于等浓度的 AN 溶液。Francke 等发现，高浓度氟代溶剂如六氟异丙醇（HFIP）具有不可燃的特性。由于其具有高度的电化学稳定性，活性炭电极在六氟异丙醇类电解液中能够稳定耐受 2V 电压而不发生降解。但是，在 AN 类电解液中，活性炭电解在 1.4V 时便会发生降解。虽然六氟异丙醇电解液性能较好，但是其液态范围（－3～59℃）要比 AN 类电解液和 PC 类电解液窄得多，因此限制了它在超级电容器中的应用。

为了能够满足双电层超级电容器对高运行电压的需求，人们又研究开发了许多新型有机溶剂用以配制双电层超级电容器的电解液。其中突出的代表是环丁砜（SL）和二甲基砜（DMS）类电解液。据文献报道[36]，SL 和 DMS 类电解液比碳酸酯类电解液的运行电压要高。但是，SL 的熔点（28.5℃）和黏度都较大，而 PC 的熔点为－49℃，AN 的熔点为－45℃。因此，SL 类电解液的实际应用可能会受到很大的限制。人们为制备一种具有更高运行电压的新型溶剂做了大量的努力。在 2011 年有学者报道了有关线型砜类电解液的研究，其中乙基异丙基砜电解液具有耐受 3.7V 高电压的能力并且能保持较好的循环稳定性而受到了广泛的关注。与此同时也有文献报道了能够耐受 3.0V 以上高电压的环状碳酸酯[37]，尤其是 2,3-碳酸丁烯酯（2,3-BC）电解液由于其卓越的抗氧化性能够耐受高达 3.5V 的高电压。为了降低 SL 类电解液的熔点和黏度，Chiba 等[37]开发了 8 种不同的分子量较小的线性砜类电解液。如图 6-11 所示。

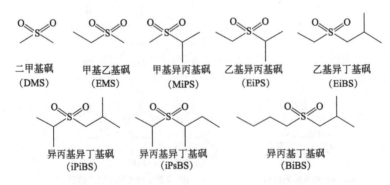

图 6-11　8 种线型砜的结构

研究发现，将 SL 的环状结构打开变成线型结构之后，溶剂的熔点和黏度会发生显著地下降。使用 SBPBF$_4$/乙基异丙基砜电解液组成的双电层超级电容器具有更高的工作电压（3.3～3.7V）。因此，其能量密度比常规的 PC 类电解液的能量密度要高一倍。但是，该电解液的黏度（例如乙基异丙基砜的黏度在室温下高达 5.6MPa）比 PC 类电解液（室温下 2.5MPa）、AN 类电解液（室温下 0.3MPa）要高得多，仍然需要采取有效的方式降低其黏度。Shi[38]研究发现，PC 类电解液的电化学性能受到溶剂组分的影响。在 PC 类电解液中添加 DMC 后，电解液的黏度将会显著减小，而在电解液中添加 EC 后，电解液的电导率会有明显的改善。另外，PC 和 DMC 混合溶剂体系在室温下的电导率不是很高，但是在低温条件下，该体系的电导率相对来说达到很高。当温度降至 -50℃时，PC 和 DMC 混合电解液的双电层超级电容器的比电容能够达到 $92F \cdot g^{-1}$，比电容保留率为 84.6%。当电解液溶剂为 PC/DMC/EC 三元混合体系时，在温度高于冰点的情况下，由于电解液的电导率很大，所以由该电解液组装而成的双电层超级电容器具有很高的倍率性能。所以，能否提升双电层超级电容器的性能主要在于在低温的条件下，电解液的黏度和电导率是否能够维持一个较为理想的状态。

同样地，为了解决 AN 电解液的低闪点和相对较低的电化学稳定性，己二腈（ADN）被应用于双电层超级电容器中[39]。实验发现，用 $0.7 mol \cdot L^{-1}$ TEABF$_4$己二腈作为电解液的双电层超级电容器的工作电压可以高达 3.75V。并且在 3.5V 的电压下循环 35000 次后具有高度的电容保留。但是，由于电解质盐在己二腈中的溶解度不大，使得该电解液同样被低电导率所困扰，在相同浓度下，其电导率远远低于 AN 类的电解液。虽然这些新型电解液能够显著地提升工作电压，但是，它们较大的黏度和低电导率，尤其是在室温下黏度很大而电导率很小时，大大降低了双电层超级电容器的功率性能[40]。

综上所述，目前来说尚未发现可以在黏度、电导率、热力学稳定性等有关储能性能方面的完全替代商用溶剂的理想单一溶剂。尽管很多溶剂具有更为宽泛的电化学窗口，但是，通常它们都无法替代实际应用中 AN 类和 PC 类电解液的地位。

6.1.2.2　混合溶剂

为了克服单一溶剂难以克服的困境，人们很早就开始着手研究多重溶剂混合体系。由上面的介绍我们知道，尽管 PC 类电解液被视为是 AN 类电解液的极具发展潜力的取代者，但是，它仍然面临着黏度、电导率和热力学稳定性等方面的挑战。为了解决这些问题，大量的学者对 PC 类电解液进行了改善，而研究工作的重点主要集中在发展 PC 混合类电解液方面。例如碳酸丙烯酯/三亚甲基碳酸酯（PC/TMC）、碳酸丙烯酯/碳酸乙烯酯（PC/EC）和碳酸丙烯酯/氟代碳酸乙烯酯（PC/FEC）等混合体系[41,42]。

Galiński 等[43]发现浓度为 $1 mol \cdot L^{-1}$ 的 TEABF$_4$ 的 AN 电解液的离子电导

率为 0.06S·cm^{-1}，明显低于质量分数为 30％的硫酸电解液（0.73S·cm^{-1}）。因此，有效地降低有机电解液的黏度提高电解液的导电性也是当前研究的重点。Yu 等[44]研究发现单一 PC 溶剂体系电解液的黏度大，当添加低黏度溶剂 DMC 时，二元溶剂体系电解液的黏度明显降低，导电性增加。另外，碳酸乙烯酯（EC）具有高介电常数和较高的黏度，被加入二元体系中所形成的三元混合电解液具有最高的导电性，能够满足高工作电压的需求。Shi 等[38]发现，在较宽的温度范围内，三元溶剂体系（PC+DMC+EC）的电导率最高，其次是二元体系和单一溶剂体系。

事实上，混合溶剂电解液首先是在锂离子电池电解液中兴起的。随后，在双电层超级电容器的研究中也引起了广泛的关注。在双电层超级电容器电解液的研究中，基于碳酸酯类（碳酸丙烯酯 PC、碳酸乙烯酯 EC、碳酸二甲酯 DMC、碳酸二乙酯 DEC、碳酸甲乙酯等 EMC）和有机酯类（甲酸甲酯 MF、甲酸乙酯 MA、乙酸乙酯 EA）等的二元、三元甚至是四元体系的混合电解液被大量地研究。各种不同组成的混合电解液具有各不相同的介电常数、黏度、熔点和偶极等性质。通过改变混合溶剂中各组分的比例可以调制出具有不同溶解性和电导率的电解液。值得注意的是，当组分中引入甲酸乙酯或乙酸乙酯等有机酯类时，由于其着火点较低、挥发性较大，使用时尤其要注意安全的问题。为解决该问题，Perricone 等[12]通过在有机酯类的结构中引入甲氧基和含氟基团来提高有机酯类的着火点，降低溶剂的挥发性，从而提高了电解液的安全性能。

由于双电层超级电容器电解液使用的溶剂存在凝固点，低于溶剂的凝固点时，双电层超级电容器的性能将会迅速衰减。常用的 AN 溶剂体系和 PC 溶剂体系组装的双电层超级电容器的最低工作温度分别为−45℃和−25℃。这些现象限制了 AN 和 PC 类电解液在更低温度下的应用。为了拓宽双电层超级电容器的低温应用范围，就需要开发新的低温电解液体系。为此，许多科研工作者做了无数的努力和尝试。Jänes 等[45]将乙酸甲酯（MA）、乙酸乙酯（EA）和甲酸甲酯（MF）有机溶剂加入到 TEABF$_4$/EC 中，得到的混合溶剂电解液在低温下的电导率比单一 PC 电解液的电导率要高。将低黏度和中等介电常数的甲氧基丙腈（MP）溶剂加入到碳酸乙烯酯（EC）和乙酸乙酯（EA）的混合溶剂中，在 2.3V 的电压下，当使用 SBPBF$_4$ 的 EC 和乙酸乙酯混合电解液在−25℃下具有 5.2mS·cm^{-1} 的电导率并且电容器的循环寿命得以提升。这些实例都证实了 SBPBF$_4$ 在不同溶剂中都具有譬如电容量大、使用温度范围广和循环性能优异等电化学特性。在 2010 年，NASA 技术简介报道了一种以 AN 和 1,3-二氧戊环为混合溶剂的 TEABF$_4$ 电解液能够耐受−85.7℃低温的电解液。

以该电解液组装而成的超级电容器在很宽的温度范围内都可以显示出高度线性放电曲线[46-48]。

尽管 AN 类电解液具有毒性，但是对 AN 类混合电解液的研究仍旧火热。研究主要集中在提高混合电解液的工作电压和拓宽 AN 类电解液的低温范围。Ding 等发现，将 γ-丁内酯（GBL）作为添加剂引入 AN 类电解液中时，能够明显地拓宽电解液的液相范围。同时，随着 GBL 的添加量增加，电解液的抗氧化能力越来越强。为了克服 AN 类双电层超级电容器在低温条件下的限制，Brandon 等将一些低熔点溶剂（酯类或环醚）添加到 AN 电解液中。结果发现，混合电解液即使是在 −75℃ 下仍然可以进行良好的充/放电。

Nono 等[49]研究发现以微孔活性炭为电极，在 0～2.7V 进行循环伏安扫描，SBPBF$_4$ 的 PC 电解液的比容量要略高于 TEABF$_4$ 的 PC 电解液。Cheng 等[50]研究了 AN 和碳酸二丁酯（DBC）混合溶剂的 SBPBF$_4$ 电解液在超低温度下的性质，通过研究，成功地将双电层超级电容器的低温使用范围拓宽了 20℃（由 −60～−40℃）。通过调节碳酸二丁酯的添加量，能够调节电解液的电导率，从而有效地降低了双电层超级电容器的等效串联电阻。在 −60℃ 的低温条件和 5A·g^{-1} 的充/放电电流下，该超级电容器具有很好的充/放电性能和倍率性能。含有 20% 碳酸二丁酯的电解液的放电电容高达 92F·g^{-1}（是常温条件下电容量的 80%），而且功率密度和能量密度分别能够达到 5796W·kg^{-1} 和 63W·h·kg^{-1}。在 −60℃ 的低温和 2.5A·g^{-1} 的高电流密度的条件下，该双电层超级电容器充/放电 10000 次后仍可以保持高达 95F·g^{-1} 的电容量（约为室温下电容量的 83%），表现出卓越的循环稳定性能。表 6-3 所示为双电层超级电容器常见有机溶剂的性能参数。

表 6-3　双电层超级电容器常见有机溶剂的性能参数[1,51]（0.65mol·L^{-1} TEABF$_4$，25℃）

溶剂	结构	ε_r	η/mPa·s	bp/℃	mp/℃	M_w	δ /mS·cm^{-1}	E_{red}	E_{ox} (vs. SCE) /V
碳酸丙烯酯 (PC)		65	2.5	242	−49	102	10.6	−3.0	3.6
碳酸丁烯酯 (BC)		53	3.2	240	−53	116	7.5	−3.0	4.2
γ-丁内酯 (GBL)		42	1.7	204	44	86	14.3	−3.0	5.2

溶剂	结构	ε_r	η/mPa·s	bp/℃	mp/℃	M_w	δ/mS·cm^{-1}	E_{red}	E_{ox} (vs. SCE) /V
γ-戊内酯 (GVL)		34	2.0	208	−31	100	10.3	−3.0	5.2
乙腈 (AN)		36	0.3	82	−49	41	49.6	−2.8	3.3
丙腈 (PN)		26	0.5	97	−93	55	不溶	—	—
戊二腈 (GLN)		37	5.3	286	−29	94	5.7	−2.8	5.0
己二腈 (ADN)		30	6.0	295	2	108	4.3	−2.9	5.2
甲氧基乙腈 (MAN)		21	0.7	120	−35	71	21.3	−2.7	3.0
3-甲氧基丙腈 (MP)		36	1.1	165	−57	85	15.8	−2.7	3.1
N,N-二甲基甲酰胺 (DMF)		37	0.8	153	−61	73	22.8	−3.0	1.6
N,N-二甲基乙酰胺 (DMA)		38	0.9	166	−20	87	15.7	—	—
N-甲基吡咯烷酮 (NMP)		32	1.7	202	−24	99	8.9	—	—
N-甲基噁唑烷酮 (NMO)		78	2.5	270	15	101	10.7	−3.0	1.7
N,N'-二甲基咪唑烷酮 (DMI)		38	1.9	226	8	114	7.0	−3.0	1.2
硝基甲烷 (NM)		38	0.6	101	−29	61	33.8	−1.2	2.7

溶剂	结构	ε_r	η/mPa·s	bp/℃	mp/℃	M_w	δ/mS·cm⁻¹	E_{red}	E_{ox}(vs. SCE)/V
硝基乙烷(NE)		28	0.7	115	−90	75	22.1	−1.3	3.2
环丁砜(SL)		43	10.0(30℃)	287	28	120	2.9	−3.1	3.3
3-甲基环丁砜(3MS)		29	11.7	276	6	134	不溶	—	—
二甲基亚砜(DMSO)		47	2.0	189	19	78	13.9	−2.9	1.5
磷酸三甲酯(TMP)		21	2.2	197	−46	140	8.1	−2.9	3.5

注：ε_r，相对介电常数；η，黏度；bp，沸点；mp，熔点；M_w，分子量；δ，电导率；E_{red}，还原电位；E_{ox}，氧化电位（玻碳电极作为工作电极）。

Naoi 等[36]报道了以 PC 和 DMC 混合溶剂的电解液能够耐受较大的电压，同时也研究了 AN 和线性碳酸酯电解液耐受大电压的情况。研究发现，由于 AN 和线性碳酸酯类溶剂的电化学稳定性较差，所以 AN 和线性碳酸酯类电解液无法耐受超过 3.0V 的电压。对于通常的 AN 或 PC 基双电层超级电容器来说，当工作电压超过 2.7V 时可能会造成活性炭电极表面发生的电解液分解和杂质反应和不可逆反应。这些反应都可能会产生气体或者在电极表面产生薄膜。有学者[52]利用 PC 基电解液研究了其气体发生过程。

当该装置工作电压为 3.0V 时，研究者发现在装置的正极产生了一氧化碳和二氧化碳等气体，而负极则生成了氢气和其他诸如丙烯、二氧化碳和一氧化碳等气体[53]。因此，仍然需要开发新型的耐电压的有机溶剂或者改进 PC 类电解液，以期望获得更好性能的双电层超级电容器。

在实际生产生活中，对于储能装置不仅仅要求在常温或低温条件下能够有很好的性能，在很多情况下，也需要超级电容器能够在高温等极端环境中正常运行，如图 6-12 所示。

因此，在高温的极端条件下超级电容器的安全性和高温稳定性以及功率密

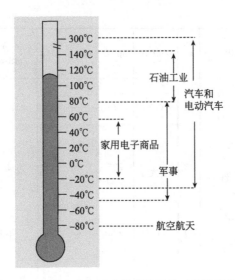

图 6-12　实际生产生活中储能装置的工作温度范围

度、能量密度等特性对于其安全的输出功率和其较长的使用寿命有着重要的作用。但是，一般来说，当温度很高时，超级电容器就会迅速老化，发生诸如电解液分解、电极崩解、甚至是着火燃烧等现象，这在实际应用中无疑是非常危险的。在现实生活中，有很多关于电池、电容器因为运行时间长，散热差，或者是在高温条件下发生爆炸、着火的事件。因此，超级电容器在高温条件下能够安全工作是十分重要的。为此吸引了无数学者和研究者对超级电容器在高温以及从低温到高温的变化环境中的性能的研究。所以，很多学者为超级电容器的设计、组装、评估和超级电容器的热失控以及老化做出了许多贡献。在高温条件下，超级电容器能够正常地运行，与其电极、电解液和两者之间的相互作用等因素有着密切的联系。其中，电解液能够耐受高温条件是超级电容器能否在高温条件下正常运行的关键因素。在开发和发展具有较宽而且较高的运行温度范围（40～300℃）的电解液仍旧面临这巨大的挑战。因为高温条件下，超级电容器的受热和机械振动都会导致电极和电解液在结构上发生变化，即电极发生崩解坍塌、电解液发生分解、电极和电解液相互之间发生化学反应，这些现象都是我们不希望看到的。

　　通常来说，工程师们主要利用冷却系统来解决电池、超级电容器、燃料电池等储能设备在高温下的运行问题。虽然通过目前的冷却技术能够使超级电容器较好地进行工作，拓宽了超级电容器在实际应用中的适用温度范围，但是由高温带来的安全问题仍然无法在根本上得到解决。另外，当大型的电池组或超级电容器组工作时，控温系统将面临着巨大的挑战，稍有不慎便会发生无可挽回的后果。因此，从根本上解决超级电容器高温下运行的问题是非常有意义的。目前，针对高温的超级电容器电解液的研究还很少，大多数关于高温的电解液的报道是关于锂离子电池、燃料电池等储能装置。但是，随着科技的进步、时代的发展，人们也将目光集中在研究高温超级电容器的方面上来。而且，超级电容器的电解液通常由电解质盐和有机溶剂组成。所以，与锂离子电池电解液和燃料电池电解液相类似，可以借鉴它们的高温电解液的工作原理以及研究成果和经验来解决超级电容器电解液的耐高温的问题。超级电容器电解液中常用的有机溶剂 AN 的沸点为 82℃，所以，当温度升至接近或超过 82℃时，溶剂就会开始蒸发气化，由此，装置内部的气压会急剧上升。另外，线性的碳酸酯类有机溶剂的闪点通常都低于 30℃，在装置运行时很可能会因为短路等发生着火燃烧，这在实际应用时是非常危险的[54]。

常见的碳酸酯类溶剂的物理以及化学性质在表 6-4 中列出[55]，从表中可以看出，GBL 溶剂具有较高的沸点和闪点，能够耐受较高的温度。通过差示扫描量热法（DSC）测试发现，在温度高达 200℃时，GBL 才发生一些轻微的放热反应，由此可见其稳定性。虽然，碳酸酯类的有机溶剂在室温下具有很好的性能，但是，当温度由室温升至高温时，碳酸酯类溶剂就会表现出不稳定性，这限制了碳酸酯类溶剂在高温领域的应用。因此，为了使超级电容器在高温条件下能够拥有很好的性能。离子液体类电解液无疑是超级电容器的较好的电解液。有关于离子液体类电解液的内容，我们将会在下面的章节中详细介绍。

表 6-4　常见的碳酸酯类溶剂的物理以及化学性质

名称	结构	M_w	$T_m/℃$	$T_b/℃$	$\eta(℃)$ /mPa·s	ε (25℃)	瞬间偶极 (Debye)	T_f /℃	$d(25℃)$ /g·mL^{-1}
碳酸乙烯酯 (EC)		88	36.4	248	1.90 (40℃)	89.78	4.61	160	1.321
碳酸丙烯酯 (PC)		102	−48.8	242	2.53	64.92	4.81	132	1.200
碳酸二甲酯 (DMC)		90	4.6	91	0.59 (20℃)	3.107	0.76	18	1.063
碳酸二乙酯 (DEC)		118	−74.3	126	0.75	2.805	0.96	31	0.969
碳酸甲乙酯 (EMC)		104	−53	110	0.65	2.958	0.89	27	1.006

名称	结构	M_w	T_m/℃	T_b/℃	$\eta(℃)$/mPa·s	ε(25℃)	瞬间偶极(Debye)	T_f/℃	d(25℃)/g·mL^{-1}
γ-丁内酯(GBL)		86	-43.5	204	1.73	39	4.23	97	1.199

注：M_w：分子量；T_m：熔点；T_b：沸点；η：黏度；ε（25℃）：介电常数；T_f：着火点；d：密度。

6.1.3 添加剂

超级电容器电解液的添加剂较少，相关研究也不多。近年来，随着市场对超级电容器能量密度和安全性等提出了更高的要求，人们开始尝试向电解液中加入添加剂。这是除了改进电解质盐和有机溶剂外的提高超级电容器的性能的一种有效的方法。主要的添加剂有氧化还原添加剂和电活性材料等物质。通过添加添加剂可以使超级电容器能量密度和电容得到较大的提升。目前，通过添加功能性添加剂可以使超级电容器的能量密度与电池相媲美。此外，加入某些添加剂后可以使电解液的安全性得以提升。

例如，有学者[56,57]研究了由多微孔碳化钛衍生碳（TiC-CDC）和 1.0mol·L^{-1} TEMABF$_4$ 的 PC 电解液同时添加亚硫酸二乙酯和 1,3-亚硫酸丙烯酯等添加剂后组成的双电层超级电容器的电化学特征。这些添加剂也常作锂离子二次电池的添加剂。实验结果表明，亚硫酸二乙酯和亚硫酸丙烯酯添加剂能够明显改善 PC 的黏度和电导率等性能，对双电层超级电容器的电容、能量密度和功率密度等参数有着重要的影响[58,59]。

在双电层超级电容器的 1.5mol·L^{-1} 的 TEABF$_4$ 的 AN 电解液中添加过氧化锂 Li$_2$O$_2$ 后发现，电解液的电化学窗口能够增至 4.0V，电容器的比电容得以提升。另外，有学者研究了碳酸酯[59]［碳酸乙烯酯（EC）、碳酸二乙酯（DEC）、碳酸二甲酯（DMC）］和亚硫酸酯［亚硫酸二乙酯（DES）和亚硫酸丙烯酯（PS）］作为 PC 类电解液的添加剂或者混合溶剂组分[60]。在 PC 电解液中添加亚硫酸二乙酯（DES）或者亚硫酸丙烯酯（PS）能够显著降低电解液体系的黏度，同时提高电解液的电导率，因此使得容量、时间参数和功率密度、能量密度都得以提升。

另一种添加剂 1,3,5-三氟苯（TFB）能够提升 BF$_4^-$ 的迁移性，增强了锂离子电容器的比容量[61]。在商用的 1.0mol·L^{-1} LiPF$_6$/EC+DMC 电解液中添加氟代磷酸后能够在锂离子电容器的电极表面上以原位形成的方式形成一层稳定的电解液膜（SEI）[62]，拓宽了运行电压范围（1.2～4.8V）。研究人员[29,63]

将对苯二胺作为氧化还原添加剂加入 $LiClO_4/AN$ 电解液中,当对苯二胺浓度为 $0.05mol \cdot L^{-1}$ 时,超级电容器的能量密度由 $18W \cdot h \cdot g^{-1}$ 增加到 $54W \cdot h \cdot g^{-1}$,比容量由 $25F \cdot g^{-1}$ 增加到 $69F \cdot g^{-1}$,性能得到明显提升。Janes 等[59]将氟原子替代 EC 上的氢原子,得到了氟代碳酸乙烯酯(FEC),并将其作为添加剂与 PC 混合后作为电解液可减小毒性,提高了超级电容器的安全性。为使超级电容器电极和电解质能够充分接触,可在电解液中添加疏水基团中含有一种或几种碳氟键、碳硅键和碳氧键的表面活性剂,增加电解液对电极材料的浸润性,提高电极材料的利用率[64]。

6.2 赝电容超级电容器有机电解液

双电层超级电容器通常具有很高的功率密度,很好的倍率充/放电性能以及很长的循环寿命,但是其比容量仍然在一个较低的水平(一般在水系电解液中 $<300F \cdot g^{-1}$,有机电解液中 $<100F \cdot g^{-1}$)。为了进一步提高超级电容器的能量密度,继双电层超级电容器之后,人们又发展了赝电容超级电容器。赝电容也称为法拉第准电容,是在电极表面或体相中的二维或准二维空间上电活性物质进行欠电位沉积,发生高度可逆的化学吸附、脱附或氧化还原反应,产生和电极充电电位有关的电容。赝电容不仅在电极表面,而且可以在电极内部产生,同时又不像锂离子电池那样将锂离子嵌入到电极材料的晶格中,因而既可以获得比双电层电容器更高的电容量和能量密度又可以获得比锂离子电池更高的功率密度和倍率充/放电性能。在相同的电极下,赝电容可以是双电层电容量的 $10 \sim 100$ 倍[65]。

我们也可以将有机电解液和金属氧化物、导电聚合物和复合材料等电极材料组合在一起,便可以得到赝电容超级电容器。为了使电解液离子能够更好地在电极材料中嵌入和脱嵌,大多数赝电容超级电容器的有机电解液都含有锂离子。因为锂离子的离子尺寸很小,能够更好地在电极材料中嵌入和脱嵌。

据文献报道,$LiClO_4$ 和 $LiPF_6$ 是赝电容超级电容器中最常用的电解液[66]。常用的有机溶剂有 PC、AN 或不同溶剂的混合体系,例如碳酸乙烯酯-碳酸二乙酯(EC-DEC)[67,68]、碳酸乙烯酯-碳酸二甲酯(EC-DMC)、碳酸乙烯酯-碳酸甲乙酯(EC-EMC)、碳酸乙烯酯-碳酸二甲酯-碳酸甲乙酯(EC-DMC-EMC)和碳酸乙烯酯-碳酸二甲酯-碳酸二乙酯(EC-DMC-DEC)[69]。事实上,这些电解液都是锂离子电池常用的有机电解液。对于导电聚合物来说,虽然它具有廉价、质量轻、容易加工、机械柔性和相对较快的嵌入/脱嵌过程等诸多优点,被认为是赝电容很具发展潜力的电解材料。但是,它们在有机电解液中的循环稳定性特别差，可能是由于有机溶剂中存在极少量的水杂质而造成的。因此，在赝电容超级电容器电解液的选择过程中，必须要考虑电解液与导电聚合物的相容性，从而提高赝电容超级电容器的循环稳定性。

赝电容超级电容器虽然具有相对于双电层超级电容器来说更高的理论比电容，是很有发展潜力的一种储能装置。但是，目前的赝电容超级电容器还存在着生产成本高、电极材料利用率低、倍率性能差以及循环稳定性差等诸多问题，急需学者和科研工作者们进一步研究和解决。

6.3 混合型超级电容器有机电解液

为了提高装置的能量密度，有机系混合型超级电容器也受到了人们的广泛关注。自 Amatucci 等[70]研究了有机系混合型超级电容器之后，许多混合型超级电容器的有机电解液，例如石墨/活性炭（$1.5mol \cdot L^{-1}$ TEMABF$_4$/PC 电解液）[71]、碳/二氧化钛（$1mol \cdot L^{-1}$ LiPF$_6$/EC 和 DMC 混合电解液）[72]、碳/五氧化二钒（$1mol \cdot L^{-1}$双三氟甲磺酰亚胺锂/AN 电解液）[73]、碳/钛酸锂（$1mol \cdot L^{-1}$ LiPF$_6$、EC 和 DEC 混合电解）[74]和碳/导电聚合物（$1mol \cdot L^{-1}$ TEMABF$_4$/PC 电解液）等不断涌现出来[75]。尽管有机系混合型超级电容器的比电容要低于水系混合型超级电容器，但是，由于有机电解液具有更宽的运行电压范围，所以有机系混合型超级电容器具有更高的能量密度（通常为 $30W \cdot h \cdot kg^{-1}$），比水系的混合型超级电容器的能量密度要高很多。在这些混合型超级电容器中，最吸引大众目光的是锂离子电容器（LIC）。典型的锂离子电容器是将锂离子电池型负极和双电层超级电容器型正极使用含锂离子的有机电解液组装而成的，又称为电容电池。在锂离子电容器中使用单一溶剂的电解液十分罕见，通常都是使用多种溶剂混合来充当电解液的。锂离子电容器通常能够达到高至 4.0V 的工作电压，因此具有更高的能量密度（$>30W \cdot h \cdot kg^{-1}$）。由于锂离子能够在有机电解液中形成比在水中半径更小的溶剂化离子，因此，由 LiClO$_4$ 或 LiPF$_6$ 和碳酸酯类有机溶剂组成的电解液被广泛地应用于锂离子电容器中[36]。在之前关于锂离子电容器工作原理的研究中，人们发现，4.3V 和 1.5V 分别是影响锂离子电容器阴、阳两电极的重要电压界限。在锂离子超级电容器中，典型的电极体系 AC/$1.0mol \cdot L^{-1}$ LiClO$_4$-AN/LiMn$_2$O$_4$ 的锂离子电容器的能量密度为 $45W \cdot h \cdot kg^{-1}$，功率密度为 $0.03kW \cdot kg^{-1}$[76]。另外，有学者[77]用 $1.0mol \cdot L^{-1}$ LiBF$_6$/EC+DMC 电解液，LiNi$_{0.5}$Mn$_{1.5}$O$_4$（LMNO）作为正极材料组装为锂离子电容器后发现，该装置在 $1.0 \sim 3.0V$ 时表现出高达 $56W \cdot h \cdot kg^{-1}$ 的高能量密度，而且在经过 1000 次循环后仍然能够具有 95% 的电容保留。由硬碳（HC）/

$1.3\text{mol}\cdot\text{L}^{-1}$ LiPF$_6$/EC-DEC-PC/AC组成的锂离子电容器具有 $82\text{W}\cdot\text{h}\cdot\text{kg}^{-1}$ 的能量密度。而 $1.0\text{mol}\cdot\text{L}^{-1}$ LiPF$_6$ 的[78]EC＋DMC（1∶1 的体积比）在 $1.5\sim4.5\text{V}$ 的电压条件下，具有高达 $103.8\text{W}\cdot\text{h}\cdot\text{kg}^{-1}$ 的能量密度，在循环 10000 次后具有 85％的容量保留。

另外，将烷基季铵盐的 PC 电解液应用于锂离子电容器的研究也有报道[79]。研究表明，该类电解液中的季铵盐阳离子的尺寸大小对于锂离子电容器的性能有着至关重要的影响。虽然通过改变电解液的组分能够显著提升锂离子电容器的各项性能，但是，使用锂盐电解液的锂离子电容器在低温下的性质仍然无法满足商用的需求[80]。此外，电解液电导率低和电池型石墨负极带来的低比电容等问题仍然是摆在研究和学者面前的一座大山。因此，今后应该着力研究出能够克服这些挑战的新型锂离子电容器电解液。

事实上，文献中报道的锂离子电容器电解液与锂离子电池电解液几乎是完全一样的[81]。关于锂离子电容器的报道大多数是关于锂离子电容器电极材料的报道，而关于锂离子电容器电解液的报道十分有限。同 AN 类电解液不同，锂离子电容器的碳酸酯类电解液对低温十分敏感，低于零度时其能量密度和功率密度就会急剧下降。同时，锂离子电容器由于其锂离子电池型正极的限制，使得其电容相对较低。关于电容电池电解液的研究仍处于摸索阶段，仍然存在许多急需解决的问题。

参 考 文 献

[1] ZHONG C, DENG Y, HU W, et al. A review of electrolyte materials and compositions for electrochemical supercapacitors[J]. Chemical Society Reviews, 2015, 44(21): 7484-7539.

[2] LEWANDOWSKI A, OLEJNICZAK A, GALINSKI M, et al. Performance of carbon-carbon supercapacitors based on organic, aqueous and ionic liquid electrolytes[J]. Journal of Power Sources, 2010, 195(17): 5814-5819.

[3] BEGUIN F, PRESSER V, BALDUCCI A, et al. Carbons and electrolytes for advanced supercapacitors[J]. Advanced materials, 2014, 26(14): 2219-2251.

[4] UE M. Conductivities and ion association of quaternary ammonium tetrafluoroborates in propylene carbonate[J]. Electrochimica Acta, 1994, 39(13): 2083-2087.

[5] UE M, TAKEDA M, TAKEHARA M, et al. Electrochemical properties of quaternary ammonium salts for electrochemical capacitors[J]. Journal of The Electrochemical Society, 1997, 144(8): 2684-2688.

[6] UE M. Chemical capacitors and quaternary ammonium salts[J]. Electrochemistry, 2007, 75(8): 565-572.

[7] GE X, GU C, WANG X, et al. Deep eutectic Solvents(DESs)-derived advanced functioal materials for energy and environmental applications: Challenges, opportunities, and future rision[J]. Journal of

materials Chemistry A, 2017, 5(18): 8209-8229.

[8] UE M, TAKEHARA M, TAKEDA M. Triethylmethylammonium tetrafluoroborate as a highly soluble supporting electrolyte salt for electrochemical capacitors[J]. Denki Kagaku oyobi Kogyo Butsuri Kagaku, 1997, 65(11): 969-971.

[9] XIA L, YU L, HU D, et al. Electrolytes for electrochemical energy storage[J]. Materials Chemistry Frontiers, 2017, 1(4): 584-618.

[10] LAI Y, CHEN X, ZHANG Z, et al. Tetraethylammonium difluoro(oxalato)borate as electrolyte salt for electrochemical double-layer capacitors[J]. Electrochimica Acta, 2011, 56(18): 6426-6430.

[11] YU X, RUAN D, WU C, et al. Spiro-(1,1')-bipyrrolidinium tetrafluoroborate salt as high voltage electrolyte for electric double layer capacitors[J]. Journal of Power Sources, 2014, 265: 309-316.

[12] PRRRICONE E, CHAMAS M, LEPRETRE J C, et al. Safe and performant electrolytes for supercapacitor. Investigation of esters/carbonate mixtures[J]. Journal of Power Sources, 2013, 239: 217-224.

[13] IVANOVA S, LAGUNA O H, CENTENO M A, et al. Microprocess technology for hydrogen purification[J]. Renewable Hydrogen Technologies, 2013, 10: 225-243.

[14] CHIBA K, UEDA T, YAMAMOTO H. Performance of electrolyte composed of spiro-type quaternary ammonium salt and electric double-layer capacitor using it[J]. Electrochemistry, 2007, 75(8): 664-667.

[15] ZHOU H, SUN W, LI J. Preparation of spiro-type quaternary ammonium salt via economical and efficient synthetic route as electrolyte for electric double-layer capacitor[J]. Journal of Central South University, 2015, 22(7): 2435-2439.

[16] KORENBLIT Y, KAJDOS A, West W C, et al. In situ studies of ion transport in microporous supercapacitor electrodes at ultralow temperatures[J]. Advanced Functional Materials, 2012, 22 (8): 1655-1662.

[17] CAI K D, MU W F, ZHANG Q G, et al. Study on the application of N,N'-1,4-diethyl, triethylene, and diamine tetrafluoroborate in supercapacitors[J]. Electrochemical and Solid-State Letters, 2010, 13(11): A147-A149.

[18] KURZWIEL P, CHWISTEK M. Electrochemical stability of organic electrolytes in supercapacitors: Spectroscopy and gas analysis of decomposition products[J]. Journal of Power Sources, 2008, 176 (2): 555-567.

[19] PARK S, KIM K. Tetramethylammonium tetrafluoroborate: The smallest quaternary ammonium tetrafluoroborate salt for use in electrochemical double layer capacitors[J]. Journal of Power Sources, 2017, 338: 129-135.

[20] YOKOYAMA Y, SHIMOSAKA N, MATSUMOTO H, et al. Effects of supporting electrolyte on the storage capacity of hybrid capacitors using graphitic and activated carbon[J]. Electrochemical and Solid-State Letters, 2008, 11(5): A72-A75.

[21] UE M, IDA K, MORI S. Electrochemical Properties of Organic Liquid Electrolytes Based on Quaternary Onium Salts for Electrical Double-Layer Capacitors[J]. Journal of the Electrochemical Society, 1994, 141(11): 2989-2996.

[22] XU K, DING M S, JOW T R. Quaternary onium salts as nonaqueous electrolytes for electrochemical capacitors[J]. Journal of the Electrochemical Society, 2001, 148(3): A267-A274.

[23] KURIG H, JANES A, LUST E. Substituted phosphonium cation based electrolytes for nonaqueous electrical double-layer capacitors[J]. Journal of Materials Research, 2010, 25(8): 1447-1450.

[24] ORITA A, KAMIJIMA K, YOSHIDA M, et al. Application of sulfonium-, thiophenium-, and thioxonium-based salts as electric double-layer capacitor electrolytes[J]. Journal of Power Sources, 2010, 195(19): 6970-6976.

[25] LAHEAAR A, KURIG H, JANES A, et al. LiPF₆ based ethylene carbonate-dimethyl carbonate electrolyte for high power density electrical double layer capacitor[J]. Electrochimica Acta, 2009, 54 (19): 4587-4594.

[26] LAHEAAR A, JANES A, LUST E. Electrochemical properties of carbide-derived carbon electrodes in non-aqueous electrolytes based on different Li-salts[J]. Electrochimica Acta, 2011, 56(25): 9048-9055.

[27] CHANDRASEKARAN R, KOH M, YAMAUCHI A, et al. Electrochemical cell studies based on non-aqueous magnesium electrolyte for electric double layer capacitor applications[J]. Journal of Power Sources, 2010, 195(2): 662-666.

[28] VALI R, LAHEAAR A, JANES A, et al. Characteristics of non-aqueous quaternary solvent mixture and Na-salts based supercapacitor electrolytes in a wide temperature range[J]. Electrochimica Acta, 2014, 121: 294-300.

[29] YU H, WU J, FAN L, et al. An efficient redox-mediated organic electrolyte for high-energy supercapacitor[J]. Journal of Power Sources, 2014, 248: 1123-1126.

[30] 张宝宏, 鞠群. 乙腈, 碳酸丙烯酯电解液超级电容器性能研究[J]. 应用科技, 2005, 32(2): 62-64.

[31] SCHNEIDER D P, RICHARDS G T, HALL P B, et al. The sloan digital sky survey quasar catalog. V. Seventh data release[J]. The Astronomical Journal, 2010, 139(6): 2360-2373.

[32] UE M. Mobility and ionic association of lithium and quaternary ammonium salts in propylene carbonate and γ-butyrolactone[J]. Journal of the Electrochemical Society, 1994, 141(12): 3336-3342.

[33] 田源, 金振兴, 王道林, 等. 螺环季铵盐电解质在超级电容器中的应用研究[J]. 电源技术, 2010 (5): 487-489.

[34] CHIBA K, UEDA T, YAMAGUCHI Y, et al. Electrolyte systems for high withstand voltage and Durability II. alkylated cyclic carbonates for electric double-layer capacitors[J]. Journal of The Electrochemical Society, 2011, 158(12): A1320-A1327.

[35] FRANCKE R, CERICOLA D, KOTZ R, et al. Novel electrolytes for electrochemical double layer capacitors based on 1, 1, 1, 3, 3, 3-hexafluoropropan-2-ol[J]. Electrochimica Acta, 2012, 62: 372-380.

[36] NAOI K. 'Nanohybrid capacitor': the next generation electrochemical capacitors[J]. Fuel Cells, 2010, 10(5): 825-833.

[37] CHIBA K, UEDA T, YAMAGUCHI Y, et al. Electrolyte systems for high withstand voltage and durability I. Linear sulfones for electric double-layer capacitors[J]. Journal of The Electrochemical Society, 2011, 158(8): A872-A882.

［38］ SHI Z, YU X, WANG J, et al. Excellent low temperature performance electrolyte of spiro-(1,1')-bipyrrolidinium tetrafluoroborate by tunable mixtures solvents for electric double layer capacitor[J]. Electrochimica Acta, 2015, 174: 215-220.

［39］ SUZUKI K, SHIN-YA M, ONO Y, et al. Physical and electrochemical properties of fluoroacetonitrile and its application to electric double-layer capacitors[J]. Electrochemistry, 2007, 75(8): 611-614.

［40］ BRANDT A, ISKEN P, LEX-BALDUCCI A, et al. Adiponitrile-based electrochemical double layer capacitor[J]. Journal of Power Sources, 2012, 204: 213-219.

［41］ JANES A, THOMBERG T, ESKUSSON J, et al. Fluoroethylene carbonate as co-solvent for propylene carbonate based electrical double layer capacitors[J]. Journal of The Electrochemical Society, 2013, 160(8): A1025-A1030.

［42］ TIAN S, QI L, YOSHIO M, et al. Tetramethylammonium difluoro(oxalato)borate dissolved in ethylene/propylene carbonates as electrolytes for electrochemical capacitors[J]. Journal of Power Sources, 2014, 256: 404-409.

［43］ GALIŃSKI M, LEWANDOWSKI A, STEPNIAK I. Ionic liquids as electrolytes[J]. Electrochimica Acta, 2006, 51(26): 5567-5580.

［44］ YU X, WANG J, WANG C, et al. A novel electrolyte used in high working voltage application for electrical double-layer capacitor using spiro-(1,1')-bipyrrolidinium tetrafluoroborate in mixtures solvents[J]. Electrochimica Acta, 2015, 182: 1166-1174.

［45］ JÄNES A, LUST E. Use of organic esters as co-solvents for electrical double layer capacitors with low temperature performance[J]. Journal of Electroanalytical Chemistry, 2006, 588(2): 285-295.

［46］ IWAMA E, TABERNA P L, AZAIS P, et al. Characterization of commercial supercapacitors for low temperature applications[J]. Journal of Power Sources, 2012, 219: 235-239.

［47］ LIU P, VERBRUGGE M, SOUKIAZIAN S. Influence of temperature and electrolyte on the performance of activated-carbon supercapacitors[J]. Journal of Power Sources, 2006, 156(2): 712-718.

［48］ JIANG D, JIN Z, HENDERSON D, et al. Solvent effect on the pore-size dependence of an organic electrolyte supercapacitor[J]. The Journal of Physical Chemistry Letters, 2012, 3(13): 1727-1731.

［49］ NONO Y, KOUZU M, TAKEI K, et al. EDLC Performance of Various Activated Carbons in Spiro-Type Quaternary Ammonium Salt Electrolyte Solutions[J]. Electrochemistry, 2010, 78(5): 336-338.

［50］ CHENG F, YU X, WANG J, et al. A novel supercapacitor electrolyte of spiro-(1,1')-bipyrolidinium tetrafluoroborate in acetonitrile/dibutyl carbonate mixed solvents for ultra-low temperature applications[J]. Electrochimica Acta, 2016, 200: 106-114.

［51］ 焦琛, 张卫珂, 苏方远, 等. 超级电容器电极材料与电解液的研究进展[J]. 新型碳材料, 2017, 32(2): 106-115.

［52］ HU C, QU W, RAJAGOPALAN R, et al. Factors influencing high voltage performance of coconut char derived carbon based electrical double layer capacitor made using acetonitrile and propylene carbonate based electrolytes[J]. Journal of Power Sources, 2014, 272: 90-99.

［53］ ISHIMOTO S, ASAKAWA Y, SHINYA M, et al. Degradation responses of activated-carbon-based

EDLCs for higher voltage operation and their factors[J]. Journal of the Electrochemical Society, 2009, 156(7): A563-A571.

[54] NOWAK S, WINTER M. Chemical Analysis for a Better Understanding of Aging and Degradation Mechanisms of Non-Aqueous Electrolytes for Lithium Ion Batteries: Method Development, Application and Lessons Learned [J]. Journal of The Electrochemical Society, 2015, 162 (14): A2500-A2508.

[55] LIN X, SALARI M, ARAVA L M R, et al. High temperature electrical energy storage: advances, challenges, and frontiers[J]. Chemical Society Reviews, 2016, 45(21): 5848-5887.

[56] WRODNIGG G H, WRODNIGG T M, BESENHARD J O, et al. Propylene sulfite as film-forming electrolyte additive in lithium ion batteries[J]. Electrochemistry Communications, 1999, 1(3): 148-150.

[57] BURNS J C, KASSAM A, SINHA N N, et al. Predicting and extending the lifetime of Li-ion batteries[J]. Journal of The Electrochemical Society, 2013, 160(9): A1451-A1456.

[58] ESKUSSON J, JANES A, THOMBERG T, et al. Supercapacitors Based on Propylene Carbonate with Addition of Sulfur Containing Organic Solvents[J]. ECS Transactions, 2015, 64(20): 21-30.

[59] JANES A, ESKUSSON J, THOMBERG T, et al. Supercapacitors Based on Propylene Carbonate with Small Addition of Different Sulfur Containing Organic Solvents[J]. Journal of The Electrochemical Society, 2014, 161(9): A1284-A1290.

[60] PERRICONE E, CHAMAS M, COINTEAUX L, et al. Investigation of methoxypropionitrile as co-solvent for ethylene carbonate based electrolyte in supercapacitors. A safe and wide temperature range electrolyte[J]. Electrochimica Acta, 2013, 93: 1-7.

[61] AIDA T, MURAYAMA I, YAMADA K, et al. Improvement in cycle performance of a high-voltage hybrid electrochemical capacitor[J]. Electrochemical and Solid-State Letters, 2007, 10(4): A93-A96.

[62] QU W, DOR JPALAME, RA JAGOPALAN R, et al. Role of Additives in Formation of Solid-Electrolyte Interfaces on Carbon Electrodes and their Effect on High-Voltage Stability[J]. ChemSusChem, 2014, 7(4): 1162-1169.

[63] DECAUX C, GHIMBEU C M, DAHBI M, et al. Influence of electrolyte ion-solvent interactions on the performances of supercapacitors porous carbon electrodes[J]. Journal of Power Sources, 2014, 263: 130-140.

[64] 周邵云, 刘建生, 张利萍, 等. 一种超级电容器电解液. 中国, CN101465212A[P]. 2009-06-24.

[65] 昌杰. 赝电容超级电容器电极材料的研究[D]. 北京: 中国科学院大学, 2013.

[66] LIM E, KIM H, JO C, et al. Advanced hybrid supercapacitor based on a mesoporous niobium pentoxide/carbon as high-performance anode[J]. ACS Nano, 2014, 8(9): 8968-8978.

[67] HANLON D, BACKS C, HIGGNS T M, et al. Production of molybdenum trioxide nanosheets by liquid exfoliation and their application in high-performance supercapacitors[J]. Chemistry of Materials, 2014, 26(4): 1751-1763.

[68] HUANG X, SUN B, CHEN S, et al. Self-Assembling Synthesis of Free-standing Nanoporous Graphene-Transition-Metal Oxide Flexible Electrodes for High-Performance Lithium-Ion Batteries and Supercapacitors[J]. Chemistry-An Asian Journal, 2014, 9(1): 206-211.

［69］ LIM E, KIM H, JO C, et al. Advanced hybrid supercapacitor based on a mesoporous niobium pentoxide/carbon as high-performance anode[J]. ACS Nano, 2014, 8(9): 8968-8978.

［70］ AMATUCCI G G, BADWAY F, DU PASQUIER A, et al. An asymmetric hybrid nonaqueous energy storage cell[J]. Journal of the Electrochemical Society, 2001, 148(8): A930-A939.

［71］ ZHENG C, YOSHIO M, QI L, et al. A 4 V-electrochemical capacitor using electrode and electrolyte materials free of metals[J]. Journal of Power Sources, 2014, 260: 19-26.

［72］ WANG D W, FANG H T, LI F, et al. Aligned titania nanotubes as an intercalation anode material for hybrid electrochemical energy storage[J]. Advanced Functional Materials, 2008, 18 (23): 3787-3793.

［73］ BONSO J S, RAHY A, PERERA S D, et al. Exfoliated graphite nanoplatelets-V_2O_5 nanotube composite electrodes for supercapacitors[J]. Journal of Power Sources, 2012, 203: 227-232.

［74］ CHO M Y, KIM M H, KIM H K, et al. Electrochemical performance of hybrid supercapacitor fabricated using multi-structured activated carbon[J]. Electrochemistry Communications, 2014, 47: 5-8.

［75］ SIVARAMAN P, BHATTACHARRYA A R, MISHRA S P, et al. Asymmetric supercapacitor containing poly (3-methyl thiophene)-multiwalled carbon nanotubes nanocomposites and activated carbon[J]. Electrochimica Acta, 2013, 94: 182-191.

［76］ CERICOLA D, NOVAK P, WOKAUN A, et al. Hybridization of electrochemical capacitors and rechargeable batteries: An experimental analysis of the different possible approaches utilizing activated carbon, $Li_4Ti_5O_{12}$ and $LiMn_2O_4$[J]. Journal of Power Sources, 2011, 196(23): 10305-10313.

［77］ WU H, RAO C V, RAMBABU B. Electrochemical performance of $LiNi_{0.5}Mn_{1.5}O_4$ prepared by improved solid state method as cathode in hybrid supercapacitor[J]. Materials Chemistry and Physics, 2009, 116(2): 532-535.

［78］ KHOMENKO V, RAYMUNDO-PINERO E, BEGUIN F. Optimisation of an asymmetric manganese oxide/activated carbon capacitor working at 2V in aqueous medium[J]. Journal of Power Sources, 2006, 153(1): 183-190.

［79］ WANG H, YOSHIO M. Feasibility of quaternary alkyl ammonium-intercalated graphite as negative electrode materials in electrochemical capacitors[J]. Journal of Power Sources, 2012, 200: 108-112.

［80］ SMITH P H, TRAN T N, JIANG T L, et al. Lithium-ion capacitors: Electrochemical performance and thermal behavior[J]. Journal of Power Sources, 2013, 243: 982-992.

［81］ XU K. Nonaqueous liquid electrolytes for lithium-based rechargeable batteries[J]. Chemical Reviews, 2004, 104(10): 4303-4418.

第7章
离子液体电解质（液）

离子液体（ionic liquid，IL）是熔点（T_m）低于 373K 熔盐的一部分，是完全由阴、阳离子组成的[1]。离子液体在室温下通常以液体形式存在，这主要是由其化学结构决定的。通过改变阴、阳离子的不同组合，就可以合成结构和功能不同的离子液体，所以离子液体又被称为"可设计的溶剂"[2]。离子液体的设计是没有具体规则的，但是一般来说，可以在相对大范围的离子结构内通过平衡离子-离子相互作用和对称性来实现。近年来，离子液体因其低蒸气压、高热稳定性、化学稳定性好、宽阔的电化学窗口、高电导率和低毒性等独特的性能，引起了越来越多的关注，因其电化学性质稳定，能够取代一些传统的有机系电解液应用在超级电容器中，进而提高超级电容器的电化学性能，成为超级电容器有机类电解质的优异溶剂或替代者之一。

根据组成的不同，离子液体基本上可以被分为非质子型、质子型和两性离子型[3]。到目前为止，超级电容器中使用的离子液体仅仅是大量离子液体中很小的一部分。超级电容器中常见的离子液体的阳离子主要有：1-乙基-3-甲基咪唑阳离子（EMIM$^+$）、1-丁基-3-甲基咪唑阳离子（BMIM$^+$）、N-丙基-N-甲基吡咯烷阳离子（PYR$_{13}^+$）、1-丁基-1-甲基吡咯烷阳离子（PYR$_{14}^+$）、四乙基铵阳离子（Et$_4$N$^+$）等。常见的阴离子主要有：氯离子（Cl$^-$）、溴离子（Br$^-$）、四氟硼酸根（BF$_4^-$）、六氟磷酸根（PF$_6^-$）、双（氟磺酰）亚胺阴离子（FSI$^-$）、双（三氟甲基磺酰基）亚胺阴离子（TFSI$^-$）等，图 7-1 为典型的离子液体的分子结构。离子液体电解质（液）因其在室温下可接受的黏度和离子电导率，在电化学领域得到了普遍应用。然而，对于其他应用领域，应该有更多适合的离子液体可供选择。

通常，基于咪唑类的离子液体可以提供更高的离子导电性，而基于吡咯烷的离子液体具有较大的电化学稳定窗口[4]。实际上，离子液体的离子电导率和电化学窗口之间存在平衡。如前所述，使用商业有机电解液（例如基于乙腈和常用的阳离子及典型实例：

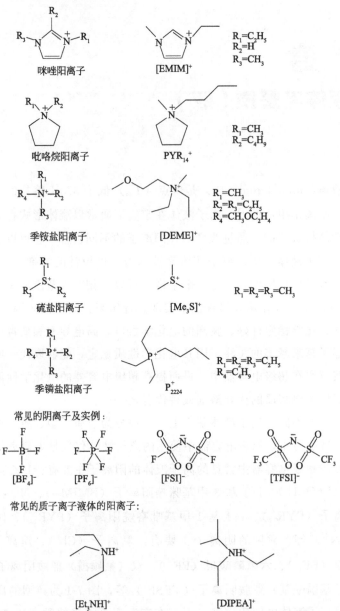

常见的阴离子及实例：

常见的质子离子液体的阳离子：

图 7-1　在电化学体系中常见离子液体阴离子和阳离子的结构

碳酸丙烯酯）的双电层电容器工作电压通常限于 2.5～2.8V，并且当工作电压超过该极限电压时将导致有机溶剂的电化学分解。然而，使用离子液体作为电解质的超级电容器的工作电压可以高于 3V[5]。此外，商业电解液使用的有机溶剂（例如乙腈）由于其挥发性和易燃性，特别是在高温下使用时需要注意安全问题。在这方面，几乎无蒸气压的离子液体在解决与有机溶剂相关的安全问题方面具有优势，这使得基于离子液体的超级电容器更适合在高温下应用。

多数离子液体存在几个主要缺点，例如高黏度、低离子电导率和高成本，这些缺点可能会限制其在超级电容器中的实际应用。即使对于具有较高的离子电导率的1-乙基-3-甲基咪唑四氟硼酸盐离子液体（［EMIM］［BF$_4$］）电解质（液），其电导率（在25℃为14mS•cm^{-1}）仍然远低于TEABF$_4$/AN（在25℃为59.9mS•cm^{-1}）。此外，［EMIM］［BF$_4$］和［BMIM］［BF$_4$］离子液体的黏度分别为41cP（1cP=1mPa•s,余同）[6]和219cP[7]，远高于有机电解质（例如ACN有机电解液：0.3cP）[8]。离子液体电解质（液）的低电导率和高黏度都可以明显增加基于离子液体的超级电容器的等效串联电阻值，如果由于增加的等效串联电阻导致功率密度的损失不能随着电容器的电压增加而减小，那么速率和功率性能都将被限制。在室温和低温下，这个问题更为严重，有机电解液和离子液体电解质（液）的一些比较研究也证明了这一点。此外，离子液体电解液超级电容器的比电容值通常低于水系和有机电解质的电解液，特别是在高扫描速率或高充电/放电速率下，这可能是由于离子液体的高黏度引起的。

在实际应用中，离子液体的阴、阳离子的不规则结构会导致电极表面发生电化学相互作用，因此，碳电极的稳定电位窗口要窄得多。如表7-1所示，离子液体超级电容器的实际电位窗口在3～4V的范围内。通过对体系的设计与研究，也可以实现更宽的电化学窗口。通常，离子液体提供比常规有机电解液更宽的电位窗口，图7-2比较了超级电容器的常规电解质（液）：氢氧化钾（KOH）水溶液、有机溶剂中的六氟磷酸锂（LiPF$_6$）盐和离子液体，通过比电容的数值可以看出电容性能，但电化学稳定窗口中的实质差异会导致能量密度的显著差异，其中［EMIM］［BF$_4$］离子液体电解质（液）的值要高于KOH水溶液一个数量级[9]。

在安全方面，能量储存装置的主要问题是存在由于电压超过稳定的电化学窗口之后，电解质可能分解形成有害产物如爆炸性气体的严重安全隐患。Romann等[10]最近发现了一种在极端条件下依然具有安全特性的离子液体电解质（液）。通过在［EMIM］［TCB］（$E \geqslant 2.4$V，Ag/AgCl对）的四氰硼酸盐离子液体中施加高于稳定窗口的电位，将离子液体聚合形成阻挡层，同时掺杂石墨烯电极成为绝缘体，所得到的电介质聚氰基硼烷聚合物可阻止任何可能对电化学电池有害的电化学反应的发生。

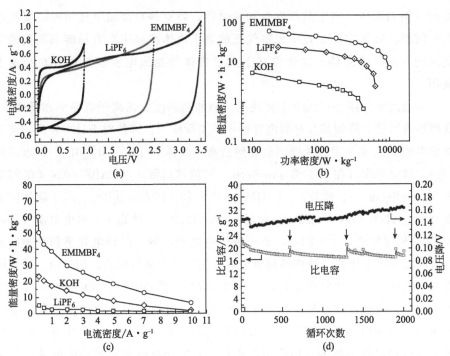

图 7-2 石墨烯电极在水系、有机和 IL 中的电容行为的比较[13]

表 7-1 不同离子液体超级电容器的性能[11]

类型	材料	IL	类别	比电容 /F·g^{-1}	速率 /A·g^{-1}	窗口 /V	能量密度 /W·h·kg^{-1}	功率密度 /kW·kg^{-1}	循环特性(循环次数)
双电层	多孔炭	[EMIM][BF$_4$]	纯电解液	147	1	3	11.4	98	90%(10000)
双电层	多孔炭	[EMIM][BF$_4$]	纯电解液	147	2	4.0	20	3.1	97%(1000)
双电层	SiC 改性碳	[EMIM][BF$_4$]	纯电解液	170	0.1	3.6			
双电层	碳纳米纤维	[EMIM][TFSI]	纯电解液	161	1	3.5	246	30	
双电层	TiC$_2$T$_x$	[EMIM][TFSI]	纯电解液	70	1	3.0			
双电层	活性炭	[EMIM][TFSI]	纯电解液	160	1	3.0	20	42	
双电层	多孔碳纳米纤维	[EMIM][TFSI]	纯电解液	180	0.5	3.5	80	0.4	
双电层	石墨烯改性碳	[EMIM][TFSI]/AN	混合电解液	174	2	3.5	74	338	94%(1000)
双电层	Si 纳米线	[EMIM][TFSI]	纯电解液	0.7		1.6	0.23	0.65	

类型	材料	IL	类别	比电容/F·g^{-1}	速率/A·g^{-1}	窗口/V	能量密度/W·h·kg^{-1}	功率密度/kW·kg^{-1}	循环特性(循环次数)
双电层	碳化纤维素	[BMPY][TFSI]	纯电解液	84	0.1	3.0	21	41.6	92%(10000)
双电层	石墨烯纳米片	[BMP][DCA]	纯电解液	330		3.3	140(60℃)	52.5(60℃)	
双电层	介孔炭	咪唑类	IL晶体	131	0.37	2.5	38	3.58	80%(2000)
赝电容	C/RuO$_2$	[EMI][BF$_4$]	纯电解液	52	3	3.8	108		98.5%(10万)

7.1 纯离子液体电解质

离子液体独特的性质是其具有无限数量的可能性，而实际上，只有少量的离子液体用于各种不同的应用领域，特别是在电化学体系中。尽管阴离子和阳离子有很多选择，但合成过程并不容易且成本较高。另外，大多数离子液体虽为液体，但因为高黏度使得它们并不适合于多数的应用领域。

离子液体的电荷、尺寸和形状主要取决于所使用的阴离子和阳离子。然而，离子在离子液体基超级电容器中的移动和作用要复杂得多，对电解质的物理性能有直接的影响[12]，进而使双电层结构显著不同。通过选择阴离子[13]或阳离子[14]，超级电容器的比电容存在明显变化，例如含水电解质中的阴离子可以影响双电层结构，但是对电解质的导电性或黏度的影响可以忽略不计。考虑到离子尺寸的影响，与常规电解质中溶剂化阴离子相比，离子液体阴离子的大小和电荷分布也有很大差异[15]。因此，电容性能很大程度上取决于阴离子和阳离子的选择。

7.1.1 非质子型离子液体

对于基于1-乙基-3-甲基咪唑阳离子（[EMIM]$^+$）的离子液体，Sun等[16]研究了具有较低黏度的 [EMIM][SCN] 离子液体电解质（SCN：硫氰酸盐）的活性炭双电层电容器的性能，与 [EMIM][BF$_4$] 离子液体相比具有较低的黏度和较高的离子电导率。Pandey等[17]证明，1-乙基-3-甲基咪唑四氰基硼酸盐（ [EMIM][TCB] ）离子液体（TCB：四氰基硼酸盐）可以作为活性炭基超级电容器的电解液，且具有高离子电导率（在20℃±1℃下约为 1.3×10^{-2} S·cm^{-1}）和低黏度（约22cP）。Matsumoto等[18]发现，当充电电压为2.5V

时，[EMIM][PO₂F₂] 离子液体（PO₂F₂：二氟磷酸盐）电解液可以提供比 [EMIM][BF₄] 离子液体更高的比电容。但是，以 [EMIM][PO₂F₂] 离子液体为电解质（液）的双电层电容器的电压小于 3V，低于 [EMIM][BF₄]（BF₄：四氟硼酸盐）离子液体电解质的电压。Shi 等[19]研究了基于石墨烯和一系列离子液体（阳离子为 [EMIM]⁺，阴离子为 BF₄⁻、NTF₂⁻、DCA⁻、Et-SO₄⁻ 和 OAc⁻）的超级电容器的性能。发现这些阴离子的氢键接受能力与离子液体的黏度密切相关。以 [EMIM][DCA]（DCA：二氰胺盐）离子液体为电解质（液）的超级电容器显示出了较高比电容和大电流下的充/放电能力，同时它也具有最小的电阻，这主要是由较低的黏度和较小的离子尺寸决定的。然而，[EMIM][DCA] 离子液体超级电容器的电化学稳定窗口（2.3V）要比 [EMIM][BF₄] 离子液体的电化学稳定窗口（4V）小得多（图 7-3）。

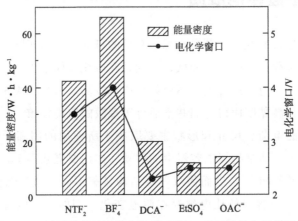

图 7-3　以不同的离子液体电解质（液）、石墨烯为电极的超级
电容器中测量的电化学窗口和能量密度之间的关系[20]

Senda 等[21]研究了以氟代氢化物为电解液、活性炭为电极的超级电容器的性能。这五种氟代氢化物包含了不同的阳离子，例如 1,3-二甲基咪唑阳离子（DMIM⁺）、1-乙基-1-甲基咪唑阳离子（EMIM⁺）、1-丁基-3-甲基咪唑阳离子（BMIM⁺）、1-乙基-1-甲基吡咯烷阳离子（EMPYR⁺）和 1-甲氧基甲基-1-甲基吡咯烷（MOMMPYR⁺）。使用这些氟代氢化物离子液体获得的比电容要高于在 [EMIM][BF₄] 离子液体或 1mol·L⁻¹ TEABF₄/PC 有机电解液中在 1～3.2V 的电压下获得的比电容。对于这三种基于咪唑阳离子的氟代氢化物离子液体，比电容以下列顺序依次降低：[DMIM][(FH)₂.₃F]（178F·g⁻¹）＞ [EMIM][(FH)₂.₃F]（162F·g⁻¹）＞ [BMIM][(FH)₂.₃F]（135F·g⁻¹），这与按照阳离子体积增加而减小的顺序是一致的。基于一些低熔点的氟代氢化物离子液体的活性炭超级电容器甚至在 −40℃ 时仍然具有较高的比电容（例如

[EMIM][(FH)$_{2.3}$F]，64F·g^{-1}），其比 TEABF$_4$/PC（20F·g^{-1}）要高得多。

Li 等[22]研究了石墨烯作为电极与三种离子液体 1-乙基-3-甲基咪唑双（三氟甲基磺酰基）亚胺（[EMIM][TFSI]）、1-乙基-3-甲基咪唑四氟硼酸盐[EMIM][BF$_4$]）、1-甲基-1-丙基哌啶双（三氟甲基磺酰）亚胺（[MPPp][TFSI]）作为电解质的超级电容器的电化学性能以及石墨烯与电解液之间的相互作用关系。当两电极之间的电压在 3.7～4.6V 的范围内时，SWNT/石墨烯电极和 [EMIM][TFSI] 或 [EMIM][BF$_4$] 离子液体之间存在电化学反应。当使用 [MPPp][TFSI] 离子液体电解质时，两电极之间的电压在 4.0～5.8V 的范围内，SWNT/石墨烯电极和 [MPPp][TFSI] 电解质之间将发生电化学反应。

当施加的电压达到 4.4V 时，使用 [MPPp][TFSI] 电解质（液）的超级电容器实现了最大的能量密度。即使 [MPPp][TFSI] 电解质的比电容小于 [EMIM][TFSI] 和 [EMIM][BF$_4$] 电解质的比电容，但 [MPPp][TFSI] 电解液的电化学稳定窗口和工作电压较大，导致最高能量密度为 169W·h·kg^{-1}。

而对于基于石墨烯纳米片的超级电容器，尽管具有更窄的电化学窗口（0.4V），但是离子液体 [C$_4$ClPYRR][N(CN)$_2$] 比 [C$_4$ClPYRR][NTf$_2$]$^-$ 具有更大的能量密度和功率密度。这是由于较小的 [N(CN)$_2$]$^-$ 阴离子具有的低黏度导致的较高的导电性和电容，这补偿了电化学窗口的减小[23]。

Rennie[24]研究了含有硫阳离子的离子液体作为超级电容器电解质（液）的行为及阳离子结构对电容器性能的影响。经循环伏安测试，[S$_{223}$][Tf$_2$N] 的工作电压为 2.6V，[S$_{222}$][Tf$_2$N] 比 [S$_{221}$][Tf$_2$N] 的工作电压更稳定，分别为 2.8V 和 2.7V，这可能与阳离子的电荷密度的大小有关。尽管 [S$_{221}$][Tf$_2$N] 电解质（液）的工作电压较小，但其具有更高的能量密度及功率密度。

7.1.2 质子型离子液体

像非质子型离子液体一样，质子型离子液体（PILs）提供了高稳定性窗口。此外，它们在所有温度范围内显示出了比非质子型离子液体更高的电导率。质子型离子液体作为超级电容器的电解质（液），并没有受到研究者的广泛关注，这可能是因为与非质子型离子液体相比，质子型离子液体作为超级电容器电解液时的工作电压（1.2～2.5V）比非质子型离子液体的工作电压更低。质子型离子液体包括质子型吡咯烷硝酸盐 （[PYR][NO$_3$]）、三乙基铵双（三氟甲基磺酰）亚胺（[Et$_3$NH][TFSI]）、吡咯烷鎓双（三氟甲磺酰基）酰亚胺（[PYRR][TFSI]）和二异丙基-乙基铵双（三氟甲基磺酰基酰）亚胺（[DIPEA][TFSI]）。然而，质子型离子液体也具有一些优点，例如，与非质子型离子液体相比，通常更易于合成和更便宜。

质子型离子液体具有可用于氧化还原过程的质子。将 RuO_2 的氧化物用作赝电容电极材料时，首先观察到电极/电解质界面处的法拉第反应的发生[24]。当多孔炭被用作电极材料时，包含表面氧官能团的法拉第反应和电解质的可用质子产生较高的电容值。然而，所储存的能量仍然远远不及有机电解质[25]。

Brandt 等[26]选择了三种不同的质子离子液体：三乙基铵双（三氟甲基磺酰）亚胺（$[Et_3NH][TFSI]$）、三甲基铵双（三氟甲基磺酰）亚胺（$[Me_3NH][TFSI]$）和吡咯烷硝酸盐（$[PYR][NO_3]$），并将这三种质子型离子液体作为电解液与活性炭组装成碳基超级电容器。使用质子型离子液体作为电解质（液）时，可以实现高达 2.4V 的工作电压，能够在较宽的温度范围内具有良好的循环稳定性。Demarconnay 等[27]研究了三乙基铵（三氟甲基磺酰）亚胺（$[NEt_3H][TFSI]$）离子液体 [电导率为 $5mS \cdot cm^{-1}$，黏度为 $39mPa \cdot s$，水含量低至 0.02%（wt）] 为超级电容器电解液的电化学行为。以干燥的 $[NEt_3H][TFSI]$ 为电解质（液）、活性炭为电极、Ag/AgCl（图 7-4 虚线）为对电极的三电极体系作的循环伏安图如图 7-4 所示。位于 -0.6V 左右的相对于 Ag/AgCl 的垂直线对应于产生氢的理论值。循环伏安图的电位窗口为准矩形，大于 $[-0.8, 1.6]V$，表明至少 2.4V 的工作电压可以应用。当较低的电势极限转向更多的负值时，氧化还原过程开始出现。这归因于阳离子的可逆氧化还原（在正扫描期间）的氢储存（在负电位扫描期间）。

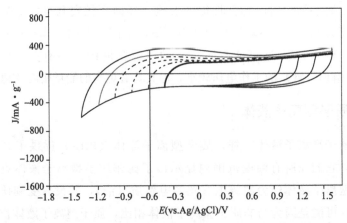

图 7-4　$[NEt_3H][TFSI]$[水含量 0.02%（wt）] 电解液和活性炭电极的三电极循环伏安图（扫描速率 $2mV \cdot s^{-1}$）[31]

7.1.3　功能化离子液体

功能化离子液体即是在阴、阳离子中引入一个或多个官能团或因阴、阳离子本身具有特定的结构而具有某种特殊功能，或在反应中作为溶剂或催化剂的可设计合成的离子液体。功能化离子液体的出现使离子液体变得更加具有吸引力，已经成为离子液体发展的主导方向。目前，功能化离子液体正处于迅速发展的时期，合成路线日渐成熟，应用领域已由最开始简单的用作溶剂逐步扩展到大量功能性材料的合成、物质的分离和纯化、地质样品的溶解、电化学应用等领域。但是功能化离子液体自身仍存在一些不足，由于离子液体中咪唑侧链的官能团的引入，会导致其自身化学性质、热稳定性、电化学窗口以及黏度的变化，并且不利于提纯。因此，目前功能化离子液体需要解决的问题主要在于确定功能基团的结构与相应物理化学性质之间的构效关系，发挥其液态性质的优势，以选择引入针对现实需求的更为有效的功能性基团。

根据不同功能团的特性，我们选取了一些体积较小的阴离子对常见咪唑类离子液体进行了功能化，并以这些离子液体为电解质（液），研究了它们的电化学性质。

7.1.3.1 离子液体 $[C_n MIM][SCN]$ 的超电容性质研究

以活性炭为电极，$[C_3 MIM][SCN]$、$[C_4 MIM][SCN]$、$[C_5 MIM][SCN]$ 三种离子液体为电解液的超级电容器的交流阻抗测试图（振幅为 5mV，扫描频率 200KHz～10MHz）如图 7-5 所示。$[C_3 MIM][SCN]$、$[C_4 MIM][SCN]$、$[C_5 MIM][SCN]$ 电解液的超级电容器的内阻分别是 0.3Ω、0.35Ω 和 0.19Ω，要明显小于离子液体 $[C_4 MIM][BF_4]$、$[C_4 MIM][PF_6]$ 的内阻值[28]。

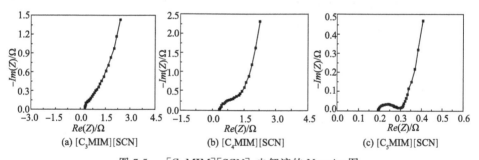

图 7-5 $[C_n MIM][SCN]$ 电解液的 Nyquist 图

图 7-6 是离子液体 $[C_3 MIM][SCN]$、$[C_4 MIM][SCN]$、$[C_5 MIM][SCN]$ 电解液的负向和正向扫描的循环伏安曲线。扫描速率为 $5mV \cdot s^{-1}$，扫描电位区间分别为 $-2 \sim 0V/0 \sim 2.4V$。图中显示了具有规则形状、趋势稳定的循环伏安曲线，随电压的增大，未出现氧化还原峰，说明电化学稳定性好，适合作为超级电容器的工作电解质（液）。三种室温离子液体的电化学窗口的大小顺序为：$[C_3 MIM][SCN] > [C_4 MIM][SCN] > [C_5 MIM][SCN]$。阳离子取代基上烷基碳链的长短影响电化学窗口的大小，烷基碳链的链长越短，离子液体的电化学窗口越大，这主要与离子体积大小、迁移速度快慢有关。

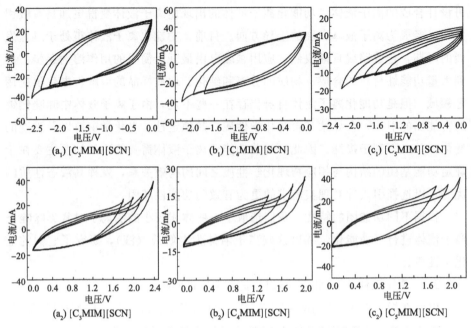

图 7-6　电容器的负向和正向扫描的循环伏安曲线

图 7-7 为 $[C_3MIM][SCN]$、$[C_4MIM][SCN]$、$[C_5MIM][SCN]$ 电解液在 $20mA \cdot cm^{-2}$ 下的恒流充/放电曲线。从图中可以看出电压随时间变化呈线性关系，说明电极表面反应的可逆性良好，放电初始产生的电压降主要是由于离子液体本身的黏度，在作为电解液时会产生一定的溶液内阻，导致电子迁移速率减慢。在相同的电流密度下三种离子液体的充/放电时间基本相同，$[C_3MIM][SCN]$ 所能承受的最大电压更高，比较 $[C_4MIM][SCN]$ 和 $[C_5MIM][SCN]$ 两种离子液体，$[C_3MIM][SCN]$ 的电压降明显较小，说明 $[C_3MIM][SCN]$ 离子液体充/放电速度较快，溶液内阻较低。由此可见，离子液体烷基咪唑阳离子取代基上烷基碳链的长短同样影响充/放电特性。

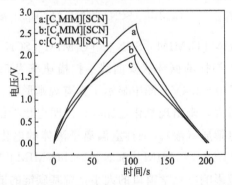

图 7-7　$[C_nMIM][SCN]$ 电解液在 $20mA \cdot cm^{-2}$ 的充/放电曲线

超级电容器的充/放电效率、工作比电容、最大功率密度等性能参数可以由公式①~公式③和恒流充/放电曲线计算出来。表 7-2 为计算得到的参数，综合前述的各项电化学性质，$[C_3MIM][SCN]$ 体现出了更稳定的电容行为、更宽的电化学窗口以及更好的导电性，更适合作为超级电容器的工作电解质。

$$\eta = \frac{Q_{discharge}}{Q_{charge}} \times 100\% \qquad ①$$

$$P_{max} = \frac{V_{max}^2}{4R_{int}ma} \qquad ②$$

$$c_p = 4\frac{I\Delta t}{m\Delta V} \qquad ③$$

式中，η 为充/放电效率；$Q_{discharge}$ 为放电电量；Q_{charge} 为充电电量；P_{max} 为最大功率密度；V_{max} 为恒流充/放电的充电电压；R_{int} 为电容器的内阻；m 为双电极的质量；a 为活性物质质量分数；c_p 为工作比电容；I 为恒流充/放电的电流密度；ΔV 为充电过程中的电位差；Δt 为充/放电的时间差。

表 7-2　超级电容器的电化学性能参数

电解液	工作电压/V	工作电极体积/cm³	充/放电效率/%	最大功率密度 P_{max}/W·kg^{-1}	工作电容比电容/F·cm^{-3}
$[C_3MIM][SCN]$	3.5	5.0×10^{-3}	85.2	37 968	80
$[C_4MIM][SCN]$	3.5	5.0×10^{-3}	94.2	21 331	89.6
$[C_5MIM][SCN]$	3.5	5.0×10^{-3}	88.7	12 820	106

7.1.3.2　[PMIM][ClO₄]电解质（液）在超级电容器中的性能研究

为研究离子液体 $[PMIM][ClO_4]$ 在超级电容器中的电化学性能，对由活性炭作电极、$[PMIM][ClO_4]$ 作电解质（液）的超级电容器进行了循环伏安、恒流充/放电和交流阻抗测试。

图 7-8 (a)，(b) 为正极与负极电化学窗口的循环伏安曲线（扫描速度 $5mV\cdot s^{-1}$），扫描区间分别为 $0\sim2.6V$，$-2.4\sim0V$，电化学稳定窗口可达 $5.0V$。从图 7-8 中可以看出，$[PMIM][ClO_4]$ 电解液的正、负向扫描的循环伏安曲线没有出现明显氧化还原峰，且呈较对称、相似的形状，表明活性炭电极和 $[PMIM][ClO_4]$ 电解液在该电化学窗口范围内具有良好的稳定性，显示出良好的双电层电容特性。

图 7-9 (a) 是超级电容器的交流阻抗图，即 Nyquist 曲线。从图中可以看出，曲线由一个较小的半圆和一条倾斜线组成，这反映了电解液和电极的性能和在电极/电解液界面的电荷传递过程具有典型的电容器特征。在高频区，半圆弧的直径代表电荷转移电阻（R_{ct}），R_{ct} 数值越小，电荷穿过电极和电解液的过程越容易。由图 7-9 可知，电荷转移电阻为 0.26Ω，表明电极和电解液界

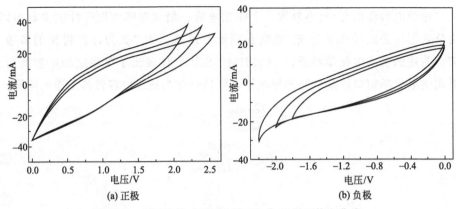

(a) 正极 (b) 负极

图 7-8 离子液体［PMIM］［ClO₄］的循环伏安曲线

面间具有良好的相容性。半圆弧起点与实轴交点的截距代表超级电容器的电解液内阻（R_u），可以看出［PMIM］［ClO₄］电解液的内阻为 0.21Ω，与常见的离子液体电解液［BMIM］［BF₄］和［BMIM］［PF₆］（内阻分别为 1.05Ω 和 1.43Ω）[32] 相比，［PMIM］［ClO₄］的内阻更小，说明其具有更优异的电容器特性，在电化学应用方面具有更大的潜力。

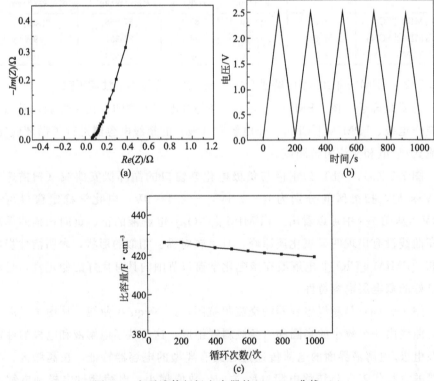

图 7-9 离子液体超级电容器的 Nyquist 曲线（a）、
充/放电曲线（b）、循环性能曲线（c）

图 7-9（b）为采用［PMIM］［ClO₄］作电解液的超级电容器在 $I=100mA$ 的恒电流下的充/放电曲线。从图中可以看出，在测试电压范围内，充/放电曲线呈近似等腰三角形的对称分布，电压随时间变化呈线性关系，表明电极表面反应的可逆性良好。由结果可以看出，超级电容器的电极反应主要是在双电层上的电荷转移反应，在充/放电后期电压值稳定，没有出现急剧升高现象，表明电容器本身内阻变化不大。图 7-9（c）为［PMIM］［ClO₄］作电解液的超级电容器充/放电 1000 次的循环寿命曲线。由图可见，随着循环次数的增加，超级电容器的比电容呈下降趋势，经过 1000 次循环后，比电容值仅下降了 1.8%左右，表明［PMIM］［ClO₄］的循环性能较好，适于用作超级电容器的电解液。

超级电容器的电化学性能参数见表 7-3。结果表明，当工作电压为 2.5V，电流为 100mA，［PMIM］［ClO₄］作电解质（液）的超级电容器的工作比电容为 426.09F·cm⁻³，充/放电效率达到 96.1%，可见该超级电容器具有较高的比电容和良好的充/放电可逆性。

表 7-3 超级电容器充/放电时的电化学性能参数

工作电压/V	工作电极体积/cm³	充电电量/mA·h	放电电量/mA·h	充/放电效率/%	工作电容比电容/F·cm⁻³
2.5	5.0×10^{-3}	2.833	2.722	96.1	426.09

7.2 离子液体二元体系电解质

在双电层电容器中，离子液体具有较高的电化学稳定性，可以承受高达 3.2～3.5V 的最大可用电压，与基于有机溶剂的电解质相比，能量密度增加[29]。另外，离子液体通常是不易燃的，并且它们的蒸气压力是可忽略的，与基于挥发性溶剂如乙腈相比，离子液体电解质（液）具有制备更安全的器件的潜力。然而，对于离子液体的使用也存在一些缺点：它们通常比有机溶剂成本更高，高黏度和低导电性会导致器件的电阻增加，这限制了双电层电容器的功率输出。克服纯离子液体运输性能低的问题的一种方法是使用离子液体与有机溶剂的共混物。用于制备混合物的常用有机溶剂是碳酸丙烯酯、γ-丁内酯和乙腈。但也可使用其他溶剂，如己二腈（ADN）、甲氧基丙腈，另一种方法是使用共晶混合物。

7.2.1 离子液体与离子液体的混合

质子型离子液体的共晶混合物也是超级电容器电解质的可能选择，因为它们可以具有较低的黏度并且可在较宽的温度范围下使用。共晶混合物通常由相同的阴离子和不同的阳离子组成。一个常见的例子是［FSI］阴离子与吡咯烷和哌啶阳离子，它们具有相同的分子式，避免了阳离子形成有序晶格的分子结构。还有一种方法是将 IL 与常见的有机溶剂混合，与电势窗口较宽的离子液体电解液相比，黏度降低，导电性增加，可以提高超过一个数量级的电导率。显然，这种改进虽减小了 IL 的电势窗口，但仍然具有很好的性能。值得注意的是，这不是一般的方法，混合物应该根据活性物质和电解液进行专门设计。

尽管离子液体电解质（液）具有明显的优势，但还有改进的空间。最简单的方法是将两种具有相同的阳离子，不同尺寸和几何形状的两类阴离子混合。Lian 等[30]对两个相似的 ILs 及其混合物进行了实验和计算，研究了洋葱状碳的电容行为，发现与单独的 IL 电解质相比，混合物中的比电容更高，但是最佳比例仍取决于离子的大小。具有较小的阴离子会导致形成较薄的双电层，这有利于形成较高的比电容。然而，与离子直接接触的电极的表面积对于较小的阴离子来说不一定较高。在混合离子液体电解质中，较小阴离子中大阴离子的存在会妨碍电荷分布的均匀性，并且可以导致薄的双电层，但在电极/电解质界面处具有最大的接触面积。

Timperman 等[31]报道了基于两种在室温下为固态的离子液体二元混合物的应用：吡咯烷（HPYRR$^+$）硝酸盐和吡咯烷双（三氟甲基磺酰）亚胺，其将被简化为［PYRR］［NO$_3$］和［PYRR］［TFSI］。选择的二元混合物作为电解质（x［PYRRHA］［NO$_3$］＝0.64、0.72、0.80）的电化学表征显示出在高达 2.0V 的电压（图 7-10）时，仍具有很有优异的电容性能（148F·g^{-1}）。

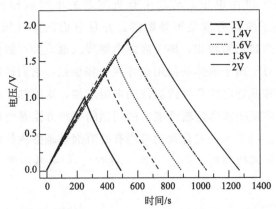

图 7-10　在［PYRR］［NO$_3$］＋［PYRR］［TFSI］二元混合物中
x［PYRRHA］［NO$_3$］＝0.72 的 0.20A·g^{-1}下的恒流充/放电[36]

7.2.2　离子液体与有机溶剂混合电解液

为了降低离子液体的黏度并增加其电导率，特别是在低温下，含有离子液体和有机溶剂的混合溶液已被应用于超级电容器的电解液中。咪唑类离子液体由于具有相对高的导电性，已经被用于与有机溶剂组成混合电解液并被广泛研究。

王毅等[32]研究了以 1-乙基-3-甲基咪唑四氟硼酸（[EMIM][BF$_4$]）离子液体为支持电解质盐，分别以乙腈（AN）、碳酸丙烯酯（PC）、二甲基甲酰胺（DMF）为溶剂的三种新型电解液，然后使用活性炭电极的双电层电容器（EDLC），对电容器的电化学性能进行了测试。结果表明：[EMIM][BF$_4$]离子液体在 AN、PC、DMF 中均具有较大的溶解度（＞6mol·L^{-1}）；25℃下[EMIM][BF$_4$]/AN、[EMIM][BF$_4$]/PC 和 [EMIM][BF$_4$]/DMF 溶液的浓度分别为 2.4mol·L^{-1}、2.7mol·L^{-1} 和 2.6mol·L^{-1} 时电导率各自达最大值（66.3mS·cm^{-1}、20.3mS·cm^{-1} 和 35.3mS·cm^{-1}），相对应的电化学窗口分别为 4.0V、3.7V 和 3.6V。以这三种离子液体/有机溶剂溶液为电解液的双电层电容器，在充电后期均没有出现电容器电压急剧升高的情况，而其中以浓度 2.4mol·L^{-1} 的 [EMIM][BF$_4$]/AN 溶液作为电解液的电容器具有相对较高的工作电压和最稳定的充/放电性能。

Orita 等[33]研究了一系列与有机溶剂（通常为碳酸丙烯酯）混合的烷基功能化的离子液体作为超级电容器的电解质。两个离子液体，一个由具有烯丙基的咪唑阳离子（二烯丙基咪唑 [DAIM]$^+$）和 [TFSA]$^-$ 阴离子组成，另一个由烷基咪唑（[EMIM]$^+$）和 [TFSA]$^-$ 阴离子组成，并用于制备溶剂型离子液体电解质（液）。经对 1.4mol·L^{-1} 的离子液体电解（液）测试发现，前者的电解（液）可以在比后者更宽的温度范围内提供更高的电容和更低的电阻。然而，使用 1.4mol·L^{-1}[DAIM][BF$_4$]/碳酸丙烯酯的超级电容器的稳定性低于 [EMIM][BF$_4$]/碳酸丙烯酯的稳定性。另外，通过向碳酸丙烯酯添加碳酸二甲酯可以提高稳定性。

Lin 等[34]发现尽管 [EMIM]$^+$ 和 [TFSI]$^-$ 的裸分子大小相似，但它们在乙腈溶剂中具有不同的溶剂化离子尺寸，并且按照以下顺序增加尺寸：乙腈中的 [TFSI]$^-$＞乙腈中的 [EMIM]$^+$＞[EMIM]$^+$≈[TFSI]$^-$。

Krause 等[35]研究高电压电化学双电层电容器，是将离子液体和碳酸丙烯酯混合后作为电解液，使用 PC/N-丁基-N-甲基吡咯双（三氟甲基磺酰）亚胺（[PYR$_{14}$][TFSI]）作为电解液应用于超级电容器中，其电压窗口为 3.5V，运用 PC/[PYR$_{14}$][TFSI] 作为电解液同时也保证了优异的循环稳定性，在 3.5V

电压下，循环 100000 次后也只有 5％电容的损耗。

Jänes 等[36]将 1,2-乙二醇二甲醚（体积分数 0～90％）与 1-乙基-3-甲基咪唑双（三氟甲基磺酰）亚胺（［EMIM］［TFSI］）混合作为超级电容器的电解液，采用循环伏安、电化学阻抗和恒流充/放电的方法进行测试。［EMIM］［TFSI］和 1,2-乙二醇二甲醚的电导率和黏度也进行了测量和讨论。［EMIM］［TFSI］的电导率为 5.67mS·cm^{-1}，而［EMIM］［TFSI］和 1,2-乙二醇二甲醚混合后的电导率可达 24.21mS·cm^{-1}。当 1,2-乙二醇二甲醚的体积分数达到 40％时，超级电容器存储的功率值从 13kW·kg^{-1}增加到了 20.5kW·kg^{-1}。基于 1,2-乙二醇二甲醚的体积分数达到 40％时，超级电容器在恒定的能量密度下可以提供更高的功率密度，显示出一种高速率超级电容器的优良特性。

关于硫基阳离子，Anouti 等[37]研究了用于活性炭电极双电层超级电容器的三甲基硫双（三氟甲基磺酰）亚胺［Me$_3$S］［TFSI］IL 电解质（液）。［Me$_3$S］［TFSI］IL 在 Pt 电极上具有约 5V 的电化学稳定窗口，并且可以在基于活性炭电极的双电层超级电容器上的工作电压高达 3V。还观察到使用这种离子液体作为电解质（液）的双电层超级电容器适用于高温操作，在 80℃下最大能量密度可达 44.1W·h·kg^{-1}。

Schütter 等[38]报道了使用腈基溶剂（丁腈、己二腈）和离子液体（［PYRR$_{14}$］［TFSI］）二元混合物作为超级电容器的电解质（液）的应用。两种共混物具有很高的电化学稳定性，在 3.2V 的电压下长时间测试仍具有良好的运输性能。事实上，丁腈共混物的电导率达到了 17.14mS·cm^{-1}，在 20℃下的黏度为 2.46mPa·s，这要比现有的电解质（1mol·dm^{-3}四氟硼酸四乙基铵的碳酸亚丙酯溶液）的性能更好，电化学研究显示出良好的电化学稳定性，共混物的最大工作电压高达 3.7V（图 7-11）。

此外，与有机溶剂混合的咪唑类离子液体也被用作赝电容电容器和混合电化学超级电容器的电解质。例如，Zhang 等[39]发现将二甲基甲酰胺引入［BMIM］［PF$_6$］离子液体中可以增加电容值，同时降低了非对称 AC/MnO$_2$ 电化学电容器的内阻。这种改善归因于与纯离子液体相比改善的电解（液）渗透性和离子迁移率。

7.2.3 离子液体与离子盐混合电解液

在某些情况下，与替代的离子液体/溶剂混合物相比，纯离子液体可以提供更好的电容性能。当将离子盐添加到离子液体中时，观察到类似的现象，因为相应的离子可以改善电极/电解质界面处的碳和离子液体的相容性。事实上，引入各种类型的离子（例如过渡金属阳离子）可以改变离子液体内的离子排列

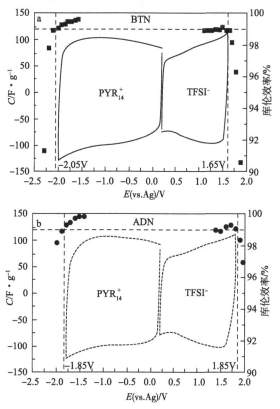

图 7-11 BTN/[PYRR₁₄][TFSI]（a）和 ADN/[PYRR₁₄][TFSI]（b）在 CV
（扫描速率 5mV·s⁻¹）下获得的碳电极的比电容（线）和库伦效率（散射）[43]

以提高电容性能。

　　由于双电层在电极表面迅速形成并保持电化学惰性，因此选择电化学活性
物质可能是一个有效的想法。在双电层充电之后，这些电活性物质可以参与法
拉第反应以增加电容，这些体系的最常见的例子是在氢氧化电解质中使用氢
醌。这种方法也用于离子液体电解质中，氧化还原活性离子液体电解质（液）
的第一个例子是在双电层超级电容器中使用含 Cu(Ⅱ) 的 [EMIM][BF₄] 电
解质[40]。在这种情况下，在 Cu/Cu²⁺ 的可逆的氧化还原体系中，Cu/Cu²⁺ 在
电极表面发生电沉积/电解，所以在 IL 电解质（液）中存在 Cu²⁺ 的比电容是
双倍的。Xie 等[41]在咪唑 IL 中使用二茂铁氧化还原体系。二茂铁基阴离子是
附着在电极表面的带电物质。在双电层充电（其是快速反应）时，二茂铁氧化
还原体系实际上类似于直接的法拉第反应产生均匀平面的电池材料。有趣的
是，可以根据离子液体的结构选择氧化还原活性离子，以优化电解质性质，如
黏度和离子电导率。

7.2.3.1　四氟硼酸螺环季铵盐/离子液体电解液电化学性质研究

季铵盐是超级电容器电解液中最常见的电解质盐，我组前期工作将季铵盐与离子液体混合组成了不同浓度的电解液，并研究了其作为超级电容器的电解液性能。

将有机电解质盐四氟硼酸螺环季铵盐 $[(C_4H_8)_2N][BF_4]$ 参照目前有机电解液的浓度，与1-甲基-3-丁基咪唑六氟磷酸盐离子液体（$[BMIM][PF_6]$）以摩尔比为1∶9、2∶8、3∶7、4∶6、5∶5的五种配比混合组成了离子液体电解液，并研究了将其作为超级电容器的电解液的电化学性能。

从图7-12中可以看出，$[BMIM][PF_6]$离子液体的电导率均高于1∶9、2∶8、3∶7、5∶5四种配比，而低于4∶6配比，表明$[(C_4H_8)_2N][BF_4]$与$[BMIM][PF_6]$离子液体高浓度的配比与低浓度的配比所提供的媒介环境均不利于离子的迁移，因而电解液的电导率均较低；而中等浓度的$[(C_4H_8)_2N]$ $[BF_4]$ 与 $[BMIM][PF_6]$离子液体配比4∶6时的电解液具有较高的电导率，原因是该配比下媒介环境为离子的迁移提供了最为适宜的条件，与常见的离子液体1-甲基-3-丁基咪唑四氟硼酸盐的电导率为 2.94mS·cm^{-1}（298.15K）和1-甲基-3-丁基咪唑双（三氟甲基磺酰）亚胺的电导率为 2.23mS·cm^{-1}（298.15K）[42]比较可知，混合电解液具有更高的电导率，更适合作为超级电容器的电解液。

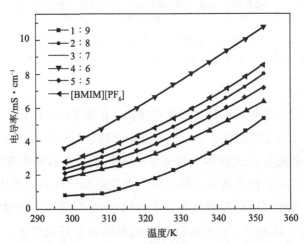

图 7-12　$[(C_4H_8)_2N][BF_4]$与$[BMIM][PF_6]$
混合电解液电导率与温度的变化关系曲线

循环伏安测试所得电化学窗口最大时的配比为 4∶6 的混合电解液的循环伏安图如图 7-13 所示，扫描速率：5mV/s。从图中可看出，电化学窗口范围内的曲线都具有规则的矩形形状，而且正、负扫描均没有明显的氧化还原峰；图 7-13 中正扫（a）的电化学窗口达到 2.5V，负扫（b）的电化学窗口达到

－2.1V。因此，该电解液的电化学窗口为4.8V，这是由于螺环和咪唑环化学性质稳定，从而得到较宽的工作电压。

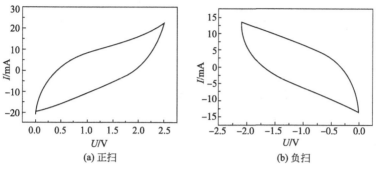

图7-13　摩尔比4∶6，[(C₄H₈)₂N][BF₄]与[BMIM][PF₆]ILs
配比电解液循环伏安图(扫描速率:5mV·s⁻¹)

图7-14(b)是[(C₄H₈)₂N][BF₄]/[BMIM][PF₆]离子液体摩尔比为4∶6时的电解液在100mA的电流下，充/放电时间400s，循环30次后的曲线的节选，采样时间间隔为1s，充电电压为0～2.7V。从图7-14（b）中可以看出，恒流充/放电曲线具有很好的循环性和可逆性，是呈三角形对称分布的。在恒流充/放电的条件下，电压的变化是随时间的变化而线性变化的，这种行为正是理想的电容行为，说明电极/电解液表面层没有发生任何化学反应，只发生离子的吸附和脱附过程，是典型的双电层电容行为，这也说明了[(C₄H₈)₂N][BF₄]/[BMIM][PF₆]离子液体4∶6配比电解液适合在超级电容器中应用。

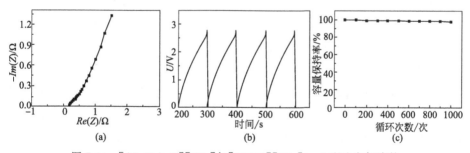

图7-14　[(C₄H₈)₂N][BF₄]与[BMIM][PF₆]4∶6配比电解液的
Nyquist图(a)、恒流充/放电曲线(b)、容量变化曲线(c)

从理论上讲,超级电容器应该有无限的循环次数,但是在实际工作中超级电容器的循环性能会受到电极和电解液的影响。根据恒电流充/放电曲线,对[(C₄H₈)₂N][BF₄]/[BMIM][PF₆]离子液体4∶6摩尔比的电解液的循环性能进行了评价。图7-14（c）为超级电容器充/放电次数循环与超级电容器比电容保持率的关系曲线。与起始比电容值相比较,1000次充/放电循环的超级电容器的比电容仅仅衰减了 1.5% 左右，说明超级电容器电解液的摩尔比为 4∶6 时具有循环寿命长的特点，且充/放电性能较为稳定，可以长时间在额定的工作电压下工作。

表 7-4 是通过计算得出的超级电容器的充/放电效率、比电容等性能参数。从表 7-4 可以看出，当 $[(C_4H_8)_2N][BF_4]/[BMIM][PF_6]$ 离子液体摩尔比为 4∶6、电流为 100mA、充电电压为 0～2.7V 时，电解液的恒流充/放电测试 30 次后，充电效率达到 96.92%，单电极比电容为 456.86F·cm^{-3}。

表 7-4 恒流充/放电时的电化学性能

工作电压 /V	工作电极面积 /cm^2	充电电量 /mA·h	放电电量 /mA·h	工作电极比容量 /F·cm^{-3}	充电效率 /%
2.7	9.375×10^{-2}	2.779	2.684	456.86	96.92

7.2.3.2 三氟乙酸离子液体/四氟硼酸螺环季铵盐混合电解液的超电容性质研究

将四氟硼酸螺环季铵盐 $[(C_4H_8)_2N][BF_4]$ 作为电解质与 1-丁基-3 甲基咪唑三氟乙酸盐（$[BMIM][CF_3CO_2]$）离子液体配成季铵盐浓度为 0.54mol·L^{-1}、1.20mol·L^{-1}、2.06mol·L^{-1}、3.21mol·L^{-1}、4.97mol·L^{-1} 的混合型离子液体电解液（样品 1、样品 2、样品 3、样品 4、样品 5），对其与活性炭电极组装成超级电容器的电化学性质进行了研究。

图 7-15 是不同混合电解液的循环伏安曲线（扫描速率为 5mV·s^{-1}）。图中的曲线均具有类矩形的规则形状，没有明显的氧化还原峰，说明混合电解液具有良好的循环可逆性，并且具有很好的浸润性。图 7-15（a）～（f）分别为不同浓度的 $[BMIM][CF_3CO_2]$ 混合电解液的循环伏安图。从图中可以看出，随着季铵盐浓度的持续增加，混合电解液的电化学窗口随之增大，这可能是由于盐的加入使电解液中阴、阳离子数目增多，离子键键能增大，稳定性增加，当混合电解液中季铵盐浓度为 2.06mol·L^{-1} 时，电解液的电化学窗口达到最大 2.7V；但继续增大季铵盐浓度，体系阴离子数量过多，会使阴阳离子间距离增加，相互作用力减小，电化学稳定能下降，因而电化学窗口变小。

图 7-16（a）为样品 3 的交流阻抗测试图，频率范围 200kHz～50MHz，振幅为 10mV，该图是由高频区的圆弧和中低频区的直线构成，高频区圆弧的半径可以反映样品 3 中电荷传递电阻的大小，半径越小，电荷的传递电阻越小，在中低频区域的直线的斜率接近于 1，类似于 Warburg 阻抗，是一种较典型的由界面阻抗与分布电容组成的体系，且斜线出现得越快、圆弧的半径越小，说明样品 3 中电子迁移几乎不受阻碍、可逆性有所提高。高频区的圆弧的第一个交点到坐标原点的距离即为样品 3 的内阻 0.96Ω，明显低于商用电解液

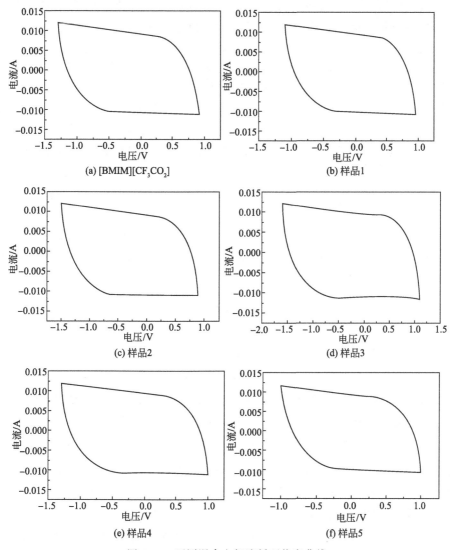

图 7-15 不同混合电解液循环伏安曲线

内阻（5Ω），因此这种混合电解液用作超级电容器电解液具有较好的电容特性。

图 7-16（b）是恒流充/放电测试 1000 次的曲线节选。从图中可以看出，充电曲线和放电曲线基本呈直线，整体呈等腰三角形对称分布，表明混合电解液的超电容为双电层电容。在恒定电流充/放电的条件下，电压与时间呈线性关系，表明其具有良好的循环性和可逆性；在充电后期没有出现电压迅速升高的现象，说明电容器本身内阻并未发生太大的变化，具有良好的稳定性能。从图 7-16（c）可以看到：经过 1000 次循环充/放电次后，电容器容量衰减仅

2%，说明这类混合电解液应用于超级电容器具备较优异的充/放电性能，有较长的循环寿命，能够支持双电层电容有效、稳定形成。

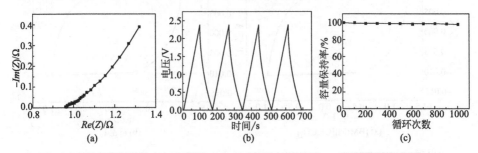

图 7-16　样品 3 的 Nyquist 图（a）、恒流充/放电曲线（b）及容量变化曲线（c）

由表 7-5 可知，以样品 3 混合离子液体作为电解液的超级电容器，在电流为 100mA 时，工作电压可达到 2.4V，充/放电测试 30 次后，充电效率为 96.59%，单电极比电容为 464.82F·cm^{-3}。

表 7-5　充/放电的电化学性能

工作电压/V	工作电极面积/cm^2	充电电量/mA·h	放电电量/mA·h	充/放电效率/%	工作电极比容量/F·cm^{-3}
2.4	9.375×10^{-2}	2.783	2.688	96.59	464.82

7.2.3.3　硫酸乙酯离子液体＋高氯酸锂盐混合型电解液超级电容器性能研究

我组还选用具有良好耐氧化、耐热以及导电性质的高氯酸锂盐（LiClO$_4$）与溶解性能好、黏度适宜、电化学性质稳定的硫酸乙酯离子液体［EMIM］［ES］作为溶剂和支撑电解质，与活性炭极片组装和超级电容器，测试了混合电解液的电化学性能。新型［EMIM］［ES］＋LiClO$_4$ 混合型电解质（液）是将 LiClO$_4$ 和离子液体按照摩尔比为 0.01∶1、0.02∶1、0.03∶1、0.04∶1、0.05∶1、0.06∶1、0.07∶1、0.08∶1、0.09∶1、0.1∶1 的十种配比进行混合配制的。

图 7-17（a）是温度与电导率之间的关系图，随着温度的升高，离子液体和混合体系的电导率呈现上升的趋势，这是由于咪唑阳离子是一个平面结构，在共轭效应下，电荷在整个咪唑环上分布均匀，使得周围的阴离子与阳离子的库仑作用较低，进而增高了离子解离度，传导质子的能力增强，最终导致离子液体的黏度降低，离子的运动速度加快，电导率随之增大。然而，图 7-17（b）表示组分与黏度和电导率之间的关系，在 $x_2 = 0.05$ 时，混合体系的电导率达到最大值（电导率达到 8.3mS·cm^{-1}，相同温度下纯离子液体电导率为 6.7mS·cm^{-1}），这是由于体系内添加了电解质盐，就会在一定程度上提高体系的电导率，然而，随着体系内盐浓度的进一步加大，阴、阳离子的数目增多，黏度增大，氢

键等相互作用加强，限制了离子的迁移速率，从而导致电导率的降低。

黏度与温度之间的关系如图 7-17（c）所示，由图可得，温度的升高导致黏度的降低。电导率的大小主要受锂盐浓度和混合电解液体系的黏度影响，在这两个因素的影响下，电导率的大小通常会在锂盐组分的增加过程中出现极值，正如图 7-17（b）中虚线所示，当温度为 298.15K，$x_2 = 0.05$（LiClO$_4$：EMIES＝0.05：1）时，混合电解液体现为黏度最小（$\eta = 90.3$mPa·s），电导率最大（$\sigma = 8.3$mS·cm^{-1}）。Kazutaka Kondo[43]等在实验中获得当电解液浓度为 0.778mol·L^{-1} 时，电导率最大为 6.4mS·cm^{-1}，与本文的变化趋势很类似。

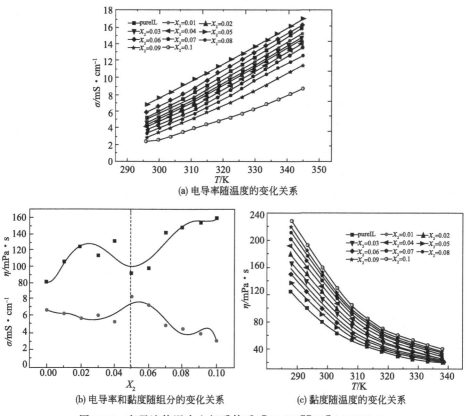

(a) 电导率随温度的变化关系

(b) 电导率和黏度随组分的变化关系

(c) 黏度随温度的变化关系

图 7-17　离子液体混合电解质体系（[EMIM][ES]＋LiClO$_4$）

选取电导率最优的配比（$x_2 = 0.05$）进行电容器的组装并进行电化学性质的测定，扫描速率为 20mV·s^{-1}。图 7-18（a）为纯离子液体的窗口，图 7-18（b）为 $x_2 = 0.05$ 时，混合电解液的电化学窗口。从图中发现，无论是纯离子液体还是混合电解液的 CV 曲线均没有明显的氧化还原峰，这说明在此电压范围内，电解液无法拉第过程发生，相对稳定。然而在图 7-18（b）中，锂盐的加入使曲线呈现了类矩形的超电特征，更重要的是，混合电解液的窗口将近 5.1V，明显大于纯组分的 4.1V，这充分说明混合电解液具有很好的稳定性和电化学特性。

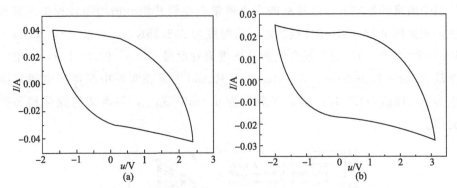

图 7-18　纯离子液体 [EMIM][ES] 循环伏安图（a）及混合电解液（[EMIM][ES]+LiClO$_4$）（$\chi_2=0.05$）循环伏安图（b）（扫描速率：20mV·s^{-1}）

图 7-19（a）为混合电解液（$\chi_2=0.05$）的交流阻抗图（扫描频率为 200kHz～50MHz，振幅为 10mV）。由图可知，$\chi_2=0.05$ 时，混合电解液的内阻为 0.58Ω，明显低于常用的超级电容器离子液体电解液（[BMIM][BF$_4$] 内阻为 1.05Ω，[BMIM][PF$_6$] 内阻为 1.43Ω），这说明 [EMIM][ES] 与高氯酸锂盐 1∶0.05 制成的超级电容器电解液有较好的电容特性。

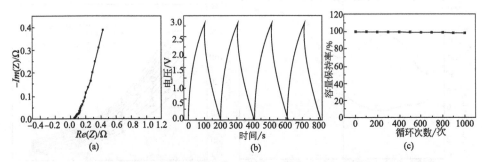

图 7-19　混合电解液（[EMIM][ES]+LiClO$_4$）（$x_2=0.05$）的 Nyquist 图（a）、恒流充/放电曲线（b）、容量变化曲线（c）

图 7-19（b）是充/放电曲线（100mA 的恒流电流，0～3V 电压范围），从图中可以观察到，电压随时间的变化呈线性关系，由于该组分黏度低，内阻小从而带来了良好的电压范围，并且在测试范围内，充/放电曲线呈现近似等腰三角形的对称分布，这些都证明混合电解液的有良好的循环性、可逆性和双电容特性。并且在这个测试过程中，没有明显的电压变化情况，没有出现过放电情况，充/放电曲线均呈线性状态，这也充分证明了混合电解液的内阻没有明

显变化，进一步证明混合电解液的稳定性极佳。图 7-19（c）是超级电容器电解液为 [EMIM][ES]＋LiClO$_4$ 混合体系（$\chi_2＝0.05$）的循环寿命曲线。由图可知，经过 1000 次的循环后，比电容值仅仅下降了 1.9%，具有稳定的充/放电特性，表明混合电解液具备优良的循环寿命和充/放电性能。

表 7-6　超级电容器恒流充/放电电化学性能

U/V	S 工作电极/cm^2	Q 充电/mA·h	Q 放电/mA·h	$\eta/\%$	$C/F·cm^{-3}$
3	9.375×10^{-2}	2.891	2.791	96.53	446.04

表 7-6 是通过公式计算得到的超级电容器的充/放电效率、比容量等性能参数，当充/放电电流为 100mA 时，工作电压可以达到 3V，单电极比电容为 446.04F·cm^{-3}，其充/放电效率率为 96.53%。这些结果表明，[EMIM][ES]＋LiClO$_4$ 混合电解液在超级电容器中具备规模应用的潜力。

参 考 文 献

[1] ROGERS R D, GREGORY A VOTH G A. Ionic liquids[J]. Acc Chem Res, 2007, 40(11): 1077-1078.

[2] FREEMANTLE M. Designer solvents: ionic liquids may boost clean technology development[J]. Chemical & Engineering News, 1998, 76(13): 32-37.

[3] ARMAND M, ENDRES F, MACFARLANE D R, et al. Ionic-liquid materials for the electrochemical challenges of the future[J]. Nature Materials, 2009, 8(8): 621-629.

[4] LEWANDOWSKI A, GALINSKI M. Practical and theoretical limits for electrochemical double-layer capacitors[J]. Journal of Power Sources, 2007, 173(2): 822-828.

[5] LEWANDOWSKI A, OLEJNICZAK A, GALINSKI M, et al. Performance of carbon-carbon super-capacitors based on organic, aqueous and ionic liquid electrolytes[J]. Journal of Power Sources, 2010, 195(17): 5814-5819.

[6] HUDDLESTON J G, VISSER A E, REICHERT W M, et al. Characterization and comparison of hydrophilic and hydrophobic room temperature ionic liquids incorporating the imidazolium cation[J]. Green Chemistry, 2001, 3(4): 156-164.

[7] ZHOU Z B, MATSUMOTO H, TATSUMI K. Low-melting, low-viscous, hydrophobic ionic liquids: 1-alkyl(alkyl ether)-3-methylimidazolium perfluoroalkyltrifluoroborate[J]. Chemistry-A European Journal, 2004, 10(24): 6581-6591.

[8] ZHONG C, DENG Y, HU W, et al. A review of electrolyte materials and compositions for electro-chemical supercapacitors[J]. Chemical Society Reviews, 2015, 44(21): 7484-7539.

[9] LEI Z, LIU Z, WANG H, et al. A high-energy-density supercapacitor with graphene-CMK-5 as the electrode and ionic liquid as the electrolyte[J]. Journal of Materials Chemistry A, 2013, 1(6): 2313-2321.

[10] ROMANN T, ANDERSON E, PIKMA P, et al. Reactions at graphene tetracyanoborate ionic liquid interface-New safety mechanisms for supercapacitors and batteries[J]. Electrochemistry Communi-

cations，2017，74：38-41.

[11] EFTEKHARI A. Supercapacitors utilising ionic liquids[J]. Energy Storage Materials，2017，9：
47-69.

[12] SILLARS F B, FLETCHER S I, MIRZAEIAN M, et al. Variation of electrochemical capacitor
performance with room temperature ionic liquid electrolyte viscosity and ion size[J]. Physical Chem-
istry Chemical Physics，2012，14(17)：6094-6100.

[13] LIU X, WANG Y, LI S, et al. Effects of anion on the electric double layer of imidazolium-based
ionic liquids on graphite electrode by molecular dynamics simulation[J]. Electrochimica Acta，2015，
184：164-170.

[14] LIU W, YAN X, LANG J, et al. Supercapacitors based on graphene nanosheets using different non-
aqueous electrolytes[J]. New Journal of Chemistry，2013，37(7)：2186-2195.

[15] VADIYAR M M, PATIL S K, BHISE S C, et al. Improved electrochemical performance of a
$ZnFe_2O_4$ nanoflake-based supercapacitor electrode by using thiocyanate-functionalized ionic liquid
electrolytes[J]. European Journal of Inorganic Chemistry，2015，2015(36)：5832-5838.

[16] SUN G, LI K, SUN C. Application of 1-ethyl-3-methylimidazolium thiocyanate to the electrolyte of
electrochemical double layer capacitors[J]. Journal of Power Sources，2006，162(2)：1444-1450.

[17] PANDEY G P, HASHMI S A. Studies on electrical double layer capacitor with a low-viscosity ionic
liquid 1-ethyl-3-methylimidazolium tetracyanoborate as electrolyte[J]. Bulletin of Materials Science，
2013，36(4)：729-733.

[18] MATSUMOTO K, HAGIWARA R. Electrochemical properties of the ionic liquid 1-ethyl-3-methy-
limidazolium difluorophosphate as an electrolyte for electric double-layer capacitors[J]. Journal of
the Electrochemical Society，2010，157(5)：A578-A581.

[19] SHI M, KOU S, YAN X. Engineering the electrochemical capacitive properties of graphene sheets in
ionicliquid electrolytes by correct selection of anions[J]. Chem Sus Chem，2014，7(11)：3053-3062.

[20] SENDA A, MATSUMOTO K, NOHIRA T, et al. Effects of the cationic structures of fluorohydro-
genate ionic liquid electrolytes on the electric double layer capacitance[J]. Journal of Power Sources，
2010，195(13)：4414-4417.

[21] LI J, TANG J, YUAN J, ET al. Interactions between graphene and ionic liquid electrolyte in super-
capacitors[J]. Electrochimica Acta，2016，197：84-91.

[22] HUANG P L, LUO X F, PENG Y Y, et al. Ionic liquid electrolytes with various constituent ions
for graphene-based supercapacitors[J]. Electrochimica Acta，2015，161：371-377.

[23] RENNIE A J R, MARTINS V L, TORRESI R M, et al. Ionic liquids containing sulfonium cations
as electrolytes for electrochemical double layer capacitors[J]. The Journal of Physical Chemistry C，
2015，119(42)：23865-23874.

[24] ROCHEFORT D, PONT A L. Pseudocapacitive behaviour of RuO_2 in a proton exchange ionic liquid
[J]. Electrochemistry Communications，2006，8(9)：1539-1543.

[25] MYSYK R, RAYMUNDO-PIÑERO E, ANOUTI M, et al. Pseudo-capacitance of nanoporous car-
bons in pyrrolidinium-based protic ionic liquids[J]. Electrochemistry Communications，2010，12
(3)：414-417.

[26] BRANDT A, PIRES J, ANOUTI M, et al. An investigation about the cycling stability of supercapacitors containing protic ionic liquids as electrolyte components[J]. Electrochimica Acta, 2013, 108: 226-231.

[27] DEMARCONNAY L, CALVO E G, TIMPERMAN L, et al. Optimizing the performance of supercapacitors based on carbon electrodes and protic ionic liquids as electrolytes[J]. Electrochimica Acta, 2013, 108: 361-368.

[28] 金振兴, 田源, 张庆国, 等. 1-丁基-3-甲基咪唑离子液体在超级电容器中的应用[J]. 电子元件与材料, 2010, 29(9): 66-69.

[29] BÉGUIN F, PRESSER V, BALDUCCI A, et al. Carbons and electrolytes for advanced supercapacitors[J]. Advanced Materials, 2014, 26(14): 2219-2251.

[30] LIAN C, LIU K, VAN AKEN K L, et al. Enhancing the capacitive performance of electric double-layer capacitors with ionic liquid mixtures[J]. ACS Energy Letters, 2016, 1(1): 21-26.

[31] TIMPERMAN L, VIGEANT A, ANOUTI M. Eutectic mixture of protic ionic liquids as an electrolyte for activated carbon-based supercapacitors[J]. Electrochimica Acta, 2015, 155: 164-173.

[32] 王毅, 高德淑, 李朝辉, 等. 离子液体在双层电容器中的应用研究[J]. 电源技术, 2005, 29(7): 466-470.

[33] ORITA A, KAMIJIMA K, YOSHIDA M. Allyl-functionalized ionic liquids as electrolytes for electric double-layer capacitors[J]. Journal of Power Sources, 2010, 195(21): 7471-7479.

[34] LIN R, HUANG P, SEGALINI J, et al. Solvent effect on the ion adsorption from ionic liquid electrolyte into sub-nanometer carbon pores[J]. Electrochimica Acta, 2009, 54(27): 7025-7032.

[35] KRAUSE A, BALDUCCI A. High voltage electrochemical double layer capacitor containing mixtures of ionic liquids and organic carbonate as electrolytes[J]. Electrochemistry Communications, 2011, 13(8): 814-817.

[36] JÄNES A, ESKUSSON J, THOMBERG T, et al. Ionic liquid-1, 2-dimethoxyethane mixture as electrolyte for high power density supercapacitors[J]. Journal of Energy Chemistry, 2016, 25(4): 609-614.

[37] ANOUTI M, TIMPERMAN L, ELHILALI M, et al. Sulfonium bis(trifluorosulfonimide) plastic crystal ionic liquid as an electrolyte at elevated temperature for high-energy supercapacitors[J]. The Journal of Physical Chemistry C, 2012, 116(17): 9412-9418.

[38] SCHÜTTER C, NEALE A R, WILDE P, et al. The use of binary mixtures of 1-butyl-1-methylpyrrolidinium bis {(trifluoromethyl) sulfonyl} imide and aliphatic nitrile solvents as electrolyte for supercapacitors[J]. Electrochimica Acta, 2016, 220: 146-155.

[39] ZHANG X, ZHAO D, ZHAO Y, et al. High performance asymmetric supercapacitor based on MnO_2 electrode in ionic liquid electrolyte[J]. Journal of Materials Chemistry A, 2013, 1(11): 3706-3712.

[40] ROLDÁN S, BLANCO C, GRANDA M, et al. Towards a further generation of high-energy carbon-based capacitors by using redox-active electrolytes[J]. Angewandte Chemie International Edition, 2011, 50(7): 1699-1701.

[41] XIE H J, GÉLINAS B, ROCHEFORT D. Redox-active electrolyte supercapacitors using electroac-

tive ionic liquids[J]. Electrochemistry Communications, 2016, 66: 42-45.

[42] 章正熙, 高旭辉, 杨立. BF4⁻ 和 TFSI⁻ 系列室温离子液体绿色电解液的电化学性能[J]. 科学通报, 2006, 50(15): 1584-1588.

[43] KONDO K, SANO M, HIWARA A, et al. Conductivity and solvation of Li⁺ ions of LiPF₆ in propylene carbonate solutions[J]. The Journal of Physical Chemistry B, 2000, 104(20): 5040-5044.

第8章
固态电解质

目前，虽然液体电解质被广泛使用，但固体电解质也已开始逐渐受到广泛关注，如果固体电解质完全取代液体电解质，就可得到全固态离子器件，这也将是电化学器件储能领域的一大变革。一般来说，具有实用价值的固体电解质其室温电导率应在 $1 \sim 10^{-5} S \cdot cm^{-1}$ 范围内。这个值介于金属与绝缘体之间，在数量级上与半导体和液态电解质的离子电导率相当，如图 8-1[1] 所示。

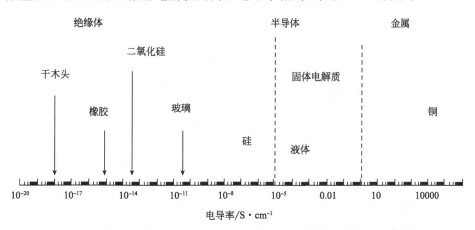

图 8-1　固体电解质与典型的金属、半导体和绝缘体的室温电导率对比图
注：固体电解质的电导率范围如图中虚线所示

固态电解质又可称为"超离子导体"或"快离子导体"，它是一类在其固态时具有与熔融盐或液体电解质相当离子电导率的材料。理想的无机固态电解质材料需满足以下要求：①在工作温度下要有良好的离子电导率（$10^{-1} \sim 10^{-4} S \cdot cm^{-1}$）；②具有极低的电子电导率（$< 10^{-6} S \cdot cm^{-1}$）；③化学稳定性要好，不能与电极材料发生化学反应；④具有较小的晶界电阻；⑤热膨胀系数同电极材料相匹配；⑥较高的电化学分解电压（$> 5.0V$）；⑦对环境友好、原料廉价易得、易制备等。

固体电解质的内部含有许多缺陷，如离子空位、间隙。它的结构和性质介于正常晶体（具有规则的三维结构和不可移动的原子和离子）和液体电解质（不具有规则的结构，但离子可以自由移动）之间，这种结构对于离子的迁移十分有利。其结构与它的离子导电机理、电化学性质等变化规律有关，在物理学界与电化学界受到普遍关注并吸引了大量工作者对其进行开发与研究。

对于目前的固态电解质而言，我们大体可以将其分为三类：①无机固态电解质（ISEs）；②固态聚合物电解质（SPEs）；③复合固态电解质（CSEs）。而无机固态电解质构成多样，根据其配体上不同的杂环原子又可细分为氧化物、硫化物和氮化物固态电解质。图 8-2 为固态电解质的一些应用和可能的潜在应用[2]。

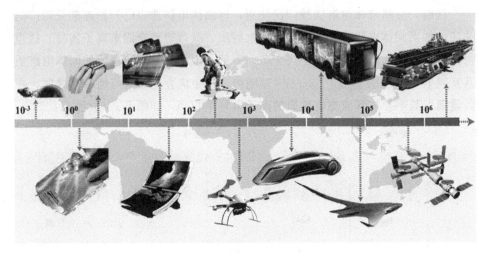

图 8-2   固态电解质的应用

固态电解质中的离子传输与液体电解质中的阳离子和阴离子的耦合传输不同[3]。但由于无机固态电解质（ISEs）固有的电导率较高，在特定条件下，其电导率会随着温度的上升而升高，当温度从室温上升至 300℃时，典型固体电解质的电导率一般可提高 2～3 个数量级[4]。

1854～1888 年 Buff 等[5]研究了玻璃态和结晶态卤化银（AgBr、AgI）的导电情况，测量定了其热力学、动力学参数，并研究了其离子迁移状况。19 世纪末期，固体电解质被首次应用于制备氧离子导体，氧离子导体作为白炽灯的光源，当电流经过电解质时，电阻减小并发光。1904 年固体电解质被证实适用于法拉第定律。同时低温固体电解质材料碘化银的发现结束了人们一直以来对超离子导电固体材料的误解，是固体电解质研究过程的重要突破。

到 20 世纪中后期，锂离子导体渐渐开始发展起来。在 LiI 和 Al_2O_3（孔径 3～15nm）的混合体系中发现，该体系中锂离子室温电导率高达 $10^{-4}S\cdot cm^{-1}$，

与掺入粒径 $10\mu m$ 的 Al_2O_3 颗粒的复合材料相比，增加了 $1\sim2$ 个数量级，界面稳定性提高 50%。对于这种现象研究者给出了这样的推测，其性能的提升主要是由于 Li^+ 吸附在具有亲核性的 Al_2O_3 表面，形成空间电荷区域从而提高了离子的传导能力。能源、电力等与碱金属离子导体密切相关，已经有众多研究人员从事这种类型导体的研究与开发工作，这对固体电解质材料的发展起到了积极的推动作用。

8.1 无机固态电解质

由于大多数无机固态电解质材料都具有特殊的晶体结构，并具有各向异性的电导率，所以这就实现了离子在框架结构间隙处的快速传输。若要设计一个晶体型的无机离子导体，它就需要符合以下基本标准：首先导体应该包含无序的移动离子，它的大小要适合于传导通道中最小的横截面区域，且具有不同配位数的稳定骨架离子，移动离子与主要框架之间的作用力较弱[6]。

对于无机固态电解质的研究始于 LiI、Li_3N 及其衍生物，Li_3N 室温离子电导率虽然高达 $6.0\times10^{-3}S\cdot cm^{-1}$，但其电化学分解电压仅为 $0.45V$，这一缺点限制了其在实际中的应用[7]。

目前所研究的最为广泛的无机固体电解质有 LIPON 型、NASCION 型、钙钛矿型、硫化物、Garnet 和 LiN_3 型等类型。LIPON 型电解质常温下离子电导率较低，且制作过程多数需要在真空条件下完成，因此难以大面积生产，成本较高，较难广泛地应用；NASCION 型和钙钛矿型电解质中存在 Ti^{4+}，当与金属锂接触时易发生氧化还原反应，且电子电导率较高，并存在较大的晶界电阻；硫化物电解质离子电导率较高，但是热稳定性差，具有强吸湿性，与水接触时易生成有毒的硫化氢气体；LiN_3 型电解质电导率存在各向异性、化学稳定性不佳、合成过程中容易生成杂相、遇水易燃等缺点，从而限制了其商业化的应用。

无机固态电解质最早被应用于高能量密度动力蓄电池的制备。1976 年由福特公司发明的钠硫电池，其结构为：$(-)/Na(液)/Na-\beta-Al_2O_3/S(Na_2S_x)$液$/(+)$。理论能量为 $780W\cdot h\cdot kg^{-1}$，一般为 $150\sim300W\cdot h\cdot kg^{-1}$，而铅酸蓄电池的理论值为 $180W\cdot h\cdot kg^{-1}$，实际只有 $30\sim50W\cdot h\cdot kg^{-1}$。

全固态电池、固体燃料电池、全固态电容器等器件要求具有绝对的高安全性。使用无机固态电解质替代传统的液态电解质，是解决二次电池安全问题的可行途径之一。要想使全固态电池得以发展，除了要解决界面之间存在的接触问题外，更为关键的是要寻找高离子电导率的固态电解质。

东京工业大学与丰田汽车公司及高能量加速器研究机构的研究小组最近研发出具有最高锂离子电导率的超离子导电体，这种超离子导电体（$Li_{10}GeP_2S_{12}$）的锂离子电导率在室温下能达到 $12mS \cdot cm^{-1}$，不仅是以往的锂离子导电体 Li_3N 电导率（$6mS \cdot cm^{-1}$）的 2 倍，而且远高于胶体电解质离子电导率的值[8]。此外，以固体电解质 Ag_4RbI_5 为隔膜的银离子电池由于其电池性能好，在国外已经普遍被应用，但缺点是成本非常高。

目前最具有前景的钠离子固态电解质是 Na-β''-Al_2O_3 和 NASICON 结构的钠离子电解质。其中已经商业化的 Na-β''-Al_2O_3 型电解质在高温（300～350℃）下具有较高的离子电导率。β''-Al_2O_3 材料是一种层状结构，Na^+ 在 Na-β''-Al_2O_3 的输运是二维传导，其导电性具有方向性的限制，各向异性的热膨胀系数会降低其使用寿命，并且其烧结温度高达 1680℃，不易加工和制造，烧结时为了防止 Na_2O 的挥发需要在密闭容器内进行，且在热循环时各向异性的热膨胀可能会降低无机陶瓷膜的寿命与防潮性，生产成本较高，因此为克服上述缺点，人们正努力地探索新型钠离子导体[9,10]。

无机固态电解质在染料敏化太阳能电池中应用较为广泛。1995 年，Tennakone 等[11]首次以 CuI 为固态电解质组装了染料敏化太阳能电池（DSSC）。在阳光下（约 $800W \cdot m^{-2}$）测得其电流密度约为 $2.5mA/cm^{-2}$，但是由于 CuI 的晶粒尺寸控制困难，不能与 TiO_2 很好地结合，因此其光电效率及稳定性受到了一定的影响，并在实验中发现在连续工作 1.5～2h 后电流开始出现衰减的现象。

Meng 等[12]使用导电性较好的 ZnO 来改善 TiO_2 颗粒之间的电子传输，并利用 1-甲基-3-乙基咪唑硫氰酸盐来控制 CuI 颗粒的生长过程，用此法组装的固态染料敏化太阳能电池光电转换效率为 3.8%。

O'Regan 等[13]利用 CuSCN 作为固态电解质所得到的染料敏化太阳能电池，在 $100mW \cdot cm^2$ 的光强下，电流密度为 $8mA \cdot cm^{-2}$，开路电压为 600mV，光电转换效率约为 2%。将无机固态电解质应用于染料敏化太阳能电池中还面临着很多需要解决的问题，如提高空穴传输效率和电解质的稳定性、解决电解质与纳米晶薄膜的结合问题、电解质导带与敏化染料的搭配选择问题及 n 型纳米电极的制备等。

对于双电层超级电容器而言，传统的超级电容器按组装方式的不同可以大致分为两类，一类是卷轴式电容器，电活性材料被涂覆于集流体上，通过卷绕的方式进行组装，其特点是可容纳大尺寸的电极片，电容总量较高；另一类是纽扣式电容器，即将圆片状或平板状的电极片通过叠层三明治的方式进行组装，其特点是封装密度高，易于串并联，但单体电压较低。传统的超级电容器的电解液一般是液态或有机电解液，容易漏液，对封装的要求较高，存在一定的安全隐患。而新型的固态超级电容器由于其电解质是固态的，不会有电解液泄漏的危险，封装难度有所降低，稳定性得到了提高，并且较传统超级电容器体积相比更小、更灵活。安全性高、电位窗口宽、易于加工和封装是未来超级电容器发展的方向之一。但无机固态电解质受限于活性物质的传导和移动，所以在超级电容器中的应用中目前并不多见。

8.2　固态聚合物电解质

聚合物电解质（polymer electrolytes）被广泛定义为含有聚合物材料且能像液体一样导电的电解质，是指在高分子链上带有可离子化基团的物质[14,15]。在曾经一段时期内人们认为聚合物是绝缘体，不导电。直至 2000 年有研究者划时代地发现了塑料的导电性，打破了聚合物不导电的传统观念，开创了崭新的领域。自此，有关聚合物电解质的研究迅速在全世界展开，研究的内容主要包括新的聚合物的合成、聚合物及聚合物电解质的理化性质研究和电荷传输的理论模型的建立等。

纯固态聚合物电解质是研究最早的聚合物电解质。可以将聚合物分为三类：结晶型聚合物、半结晶型聚合物和无定形聚合物。然而，究竟是结晶型聚合物还是非结晶型聚合物能够更好地辅助离子运输，一直以来都没有准确的定论。通过对聚合物基质中的微观结构动力学的研究可以更好地了解离子迁移的机制，以优化固态聚合电解质（SPE）的性能。因此，随着相关测试仪器的发展，许多深入的研究已经开始集中在离子迁移机理上。

到目前为止，聚合物电解质存在多种分类方式，按照聚合物基质来分，可分为五大类：即聚环氧乙烷基（PEO）、聚甲基丙烯酸甲酯基（PMMA）、聚偏氟乙烯基（PVDF）、聚丙烯腈基（PAN）、聚氯乙烯基（PVC）聚合物电解质。若按照聚合物的形态划分，聚合物电解质又可以被分为固态聚合物电解质（solid polymer electrolyte，SPE）、凝胶型聚合物电解质（gel polymer electrolyte，GPE）、复合型聚合物电解质（composite polymer electrolytes，CPE）等。此外，聚合物分子链中含有—NH—、—CN—、C＝C—OH 等官能团的高分子材料也可作为固态聚合电解质（SPE）的基体材料。这种聚合物电解质可以看作是电解质盐溶解于聚合物基体所形成的固态溶液（salt-in-polymer）。

8.2.1　聚环氧乙烷（PEO）

在固态聚合电解质中，聚环氧乙烷（PEO）固态聚合电解质由于其成熟的研究技术和优异的性质而被广泛应用。PEO是由环氧乙烷经多相开环形成的高分子量均聚物，是结构最为简单的骨架结构体系。PEO的溶解效应是由其独特的分子结构和空间结构所决定的，它既能提供足够高的给电子基团，又具有柔性聚醚链段，因此能够以笼囚效应有效地溶解阳离子。1973年，Wright等[16]首次报道了聚合物中离子也能发生迁移的现象，即PEO碱金属盐的SPE体系具有离子导电性。Armand等[17]在前人的工作基础上，把PEO与碱金属盐体系应用于电池研究中，PEO聚合物与锂盐可形成稳定的络合体系，有利于锂盐的解离[18]。PEO是具有80%结晶度的半结晶聚合物，室温下离子电导率较低（$\sigma < 10^{-5}\,\mathrm{S \cdot cm^{-1}}$），而且只能在60℃以上正常操作。1975年Wright等[19]又发现聚环氧乙烷（PEO）和聚偏氟乙烯（PVDF）等聚合物的碱金属盐配合物具有离子导电性，并制成了聚丙烯腈（PAN）和聚甲基丙烯酸甲酯（PMMA）的离子电导膜。

8.2.2　聚丙烯腈（PAN）

自1975年开始，研究者们逐渐将目光投向了聚丙烯腈（PAN）系列的电解质研究。由于合成简单、稳定性好、耐热性高、不易燃等优点，PAN受到了广泛关注。由于它本身的离子导电能力有限，一般要采用有机电解液进行增塑，形成凝胶聚合物电解质。制作方法一般为将聚丙烯腈粉末与非水电解质溶剂进行混合，加热到100℃溶解，然后冷却。Raghavan等[20]以PAN为基体制作了凝胶聚合物电解质，并研究了含不同液态电解液的凝胶电解质，结果分析表明，25℃时它们的电导率都在$10^{-3}\,\mathrm{S \cdot cm^{-1}}$范围内，电化学窗口稳定性都大于4.7V，充/放电稳定性都良好，具有实际应用的价值。

8.2.3　聚甲基丙烯酸甲酯（PMMA）

聚甲基丙烯酸甲酯（PMMA）为非晶高分子，透明性好。MMA单元中有一羰基侧基，与碳酸酯类增塑剂中的氧有很强的作用，能够容纳大量的液体电解质。所以PMMA的离子传输性能较好，并且它与金属锂电极的界面阻抗低，有较好的界面稳定性，是理想的凝胶型聚合物电解质骨架组分。PMMA原料也很丰富，制备简单，价格便宜，因此应用广泛。1985年开始作为聚合物的主体被应用于锂二次电池中。

聚合物与溶剂之间的亲和力影响着凝胶膜的溶剂保液能力、机械性能和电导率。亲和力强的聚合物具有较高的溶剂保液能力，电导率高，但其机械强度较差。PMMA的亲和力强，但独立成膜性能差，将其与低亲和力的聚合物如聚偏氟乙烯（PVDF）、聚氯乙烯（PVC）、聚偏氟乙烯-六氟丙烯［P（VDF-

HFP)]、丙烯腈（ABS）等混合后可以使凝胶型聚合物电解质的性能更加优异。在制备 MMA-苯乙烯（ST）的共聚物时，当 MMA：ST 的摩尔比为 33：67 时，体系电化学性能最为稳定，室温电导率超过 $1.0 \times 10^{-3} S \cdot cm^{-1}$，且成膜性好。

8.2.4　聚偏氟乙烯（PVDF）

PVDF 由—CH_2—CF_2—重复单元构成，是结晶度为 30%～50% 的结晶型聚合物，其结构如图 8-3 所示[15]。PVDF 的结晶度较高，机械性能较差，通常将其与六氟丙烯共聚形成共聚物 [P(VDF-HFP)] 来降低聚合物的结晶性，提高电导率，熔点也会随之降低，也会提高聚合物膜的柔软性。

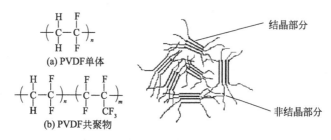

图 8-3　PVDF 结构

8.2.5　聚离子液体

为了能使聚合物电解质在更广阔的领域内得到实际运用，可以将离子液体（IL）结构引入到聚合物电解质中，借助离子液体具有较高电导率的优点来克服聚合物电解质相对较低的离子电导率的缺陷。离子液体通常黏度较高，因此不适合成为理想的液体电解质。此外，由于可能出现的电池漏液问题，对非液体电解质的需求正不断增长。可以将 ILs 聚合以形成离子聚合物，其在一定程度上具有与 IL 相似的离子迁移率，且它们不是液体的。在这类聚合物基础上形成的共聚物电解质有偏氟乙烯与六氟丙烯的共聚物 [P(VDF-HFP)] 和丙烯腈-甲基丙烯酸甲酯-苯乙烯的共聚物 [P(AN-MMA-ST)] 等。

聚离子液体（PIL）即聚合态的离子液体，是由重复的离子液体单体所构成的聚合电解质。从单体到低聚物再到高分子聚合物，离子液体的一些特殊的性质如较低的蒸气压、热稳定性、不可燃性、高离子导电性和较宽的电化学窗口稳定性可以传递到聚合物链上。此外，离子液体的可设计性和聚合物链段的选择性丰富了 PIL 的性质和应用，在聚合物和材料科学领域引起了相当大的关注[21-23]。

早期在有关聚离子液体的综述中系统地探讨了其合成、化学结构、物理性质以及在材料方面的应用[22,24,25]。过去 5 年中聚离子液体发展迅猛。将功能性离子液体的阴、阳离子（如咪唑、吡啶、吡咯和六氟磷酸盐）引入到聚合物高分子体系中可以合成一系列的功能性聚离子液体材料，拓宽了 PIL 的性质、结构、功能和应用。

将离子液体的导电性、亲水性、疏水性、热力学稳定性整合到结构可调的聚离子液体中已经在不同的领域有了创新性的应用。从合成到应用，要了解如何设计 PIL 以满足所需的性能标准是至关重要的。

离子电导率通常是设计 PIL 时需要考虑的重要性质，特别是当（准）固态电解质用于电化学和电化学设备时。不同于离子液体或离子液体聚合物中的阴离子和阳离子都是可移动的，PIL 通常是单离子导体。通常 PIL 的阴离子或阳离子在结构上被约束为聚合物骨架的一部分。发生聚合后，与单体离子导电性相比，离子电导率通常显著降低。这是由于玻璃化温度的显著升高和组分离子的共价键结合之后的移动离子数的减少[26]。一些相关因素可能影响 PIL 中的离子电导率，如玻璃化温度、聚合物结构、分子量和聚合物链的热稳定性。

（1）玻璃化转变温度（T_g） 较低的 T_g 会提高离子电导率[27]。尽管静电离子对间静电作用较弱，但是由于电荷密度很高，PIL 可能会呈现低的 T_g。这种作用与常规的由于强静电作用而具有高玻璃化转变温度的离子聚合物不同。Elabd 课题组[28]发现以 TFSI⁻ 取代 BF$_4^-$ 可以增强 PIL 中的离子电导率。T_g 的显著降低有助于聚合物的部分运动并能提高阴离子的迁移率。具有聚（1-丁基-3-乙烯苄基咪唑）（P[VBBIM]）骨架结构的聚合物 T_g 大小根据阴离子的不同有以下的排列顺序：P[VBBIM][TFSI⁻]（3℃）＜P[VBBIM][Sac]（40℃）＜P[VBBIM][BF$_4$]（78℃）＜P[VBBIM][PF$_6$]（85℃）。其中，TFSI⁻ 和 Sac⁻ 阴离子可以显著降低聚合物的 T_g，因为它们可以使本体聚合物增塑[29]。同样的，Baker 等[30]直接将 TFSI⁻ 接在聚氧乙烯的骨架中，降低了聚离子液体的玻璃化转变温度（-14℃），并提高了其电导率（30℃时为 10^{-5}S•cm^{-1}）。

（2）聚合物结构 相比于阴离子较大的聚合物而言，具有相同阳离子而阴离子较小的聚合物电导率较高，这是由于较小的阴离子负电荷移动得更快。对于各种具有相同的吡咯烷阳离子而阴离子不同的聚合物，电导率是由阴离子电荷的离域和其尺寸来决定的。含 SO$_3^-$ 的聚合物阴离子离域程度越高其电导率越大。值得一提的是，在一系列强离域阴离子中，具有氰基磺酰亚胺离子的聚电解质表现出极佳的导电性[31]。

咪唑阳离子的取代位置以及阴离子种类对离子电导率都有明显的影

响[32,33]。聚阳离子和聚阴离子型离子液体在乙烯基上有灵活的柔性并且此类结构的 IL 室温下电导率为 10^{-4}S·cm^{-1}。保持咪唑阳离子的灵活性以获得较高的 IL 型聚合物的离子电导率是很有必要的。咪唑阳离子迁移率、平移和旋转都影响着离子电导率。

（3）分子量 PIL 的分子量也可以影响它的 T_g、黏度、模量和离子电导率。实验发现咪唑鎓聚阳离子的离子电导率随着分子量的增加而降低。Fan 等[34]探究了一系列聚合度范围从 1～333、分子量从 482～160400 Da 的 PIL。他们发现，随着分子量的增加，离子传递机制从紧密耦合到分段动力学转变为强分离。较难发生的聚合物阳离子整合可能会有助于离子传输中的去耦过程。当聚合度 n 超过约 70 时，T_g 随着分子量的增加而增加，这与常规柔性不带电聚合物的行为相似。电导率随着分子量的增加（从单体到三聚体）急剧下降，但是在高分子量区域（高于 1000Da）时，电导率没有显著变化。

（4）热稳定性 对 PIL 的热稳定性研究是很有必要的，因为许多情况下聚合物会被应用于高温领域。PIL 结构的多样性也就导致了 PIL 较广的热稳定性区间，从 150℃到 400℃以上。在热重分析实验中，起始分解温度的设置通常是依据 PIL 骨架的化学结构。芳香族 PIL 的起始分解温度通常高于脂肪族。然而，将共轭物引入含有五元吡咯烷大分子链中时，热稳定性会降低，这是因为在氧的存在下双键容易氧化。由于共轭结构和空间位阻，基于咪唑的 PIL 具有较强的热稳定性，其起始分解温度值高于吡咯烷盐 PIL。铵基聚阳离子的热稳定性低于咪唑和吡咯烷 PILs，但高于磷盐和硫盐。PIL 的热稳定性随着阳离子中取代基的长度减小而增加，而延长聚合物主链和离子取代基间的烷基链长度会导致热稳定性降低。

阴离子的化学结构同样会影响 PIL 的起始分解温度。通过对不同阴离子的聚（1-乙烯基-3-乙基咪唑）PIL 进行比较发现，其热稳定性按以下顺序递减 $CF_3SO_3^- > (CF_3SO_2)_2N^- > C_{12}H_{25}C_6H_4SO_3^- > PF_6^- > Br^- > C_{16}H_{34}PO_4^-$。在其他相似的 PILs 中和类似的 IL 系列中也发现了此种趋势[31]。

PILs 具有一定的耐化学和电化学腐蚀性。然而，在特定装置或极端反应条件下，一些副反应如结构重排或降解也有可能发生，这些作用必须在实际应用中进行研究。例如 PILs 中的氢氧根离子由于高亲核性可能会引起化学不稳定性。对于铵和磷阳离子，C_2—或 N_3—取代基在强碱性条件下会影响咪唑阳离子的化学稳定性[31]。

ILs 的电化学稳定性窗口为 2.5～5.0V。与 IL 类似，PIL 的电化学稳定性窗口差异很大，这取决于具体的 PIL 阳离子和阴离子。PIL 电化学稳定性与结构相似的 ILs 不同，在某些情况下甚至超过它们。研究表明，基于吡咯烷的

PIL 电化学稳定性优于基于咪唑的 PIL。与不饱和环状季铵阳离子相比，吡咯阳离子具有更高的阴极分解电位。

根据 PIL 的不同结构和性质，可以将其应用在聚合物电解质、电化学装置、智能材料、催化剂载体、多孔聚合物和抗菌材料的构造中。一般来说，聚离子液体的合成方式有以下几种。

(1) 自由基聚合　常规的自由基聚合是获得 PIL 与复合材料的关键和常用聚合方法。这种用于高体积聚合的方法适用于引入多种官能团并且对反应混合物杂质表现出较高的耐受性。标准聚合方法已经广泛应用于制备基于 IL 和 PIL 的先进材料。

(2) 活性自由基聚合　为了优化 PIL 聚合物材料的性能，已经可以制备具有预定分子量、小分子量分布和有序形态结构的 PIL 链。因为这种可控的自由基聚合技术才可以"定制"出目标 PIL。

最近，各种可控聚合技术已经用于实践，如加成断裂链转移聚合（RAFT）、氮氧自由基聚合（NMP）、钴介导自由基聚合（CMRP）和有机碲化物介导的活性自由基聚合（TERP）等。这些方法所合成的 PIL 大多具有均匀的聚合度和相当窄的分子量分布。

(3) 阳离子聚合　20 世纪 80 年代，东村和肯尼迪集团发现了可控活性阳离子聚合反应。控制活性阳离子聚合通常要在引发剂和共引发剂的有机溶剂中进行。由于活性物质和休眠物质之间可以保持平衡，所以高极性有机溶剂增强了阳离子的聚合。然而，极性溶剂，特别是氯化溶剂有毒，且易挥发还具有腐蚀性质，会造成一定程度的环境污染。此外，路易斯酸催化剂较难与反应产物分离。

1-辛基-3-甲基咪唑四氟硼酸盐（[OMIM][BF$_4$]）中的异丁基乙烯基醚（IBVE）的阳离子聚合是在 0℃下进行的。与在正常有机溶剂中的聚合相比，[OMIM][BF$_4$] 中 IBVE 的阳离子聚合以较温和的放热方式进行，得到具有较高分子量并产生较高单体转化率的聚合物。在反应体系中引入少量 2,6-二叔丁基吡啶（DTBP）可使聚合反应更受控制。

除了 ILs 的聚合之外，还可以将 IL 固定在基质上。显然，这样做会部分降低离子迁移率，从而降低离子电导率，但却可以避免液体泄漏问题，同时又具有离子迁移率[35]。图 8-4[31] 表明了聚合物基质内与 IL 交联的过程。结果显示，虽然离子电导率降低了，但电化学稳定性有所提高。

与普通非离子聚合物相比，基于 PIL 的聚合物电解质具有较高的离子电导率（25℃时高达 10^{-3} S·cm^{-1}）、更宽的电化学窗口（高达 5V）、较高的热稳定性（高达 350℃）、不可燃性和良好的相容性。因此，PIL 被广泛地应用于各种

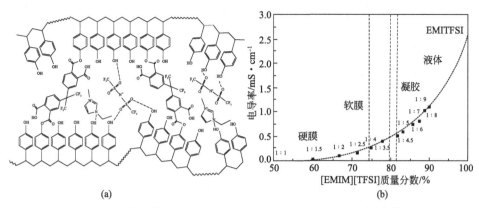

图 8-4 聚四乙烯基苯酚（C-P4Ph）与 1-乙基-3-甲基咪唑双三氟甲磺酰亚胺
（[EMIM][TFSI]）的交联结构（a）及离子电导率与 IL/聚合物比的关系（b）

电化学装置，如燃料电池的电解质、染料敏化太阳能电池、超级电容器、电致
变色器件、晶体管等。

锂金属电池的大部分单阳离子电解质只在 60℃ 或以上才有良好的性能。
为了解决这个问题，Zhang 等[36]制备了双极化电解质 PIL/LiTFSI。在使用了
这种电解质之后，锂电池就可以在室温下进行操作了，这也就增强了锂电池的
安全性。

轻量级超级电容器有望使用固态或准固态聚合物电解质替代液体电解质，
从而降低对密封和外壳的要求。因此，PIL 电解质被认为是超级电容器的理想
固态电解质。固态聚合物电解质通常具有以下的应用。

（1）应用于全固态太阳能电池　在研制全固态太阳能电池方面，导电聚合
物具有很大的发展潜力。应用于染料敏化太阳能电池（DSSC）固态电解质的
导电高聚物，必须满足以下条件：聚合反应在染料不发生解吸附的温度下发
生；聚合反应能在碘存在的情况下发生；聚合反应无需引发剂，防止引发剂的
分解产物降低电池的性能[37]。

Nogueira 等[38]使用氯醇/乙二醇的共聚物与 NaI 和 I_2 制备电解质，并组
装 DSSC 进行研究。在 0.1sun 的光照条件下，光电转换效率为 2.6%。

研究者将戊二醛加入聚乙二醇的乙腈溶液中，添加 KI 和 I_2 交联形成固态
电解质，从而改善了与 TiO_2 膜的接触，该交联聚合物的离子传导率在 $10^{-5} \sim$
$10^{-3} S \cdot cm^{-1}$ 之间，所得的电池在 AM1.5 的光强情况下获得了 3.64% 的光电转
换效率。

聚合物中残余溶剂的挥发会在聚合物中形成孔隙，导致离子传导率降低及
电解质与电极接触变差。为了克服这些困难，Nogueira 等[39]采用环氧氯丙烷

与氧化乙烯的共聚物，添加 NaI 和 I_2 制备电解质，通过加热电极使残余溶剂挥发，并添加增塑剂聚乙二醇甲基醚填充溶剂挥发之后留下的孔隙。加热后 DSSC 的稳定性大大提高，添加增塑剂的电解质离子扩散系数比没有添加的提高了约 5 倍，得到的 DSSC 的光电转换效率也有明显的提高。

孟庆波等[40]利用碘化锂和 3-羟基丙腈制备了一种新型固态电解质 LiI (HPN)$_x$ (2≤x≤4)，并进行其 DSSC 的应用研究，在 AM1.5 的光强下，电池的光电转换效率为 5.4%。

目前以导电聚合物制备的 DSSC 的光电转换率较低，需要进一步改善界面接触，降低光生电荷的复合，提高离子传导率等。

(2) 应用于超级电容器　将聚（二烯丙基二甲基铵）双-（三氟甲磺酰）亚胺溶解在 IL 中，以 N-丁基-N-甲基吡咯烷双（三氟甲基磺酰）亚胺（[PYR$_{14}$][TFSI]）作为电解质应用于超级电容器中[41]。在组装超级电容器之前，用电解液浸润电极是改善碳与电解液接触的一个关键过程。然而，由于电极/电解质界面性能不佳，这些超级电容器的性能也不佳。使用具有高离子电导率的基于吡啶类的聚电解质可以进一步提高超级电容器的比容。

Lewandowski[42]等以 PAN、PEO、PVA 为基体，将离子液体［EMIM］［BF$_4$］、［BMIM］［PF$_6$］、［BP］［TFSI］［N-甲基-N-丙基吡啶-二（三氟甲磺酰）亚胺]作为离子源和增塑剂，直接混合制备了一系列离子导电的聚合物电解质，进而组装并测试了一系列双电层电容器，该类聚合物电解质最大室温电导率达 $15 \times 10^{-3} S \cdot cm^{-1}$，且电化学窗口约为 3V（在玻碳电极上）。活性炭电极单位面积上的比电容为 $4.2 \sim 7.7 \mu F \cdot cm^{-2}$，单位质量比电容最高达 $200 F \cdot g^{-1}$。

8.3　凝胶电解质

凝胶是具有一定几何外形，同时具有固体和液体的某些性质的胶体分散体系。在凝胶电解质中，聚合物不仅是起支撑作用的基体，而且是一种活跃的胶体成分。一般凝胶具有空间网状结构，既具有强度、弹性和屈服值，又能使离子在其中自由扩散，呈半固体状，无流动性[43]。由凝胶的定义我们可以知道，凝胶兼具了固、液两个方面的特性。高度溶胀的凝胶具有与液体一样很大的扩散系数。凝胶体系会随外部环境的变化而具有吸附、脱吸附、负载、分离、缓释物质的功能，这一点无论是固态物质或是液态物质都不具备的。

由于全固态聚合物电解质的室温离子电导率很低，远远不能达到实际应用所需的要求，因此在 1975 年，Feuillade 和 Perche[44]提出，将聚合物浸入含有碱金属盐的有机溶剂中，形成凝胶态，这种凝胶态聚合物电解质不但具有液体电解质的高离子电导率，同时又具有良好的加工性能。凝胶型聚合物电解质中包含有大量液体，电解质盐主要分散在液体相中，其离子传输也主要发生在液体相中，其传输机理与液体电解质相似。

聚合物材料种类繁多，作为凝胶型聚合物电解质的骨架材料必须满足以下要求：成膜性好、膜强度高、电化学窗口宽、在有机电解液中稳定性好等。凝胶型聚合物电解质可以分为两种类型，一种是物理交联型凝胶型聚合物电解质，另一种是化学交联型凝胶型聚合物电解质。物理交联型一般是线型聚合物分子与溶剂、盐通过非共价键作用，自组装成网络结构，进而使整个体系凝胶化，形成凝胶膜。化学交联型才是真正意义上的凝胶体，是先在有机电解液中添加单体和引发剂，然后通过加热或光辐射使单体发生聚合，通过共价键作用形成的网络结构，由这种网络结构构成凝胶聚合物电解质。

凝胶聚合物电解质实质上是一种增塑体系，是将溶剂分子固定在高分子链间而形成的高分子膨胀体系。凝胶态聚合物电解质主要是由聚合物、增塑剂等几部分组成的，在电池中同时兼具隔膜和离子载体的功能。

固态电解质是柔性固态超级电容器的另一个关键组成部分。与液体电解质相比，固态电解质易于处理，具有更高的可靠性和更宽的操作温度范围。另外，使用固态电解质可以避免泄漏问题，因此降低了器件封装的成本。超级电容器中使用最广泛的固态电解质是凝胶聚合物。良好的固态电解质应具有以下优点：低成本、无毒、在环境温度下具有较高的离子电导率、良好的机械强度，良好的稳定性和较宽的潜在窗口[45]。与干固体聚合物电解质电导率（$10^{-8} \sim 10^{-7}\,S \cdot cm^{-1}$）相比，凝胶聚合物电解质表现出更高的离子电导率（$10^{-4} \sim 10^{-3}\,S \cdot cm^{-1}$）。

凝胶聚合物电解质通常由作为主体的聚合物骨架、作为增塑剂的有机/水性溶剂和支撑电解质盐组成。聚丙烯酸酯（PAA）、聚环氧乙烷（PEO）、聚乙烯醇（PVA）、聚丙烯腈（PAN）、聚偏二氟乙烯（PVDF）、聚偏二氟乙烯-共-六氟丙烯（PVDF-co-HFP）和聚甲基丙烯酸甲酯（PMMA）、聚（乙二醇）共混聚（丙烯腈）（PAN-b-PEG-b-PAN）是用于制备凝胶电解质的主体聚合物。通常用作增塑剂的有机溶剂是碳酸亚乙酯（EC）、碳酸亚丙酯（PC）、碳酸甲乙酯（EMC）、碳酸二甲酯（DMC）、碳酸二乙酯（DEC）、γ-丁内酯（GBL）和四氢呋喃（THF）。通常，将混合两种以上的有机溶剂形成增塑剂，以获得更高的离子电导率、较低的黏度和宽的稳定的电势窗口。在凝胶聚合物电解质中，电解盐应具有大的阴离子和低的解离能，以提供游离/迁移离子。凝胶聚合物电解质可分为三种：①锂离子凝胶聚合物电解质；②质子导电凝胶聚合物电解质；③其他离子凝胶聚合物电解质。

（1）锂离子凝胶聚合物电解质　锂离子凝胶聚合物电解质通常用于锂离子电池和超级电容器中。迄今为止，各种锂离子凝胶聚合物电解质包括 PMMA/LiClO₄、PAN-*b*-PEG-*b*-PAN/LiClO₄、PVA/LiClO₄、PVA/LiCl、P（VDF-*co*-HFP）/SiO₂（Li⁺）、PAE/PVA/SiO₂/LiClO₄ 被应用于固态超级电容器中。锂离子凝胶聚合物电解质的制备通常是通过将聚合物（PMMA、PVA、PAN 等）与溶解在有机溶剂中的锂盐于 70～170℃ 的温度范围内混合来制备。Huang 等[46]最近设计了一种具有高离子导电性和较大工作电位的凝胶聚合物电解质，利用聚丙烯腈（PAN-*b*-pegb-PAN）作为骨架，二甲基甲酰胺（DMF）作为增塑剂，LiClO₄ 作为一种电解盐［图 8-5（a）］。这种凝胶电解质离子电导率很高可达到 $6.9 \times 10^{-3}\,\mathrm{S \cdot cm^{-1}}$，电化学窗口可达 2.1V［图 8-5（b）］。

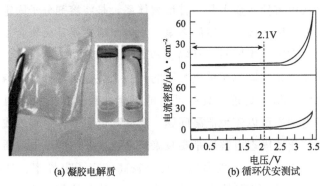

(a) 凝胶电解质　　　　　　　　(b) 循环伏安测试

图 8-5　LiClO₄ 凝胶电解质

有机溶剂通常有毒、易燃且价格昂贵。因此，用水凝胶聚合物电解质替代有机溶剂是非常有必要的。使用水凝胶电解质也可显著降低器件成本。最近，Wang 等[47]以 PVA 作为主体，将 LiCl 作为电解盐，蒸馏水作为溶剂设计了水性凝胶聚合物电解质。这种含水且显中性的 LiCl/PVA 凝胶电解质可以有效地抑制电极的化学溶解和不可逆的电化学氧化反应。使用该 LiCl/PVA 凝胶作为电解质，可以提高 VOₓ 和 VN 电极的循环稳定性。例如，在不损耗 VOₓ 的电化学性能的情况下，VOₓ 电极在 5000 次循环后仍保持优异的电容量。

（2）质子导电凝胶聚合物电解质　质子具有比 Li⁺ 更高的迁移率，这使得它更有希望成为快速充电/放电超级电容器的电荷载体。质子导电聚合物电解质通常通过将聚合物基质浸渍在具有极性溶剂的溶液中来制备。H₂SO₄、H₃PO₄ 和杂多酸通常用作质子导电聚合物凝胶电解质的质子供体。目前，已经开发了大量的质子导电聚合物凝胶电解质，如 PVA/H₂SO₄，PVA/H₃PO₄，PVA/H₃PO₄/硅钨酸纤维素/几丁质/1-丙烯基-3-甲基咪唑溴盐/H₂SO₄。它们的室温离子电导率在 $10^{-4} \sim 10^{-2} \mathrm{S \cdot cm^{-1}}$ 之间。Lian 等[48]合成了硅钨酸（Si-WA）/PVA/H_3PO_4 凝胶电解质，性能优良，寿命长。与 Nafion 相比，SiWA/PVA/H_3PO_4 凝胶电解质显示出更高的导电性，在合适的环境条件下达到 $8\mathrm{mS \cdot cm^{-1}}$。Wu 等[49]通过将对苯二酚（PB）加入到 PVA-H_2SO_4 凝胶聚合物电解质中制备氧化还原介导的凝胶聚合物电解质。通过调节对苯二酚的量，PVA/H_2SO_4/PB 的离子电导率可达到 $34.8\mathrm{mS \cdot cm^{-1}}$。此外，最近设计的一种新型的质子传导聚合物凝胶电解质，其中包含了交联聚乙烯醇中的硅钨酸（SiWA）。采用这种聚合物凝胶电解质的柔性固态超级电容器具有极高速率容量（$50\mathrm{V \cdot s^{-1}}$）。

（3）碱性凝胶聚合物电解质　近年来，碱性凝胶聚合物电解质因其在全固态碱性充电电池和超级电容器中的巨大潜力而引起越来越多的关注[50]。科学家们在制备多用途的碱性凝胶聚合物电解质方面取得了令人兴奋的进展，其中包括聚（环氧氯丙烷-共-环氧乙烷）/KOH/H_2O，PEO/KOH/H_2O，钾聚（丙烯酸）/KOH/H_2O 和 PVA/KOH/H_2O。研究者通过阻抗和循环伏安法研究了 PEO/KOH 聚合物电解质体系。研究结果表明，可以通过控制 PEO/KOH/H_2O 聚合物电解质三种组分之间的比例来达到最佳电导率（$10^{-4} \sim 10^{-3} \mathrm{S \cdot cm^{-1}}$）[51]。Yang 等[52]报道了掺杂有 KOH 的 PVA 基凝胶聚合物电解质的合成，得到的碱性 PVA/KOH/H_2O 聚合物电解质的电导率为 $10^{-2} \mathrm{S \cdot cm^{-1}}$。

（4）其他离子凝胶聚合物电解质　除了上述凝胶聚合物电解质之外，研究者们还报道了几种其他类型的复合电解质。例如，松田等制备了由聚丙烯腈、碳酸亚丙酯和四烷基铵盐（四丁基高氯酸铵、四乙基高氯酸铵和四乙基铵四氟硼酸盐）组成的凝胶聚合物电解质[53]。此外，Lee 等也报道了聚丙烯酸酯（PAAK）（PAAK：KCl：H_2O＝9.0%：6.7%：84.3%）电解质，其电导率为 $10^{-1} \mathrm{S \cdot cm^{-1}}$[54]。

离子液体凝胶是将离子液体引入高分子材料中，从而制备出的一种新型的聚合物功能材料。从最基本的观点来看，离子液体凝胶材料包括两个组分：一个离子液体，一个连续固相。与普通水凝胶相比，离子液体凝胶除具备水凝胶的网状结构和环境响应性外还具备了离子液体本身良好的稳定性和较强的导电性，可以保持其原有的特性。离子液体既能在结构方面起作用又能在功能方面起作用，赋予了凝胶材料新的生命。同时离子液体凝胶材料在分散型离子液相和固相连续相之间也提供了一种共生关系。

离子液体与传统电解质相比，具有很多优点。例如：①蒸气压低，几乎不挥发；②在很宽的温度范围内呈液态，热稳定性良好，无毒；③通过对阴、阳离子的选择，可以控制其对无机物、水、有机物及聚合物的溶解能力；④具有良好的导电性能，电化学窗口宽，可作为电化学研究时许多物质的电解液；⑤酸度和极性可调控。目前离子液体已被广泛应用到化学合成和电化学等方面。

　　合成离子液体凝胶的方式有许多。其中可以用乙烯单体进行原位聚合制备凝胶，并通过溶解和铸造来形成柔性膜。凝胶也可以由天然聚合物（生物大分子）形成。Kadokowa 等[55]合成了一种以离子液体（1-烯丙基-3-甲基-3-甲基咪唑酰胺）和甲壳素/纤维素复合的凝胶。Kang 等[56]还通过热解法将二氧化硅纳米粉末与离子液体 1-乙基-3-甲基咪唑双（三氟甲基磺酰）亚胺混合设计了离子液体凝胶电解质。最近，Chen 等[57]在 P(VDF-HFP)-1-乙基-3-甲基咪唑四氟硼酸盐（EMiMbF$_4$）离子凝胶中掺入 1%（质量分数）的氧化石墨烯。同样是 Kang 等[58]合成了基于离子液体聚合物凝胶电解质和碳纳米管电极材料的柔性超级电容器，图 8-6 为离子凝胶。

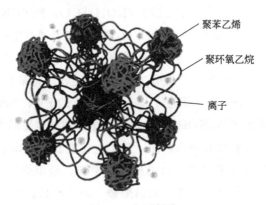

聚苯乙烯

聚环氧乙烷

离子

图 8-6　离子凝胶

　　在通过溶胶-凝胶法制备的初始离子液体凝胶中，使用离子液体作为模板，并且在材料形成之后除去离子液体。在类似的离子液体中，已成功地将其作为模板制备介孔固体，在材料准备好后，移除 IL。当 IL 被移除后就会显示出完整的多孔结构。包含二氧化硅离子凝胶中的离子液体的性质和质量对固体连续相的结构有直接的影响[59]。以三乙氧基硅烷端基为基础，合成了无机低聚二甲基硅氧烷（PDMS）。然后将该溶胶-凝胶前体用于形成具有 80%［EMIM］［FSI］的凝胶[60]。将 IL 的阳离子与硅烷氧结合形成一种混合溶胶-凝胶前体，（阴离子相关联）溶胶-凝胶前体与四甲氧基硅烷（TMOS）混合，并开始溶胶-凝胶反应。在这种情况下，不存在作为分散相的游离离子液体，并且唯一存在的液体作为溶胶-凝胶反应（乙醇和甲醇）的副产物[61]。由 70% 的 IL 和 30% 环氧树脂制成的薄膜电解质电导率约为 $1mS\cdot cm^{-1}$[62]。另一方面，ILs 的可调疏水性/亲水性有助于合成更稳定的凝胶聚合物。自从 Fuller 等[63]开始探究基于 ILs 的凝胶聚合物电解质以来，许多研究者都将其应用在各种电化学系统中，特别是锂离子电池和超级电容器中，它已经成为设计柔性固态超级电容器的选择之一。聚合物基质掺杂的 ILs 可以使其热稳定性得以改善，并提高电化学窗口至 $3.5\sim4.0V^{[64,65]}$。已经有许多聚合凝胶电解质被应用于超级电容器中，如聚丙烯腈、聚亚乙烯六氟丙烯、聚偏二氟乙烯/聚醋酸乙烯酯、聚环氧乙烷、聚乙烯醇、聚甲基丙烯酸甲酯和聚四氟乙烯、壳聚糖等。

虽然凝胶聚合物呈固体状态，但它们的热力学性能和机械稳定性却不是很理想。高黏度的 IL 有利于成胶的过程，有助于凝胶聚合物的机械完整性，可以提高柔性超级电容器的弯曲能力并便于纱线超级电容器的制造。已经有许多课题组进行了不断的尝试，制备了一系列具有优异性能的导电聚合物柔性电池材料。图 8-7 分别为柔性夹芯电池配置（a），交叉指状电池配置（b）和同轴光纤电池配置（c）的凝胶电解质超级电容器[66]。清华大学 Meng 等[67]通过在自支撑碳纳米管薄膜上进行电聚合反应，制备了碳纳米管/聚苯胺复合柔性电极，使用该复合电极和 PVA/H_2SO_4 溶胶电解质组装的固态超级电容器，厚度仅相当于一张 A4 纸，在高度弯曲的状态下，集成器件可达到基于聚苯胺（PANI）的 $350F\cdot g^{-1}$ 的比电容，循环 1000 次几乎无衰减，基于整个器件的质量，该超级电容器可达到 $31.4F\cdot g^{-1}$ 的比电容，大约为商用的高电流电容器产品的 6 倍。

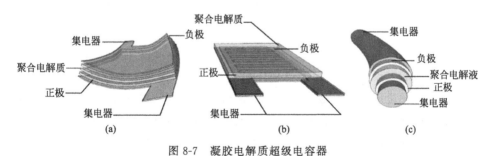

聚合电解质　　集电器
集电器　　　　负极　　　　　　　　　　　　　　负极　　　　　　　负极
聚合电解质　　　　　　　　　　　　　　　　　正极　　　　　　　　聚合电解液
正极　　　　　　　　　　　　　　　　　　　　　　　　　　　　　　正极
集电器　　　　　　　　　　　　　集电器　　　　　　　　　　　　集电器
(a)　　　　　　　　　　　　　(b)　　　　　　　　　　　　(c)

图 8-7　凝胶电解质超级电容器

澳大利亚卧龙岗大学的 Kim 等[68]通过电沉积法在 PVDF 柔性膜上沉积金膜，制备了 PPy/Au/PVDF 柔性薄膜，在 $0.2mol\cdot L^{-1}$ NaPTS 电解液中，比电容可达到 $370F\cdot g^{-1}$。

Nakagawa 等[69]将 [EMIM][BF_4] 与 $LiBF_4$ 混合，制得二元室温熔盐（即室温离子液体）$LiEMIBF_4$，然后将交联的聚氧乙烯 PEO 加入其中，形成凝胶聚合物电解质（GLi $EMIBF_4$），并组装了 $Li[Li_{1/3}Ti_{5/3}]O_4/LiEMIBF_4/Li$-$CoO_2$ 电池和 $Li[Li_{1/3}Ti_{5/3}]O_4/GLiEMIBF_4/LiCoO_2$ 电池。

南京航空航天大学的 Lu 等[70]将聚吡咯@碳纳米管与石墨烯共抽滤制备了活性物质分散均匀的 GN-PPy/CNT 柔性复合膜，在 $0.2A\cdot g^{-1}$ 的电流密度下，质量比电容为 $211F\cdot g^{-1}$，体积比电容为 $122F\cdot cm^{-3}$。

加拿大国家研究委员会工业材料所功能聚合物研究组的 Laforgue[71]通过静电纺丝的方法制备了自支撑聚（3,4-乙烯二氧噻吩）薄膜，薄膜自身具有良好的导电性和电化学活性，该导电膜的电导率达到 $60S\cdot cm^{-1}$，电化学活性也较之前的报道有所提高。Panzer 等[72]制备了 UV 引发的交联聚（乙二醇）二丙烯酸酯（PEGDA）离子液体凝胶。

虽然已经有基于各种导电聚合物的柔性电极被制备出来，但是这些电解质对电极的要求较高，有的需要使用碳纳米管和金等贵金属，价格十分昂贵，且石墨烯的制备工艺繁杂，纯导电聚合物薄膜自身柔性的不稳定性也极大地限制了其发展和应用。因此，发展具有优异电化学性能同时保持较低成本的柔性聚合物基电极仍然是各研究者需要攻克的难题。

8.4 复合固态聚合物电解质

8.4.1 添加无机材料型固态聚合物电解质

上述电解质由于各种各样的局限性阻碍了它们在实际中的应用。因此需要通过有效的方式对固态电解质进行改进。而复合电解质由常规电解质和其他固体物质组成。1982 年 Weston 等[73]首次将无机陶瓷填料引入到聚合物中合成了 PEO-LiClO₄ 体系，并通过引入无机粉末 $\alpha\text{-Al}_2O_3$ 对固体聚合物电解质进行了改性，实验发现加入 10% 的 $\alpha\text{-Al}_2O_3$ 之后，大大提高了聚合物电解质的机械性能。自此之后，人们逐渐开始探究无机填料对聚合物电解质体系的作用和影响，并因此而形成了一种新的聚合物电解质体系为复合型聚合物电解质。

不仅如此，研究人员还对聚合物电解质的导电机理也进行了进一步地研究，利用 DSC、NMR、交流阻抗等技术研究表明，离子是在晶相中迁移，但离子导电的过程主要发生在非晶相区域内。聚合物电解质是通过链段的运动导致离子的"络合-解离-再络合"来实现其导电过程的。

PEO 的氧化乙烯链段能够溶解锂盐，并能与 Li⁺ 发生络合作用，使锂盐溶解；在玻璃化转变温度（T_g）以上，PEO 分子链柔性好，链段运动又快。因此聚环氧乙烷（PEO）是比较理想的一种无机复合聚合物电解质的聚合物母体，大部分研究都是基于 PEO 进行的。

Kumar 等[74]曾对无机填料对聚合物电解质的离子电导率及电子传输机制

的影响进行了较深入的研究。聚合物电解质改性使用的无机填料一般可以分为两大类：一类是本身不具备导电能力的中性无机填料，如 SiO_2、Al_2O_3、MgO、ZrO_2、TiO_2 等；另一类是具备较强离子传输能力的无机填料，如 $\gamma\text{-}LiAlO_2$、Li_3N 及其他硅酸盐类无机填料。这些无机填料在聚合电解质中可以提高电解质盐的离解度并提高离子运动速度；提高聚合物基体的机械性能和热性能；破坏聚合物链段原有的规整排列，使其保持无定形态和吸附体系中微量杂质，减少电极极化和腐蚀。

由于 $BaTiO_3$ 能促进锂盐解离，弱化锂离子和氧之间的作用，从而提高电导率。Itoh 等[75]在 PEO-Li TFSI 体系中加入质量分数为 10% 的 $BaTiO_3$ 后，30℃下电导率可 $2.6\times10^{-4}S\cdot cm^{-1}$，80℃下电导率达到 $5.2\times10^{-3}S\cdot cm^{-1}$，且在空气中的稳定温度达到 312℃。Capiglia[76]发现 SiO_2 的热处理温度对聚合物电解质的电导率有很大影响。PEO-Li TFSI 中加入 5% 的 900℃处理的纳米 SiO_2，室温电导率为 $1.4\times10^{-4}S\cdot cm^{-1}$，使用 100℃处理的 SiO_2 时，同样条件下电导率仅为 $4.6\times10^{-5}S\cdot cm^{-1}$。

Weston 等[77]首先提出向聚合物电解质中加入惰性颗粒，其目的是为了提高聚合物电解质的机械强度，然而在研究过程中发现，惰性颗粒的加入可显著提高聚合物电解质的某些其他性能，这引起了广大研究者的极大兴趣。

此外还可以通过引入高导电性、性能优良的锂盐（如 $LiAsF_6$、$LiBF_4$、$LiPF_6$、$LiSCN$、$LiClO_4$）与聚环氧乙烷（PEO）复合破坏聚合物的结晶，增加无定形态的比例来提高导电率。

Xi 等[78]利用 SBA 介孔分子筛作为填充材料合成了复合聚合物电解质。SBA-15 介孔分子筛具有二维六方相孔径，部分介孔孔道的微孔相互连通，其结构如图 8-8 所示。对此复合电解质的 DSC 研究发现，SBA-15 能够明显地降低 PEO 结晶度和玻璃化转变温度。SBA-15 骨架结构上的路易斯酸位可以与 PEO 链段中的醚 O 和 ClO_4^- 中的 O 原子发生路易斯酸-碱作用，从而释放出较多可以移动的离子，进而提高导电能力。

无机填料的加入能够有效地抑制聚合物分子链的结晶行为，从而增加聚合物非晶区的比例，降低聚合物的结晶度及玻璃化转变温度。目前，研究人员将研究重点集中于寻找有效的无机填料，希望能够从本质上探求复合聚合物电解质中聚合物-无机颗粒间的微观相互作用，并力求在此基础上设计出有特定功能的复合聚合物电解质。

8.4.2 添加增塑剂型复合聚合物电解质

为了提高全固态聚合物电解质在室温下的电导率，可以在聚合物中加入有

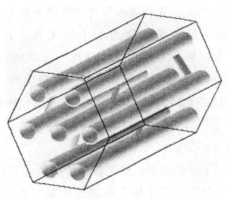

图 8-8　SBA-15 结构

机电解质或者液态增塑剂。当增塑剂添加到聚合物中时，原来的固态聚合物电解质变成了凝胶态的聚合物电解质，电导率和原来相比，可以提高两个数量级，但是增塑剂大量的加入会使得聚合物电解质的机械性能大大降低。70%～80%的聚合物和10%～12%的增塑剂可以构成具有一定机械强度的、室温电导率在 10^{-4}～10^{-3} S•cm^{-1} 之间的聚合物/增塑剂型复合聚合物电解质。增塑剂的功能是造孔，可以起到减小聚合物的结晶度、提高聚合物链段的运动能力、降低离子传输的活化能的作用。常用的增塑剂有碳酸乙烯酯（EC）、碳酸丙烯酯（PC）、磷酸二丁酯（DBP）等，也可以采用几种增塑剂的混合物[79]。

与不加入增塑剂的聚合物电解质相比，加入增塑剂形成的聚合物/增塑剂型复合聚合物电解质室温离子电导率会有所提高。聚合物/增塑剂型复合聚合物电解质体系中含有大量的有机增塑剂（如 PC、EC 等），在电池工作时容易形成钝化膜，使得聚合物锂离子电池充/放电容量和电池使用寿命衰减[80]。

8.4.3　聚合型复合聚合物电解质

聚环氧乙烷（PEO）易于与碱金属盐具络合，且在聚合物中的导电性还属优良，所以在进行复合时通常是针对 PEO 及其衍生物进行共混改性。通过共混不仅能够降低 PEO 的结晶度，使复合聚合物电解质的电导率有一个新的突破，还可以增强复合聚合物电解质的机械性能。通常将其与聚偏氟乙烯（PVDF）、聚氧化丙烯（PPO）、聚丙烯腈（PAN）、聚乙二醇（PEG）等共混。但是此类聚合型复合聚合物电解质的室温电导率仍然偏低，通常在 10^{-5} S•cm^{-1} 左右，还不足以满足实用化的要求。

参 考 文 献

[1] THANGADURAI V, WEPPNER W. Recent progress in solid oxide and lithium ion conducting elec-

trolytes research[J]. Ionics, 2006, 12(1): 81-92.

[2] CHEN R, QU W, GUO X, et al. The pursuit of solid-state electrolytes for lithium batteries: from comprehensive insight to emerging horizons[J]. Materials Horizons, 2016, 3(6): 487-516.

[3] 陈艾, 邓宏. 快离子导体及器件[M]. 北京: 电子工业出版社, 1993:1-2.

[4] 史美伦. 固体电解质[M]. 重庆:科学技术文献出版社重庆分社, 1982:1-2.

[5] BUFF, KANNO R, MURAYAMA M. Lithium ionic conductor thio-LISICON: The $Li_2SGeS_2P_2S_5$ System[J]. Journal of the Electrochemical Society, 2001, 148(7): A742-A746.

[6] ARMAND M, ENDRES F, MACFARLANE D R, et al. Ionic-liquid materials for the electrochemical challenges of the future[J]. Nat Mater, 2009, 8(9)621-629.

[7] LAPP T, SKAARUP S, HOOPER A. Ionic conductivity of pure and doped Li_3N[J]. Solid State Ionics, 1983, 11(2): 97-103.

[8] 陈梅. 日本开发出高电导率固体电解质材料[J]. 电源技术, 2011, 35(10): 1181-1182.

[9] SLADE R C T, YOUNG K E, BONANOS N. Hydronium and ammonium NASICONs: Investigations of conductivity and conduction mechanism[J]. Solid State Ionics, 1991, 46(1-2): 83-88.

[10] VONALPEN U, BELL M F, HOFER H H. Compositional dependence of the electrochemical and structural parameters in the Nasicon system$(Na_{1+x}Si_xZr_2P_{3-x}O_{12})$[J]. Solid State Ionics, 1981, 3: 215-218.

[11] TENNAKONE K, KUMARA G, KUMARASINGHE A R, et al. A dye-sensitized nano-porous solid-state photovoltaic cell[J]. Semiconductor Science and Technology, 1995, 10(12): 1689-1693.

[12] MENG Q B, TAKAHASHI K, ZHANG X T, et al. Fabrication of an efficient solid-state dye-sensitized solar cell[J]. Langmuir, 2003, 19(9): 3572-3574.

[13] O'REGAN B, LENZMANN F, MUIS R, et al. A solid-state dye-sensitized solar cell fabricated with pressure-treated $P25-TiO_2$ and CuSCN: Analysis of pore filling and IV characteristics[J]. Chemistry of Materials, 2002, 14(12): 5023-5029.

[14] 吴宇平, 万春荣, 姜长印. 锂离子二次电池[M]. 北京: 化学工业出版社, 2002.

[15] 马建标, 李晨曦. 功能高分子材料[M]. 北京: 化学工业出版社, 2000.

[16] FENTON D E, PARKER J M, WRIGHT P V. Complexes of alkali metal ions with poly(ethylene oxide)[J]. Polymer, 1973, 14(11): 589.

[17] ARMAND M. Polymer solid electrolytes-an overview[J]. Solid State Ionics, 1983, 9: 745-754.

[18] CLERICUZIO M, PARKER W O, SOPRANI M, et al. Ionic diffusivity and conductivity of plasticized polymer electrolytes[J]. Solid State Ionics, 1995, 82(3-4), 179-192.

[19] WRIGHT P V. Electrical conductivity in ionic complexes of poly(ethylene oxide)[J]. Polymer International, 1975, 7(5): 319-327.

[20] RAGHAVAN P, MANUEL J, ZHAO X, et al. Preparation and electrochemical characterization of gel polymer electrolyte based on electrospun polyacrylonitrile nonwoven membranes for lithium batteries[J]. Journal of Power Sources, 2011, 196(16): 6742-6749.

[21] WELTON T. Room-temperature ionic liquids. Solvents for synthesis and catalysis[J]. Chemical Reviews, 1999, 99(8): 2071-2084.

[22] LU J, YAN F, TEXTER J. Advanced applications of ionic liquids in polymer science[J]. Progress in

Polymer Science, 2009, 34(5): 431-448.

[23] MACFARLANE D R, FORSYTH M, HOWLETT P C, et al. Ionic liquids and their solid-state analogues as materials for energy generation and storage[J]. Nature Reviews Materials, 2016, 15 (6): 150-155.

[24] MECERREYES D. Polymeric ionic liquids: Broadening the properties and applications of polyelectrolytes[J]. Progress in Polymer Science, 2011, 36(12): 1629-1648.

[25] YUAN J, MECERREYES D, ANTONIETTI M. Poly(ionic liquid)s: an update[J]. Progress in Polymer Science, 2013, 38(7): 1009-1036.

[26] DOBBELIN M, AZCUNE I, BEDU M, et al. Synthesis of pyrrolidinium-based poly(ionic liquid) electrolytes with poly(ethylene glycol) side chains[J]. Chemistry of Materials, 2012, 24(9): 1583-1590.

[27] GREEN O, GRUBJESIC S, LEE S, et al. The design of polymeric ionic liquids for the preparation of functional materials[J]. Polymer Reviews, 2009, 49(4): 339-360.

[28] CHEN H, CHOI J H, ELABD Y A, et al. Polymerized ionic liquids: the effect of random copolymer composition on ion conduction[J]. Macromolecules, 2009, 42(13): 4809-4816.

[29] TANG J, TANG H, SUN W, et al. Poly(ionic liquid)s as new materials for CO_2 absorption[J]. Journal of Polymer Science Part A: Polymer Chemistry, 2005, 43(22): 5477-5489.

[30] BAKER S, ZHOU H, HONMA I. Preparation of nanohybrid solid-state electrolytes with liquidlike moloilities by solidifying ionic liquids with silica particles[J]. Chemistry of Materials, 2007, 19(22): 5216-5221.

[31] MARR P C, MARR A C. Ionic liquid gel materials: applications in green and sustainable chemistry [J]. Green Chemistry, 2016, 18: 105-128.

[32] YOSHIZAWA M, OHNO H. Molecular brush having molten salt domain for fast ion conduction[J]. Chemistry Letters, 1999, 28(9): 889-890.

[33] HIRAO M, ITO K, OHNO H. Preparation and polymerization of new organic molten salts: Nalkylimidazolium salt derivatives[J]. Electrochimica Acta, 2000, 45(8): 1291-1294.

[34] FAN F, WANG W, HOLTA P, et al. Effect of Molecular Weight on the Ion Transport Mechanism in Polymerized Ionic Liquids[J]. Macromolecules, 2016, 49(12): 4557-4570.

[35] AHN Y, KIM B, KO J, et al. All solid state flexible supercapacitors operating at 4 V with a cross-linked polymer-ionic liquid electrolyte[J]. J Mater Chem A, 2016, 45(11), 4386-4391.

[36] ZHANG C, DENGY, HU W, et al. A review of electrolyte materials and compositions for electrochemical supercapacitors[J]. Chemical Society Reviews, 2015, 44(21): 7484-7539.

[37] LI B, WANGL, KANG B, et al. Review of recent progress in solid-state dye-sensitized solar cells [J]. Solar Energy Materials and Solar Cells, 2006, 90(5): 549-573.

[38] NOGUEIRA A F, DURRANT J R, DE PAOLI M A. Dye-sensitized nanocrys talline solar cells employing a polymer electrolyte[J]. Advanced Materials, 2001, 13(11): 826-830.

[39] NOGUEIRA V C, LONG O C, NOGUEI R A, et al. Solid-state dye-sensitized solar cell: Improved performance and stability using a plasticized polymer electrolyte[J]. Journal of Photochemistry and Photobiology A: Chemistry, 2006, 181(2-3): 226-232.

[40] 孟庆波, 林原, 戴松元. 染料敏化纳米晶薄膜太阳电池[J]. 物理, 2004, 33(3): 177-180.

[41] TIRUYE G A, MUNOZ-TORRERO D, PALMA J, et al. All-solid state supercapacitors operating at 3.5V by using ionic liquid based polymer electrolytes[J]. Journal of Power Sources, 2015, 279 (12): 472-480.

[42] LEWANDOWSKI A, WIDERSKA A. New composite solid electrolytes based on a polymer and ionic liquids[J]. Solid State Ionics, 2004, 169(1): 21-24.

[43] 沈钟, 赵振国, 王果庭. 胶体与表面化学[M]. 北京: 化学工业出版社, 1997.

[44] FEUILLADE G, PERCHE P. Ion-conductive macromolecular gels and membranes for solid lithium cells[J]. Journal of Applied Electrochemistry, 1975, 5(1): 63-69.

[45] SEKHON S S. Conductivity behaviour of polymer gel electrolytes: Role of polymer[J]. Bulletin of Materials Science, 2003, 26(3): 321-328.

[46] HUANG C W, WU C A, HOU S, et al. Gel electrolyte derived from poly(ethylene glycol) blending poly(acrylonitrile) applicable to roll-to-roll assembly of electric double layer capacitors[J]. Advanced Functional Materials, 2012, 22(22): 4677-4685.

[47] WANG G, LU X, LING Y, et al. LiCl/PVA gel electrolyte stabilizes vanadium oxide nanowire electrodes for pseudocapacitors[J]. ACS Nano, 2012, 6(11): 10296-10302.

[48] GAO H, LIAN K. High rate all-solid electrochemical capacitors using proton conducting polymer electrolytes[J]. Journal of Power Sources, 2011, 196(20): 8855-8857.

[49] YU H, WU J, FAN L, et al. A novel redox-mediated gel polymer electrolyte for high-performance supercapacitor[J]. Journal of Power Sources, 2012, 198: 402-407.

[50] LU X, WANG G, ZHAI T, et al. Stabilized TiN nanowire arrays for high-performance and flexible supercapacitors[J]. Nano Letters, 2012, 12(10): 5376-5381.

[51] LEWANDOWSKI A, ZAJDER M, FRACKOWIAK E, et al. Supercapacitor based on activated carbon and polyethylene oxide-KOH-H_2O polymer electrolyte[J]. Electrochimica Acta, 2001, 46 (18): 2777-2780.

[52] YANG C C, LIN S J, et al. Preparation of alkaline PVA-based polymer electrolytes for Ni-MH and Zn-air batteries[J]. Journal of Applied Electrochemistry, 2003, 33(9): 777-784.

[53] ISHIKAWA M, IHARA M, MORITA M, et al. Electric double layer capacitors with new gel electrolytes[J]. Electrochimica Acta, 1995, 40(13): 2217-2222.

[54] LEE K T, WU N L. Manganese oxide electrochemical capacitor with potassium poly(acrylate) hydrogel electrolyte[J]. Journal of Power Sources, 2008, 179(1): 430-434.

[55] KADOKOWA J, TAKEGAWA A, AKIHIKO Y, et al. Preparation of chitin/cellulose composite gels and films with ionic liquids[J]. Carbohydrate Polymers, 2010, 79(1): 85-90.

[56] KANG Y J, CHUNG H, HAN C H, et al. All-solid-state flexible supercapacitors based on papers coated with carbon nanotubes and ionic-liquid-based gel electrolytes[J]. Nanotechnology, 2012, 23 (6): 65-71.

[57] CHEN H, CHOI J H, WINEY K I, et al. Polyrmerized ionic liquids: the effect of random copolymer composition on ion conduction[J]. Macromolecules, 2009, 42(13): 4809-4816.

[58] KANG Y J, YOO Y, KIM W. 3V solid-state flexible supercapacitors with ionic-liquid-based polymer

gel electrolyte for AC line filtering[J]. ACS Applied Materials & Interfaces, 2016, 8(22): 13909-13917.

[59] VIAU L, NEOUZE M A, BIOLLEY C, et al. Ionic liquid mediated sol-gel synthesis in the presence of water or formic acid: which synthesis for which material[J]. Chemistry of Materials, 2012, 24 (16): 3128-3134.

[60] HOROWITZ A I, PANZER M J. Poly(dimethylsiloxane)-supported ionogels with a high ionic liquid loading[J]. Angewandte Chemie International Edition, 2014, 53(37): 9780-9783.

[61] THIEMANN S, SACHNOV S J, GRUBER M, et al. Spray-coatable ionogels based on silane-ionic liquids for low voltage, flexible, electrolyte-gated organic transistors[J]. Journal of Materials Chemistry C, 2014, 2(13): 2423-2430.

[62] SHIRSHOVA N, BISMARCK A, CARREYETTE S, et al. Structural supercapacitor electrolytes based on bicontinuous ionic liquid-epoxy resin systems[J]. Journal of Materials Chemistry A, 2013, 1(48): 15300-15309.

[63] FULLER J, BREDA A C, CARLIN R T. Ionic liquid-polymer gel electrolytes[J]. Journal of the Electrochemical Society, 1997, 144(4): 67-70.

[64] YU L, XIAO M, FENG H S, et al. Two-ply yarn supercapacitor based on carbon nanotube/stainless steel core-sheath yarn electrodes and ionic liquid electrolyte[J]. Journal of Power Sources, 2016, 307: 489-495.

[65] FULLER J, BREDA A C, CARLIN R T. Ionic liquid-polymer gel electrolytes from hydrophilic and hydrophobic ionic liquids[J]. Journal of Electroanalytical Chemistry, 1998, 459(1): 29-34.

[66] GAO H, LIAN K. Proton-conducting polymer electrolytes and their applications in solid supercapacitors: a review[J]. RSC Advances, 2014, 4(62): 33091-33113.

[67] MENG C, LIU C, CHEN L, et al. Highly flexible and all-solid-state paperlike polymer supercapacitors[J]. Nano letters, 2010, 10(10): 4025-4031.

[68] KIM B C, TOO C O, KWON J S, et al. A flexible capacitor based on conducting polymer electrodes [J]. Synthetic Metals, 2011, 161(11): 1130-1132.

[69] NAKAGAWA H, IZUCHI S, KUWANA K, et al. Liquid and polymer gel electrolytes for lithium batteries composed of room-temperature molten salt doped by lithium salt[J]. Journal of the Electrochemical Society, 2003, 150(6): A695-A700.

[70] LU X, DOU H, YUAN C, et al. Polypyrrole/carbon nanotube nanocomposite enhanced the electrochemical capacitance of flexible graphene film for supercapacitors[J]. Journal of Power Sources, 2012, 197: 319-324.

[71] LAFORGUE A. All-textile flexible supercapacitors using electrospun poly(3,4-ethylenedioxy-thiophene)nanofibers[J]. Journal of Power Sources, 2011, 196(1): 559-564.

[72] VISENTIN A F, PANZER M J. Poly(ethylene glycol)diacrylate-supported ionogels with consistent capacitive behavior and tunable elastic response[J]. ACS Applied Materials & Interfaces, 2012, 4 (6): 2836-2839.

[73] WESTON J E, STEELE B C H. Effects of inert fillers on the mechanical and electrochemical properties of lithium salt-poly(ethylene oxide) polymer electrolytes[J]. Solid State Ionics, 1982, 7(1):

75-79.

[74] KUMAR B. From colloidal to composite electrolytes: properties, peculiarities, and possibilities[J]. Journal of Power Sources, 2004, 135(1): 215-231.

[75] ITOH T, ICHIKAWA Y, UNO T, et al. Composite polymer electrolytes based on poly(ethylene oxide), hyperbranched polymer, $BaTiO_3$ and $LiN(CF_3SO_2)_2$[J]. Solid State Ionics, 2003, 156(3): 393-399.

[76] CAPIGLIA C, MUSTARELLI P, QUARTARONE E, et al. Effects of nanoscale SiO_2 on the thermal and transport properties of solvent-free, poly(ethylene oxide)(PEO)-based polymer electrolytes [J]. Solid State Ionics, 1999, 118(1): 73-79.

[77] WESTON J E, STEELE B CH. Effects of inert fillers on the mechanical and electrochemical properties of lithium salt-poly(ethylene oxide)polymer electrolytes[J]. Solid State Ionics, 1982, 7(1): 75-79.

[78] XI J Y, TANG X Z. Enhanced lithium ion transference number and ionic conductivity of composite polymer electrolyte doped with organic-inorganic hybrid[J]. Chemical Physics Letters, 2004, 400(1-3): 68-73.

[79] QIN W, OBARE S O, MURPHY C J, et al. A fiber-optic fluorescence sensor for lithium ion in acetonitrile[J]. Analytical Chemistry, 2002, 74(18): 4757-4762.

[80] TARASCON J M, ARMAND M. Issues and challenges facing rechargeable lithium batteries[J]. Nature, 2001, 414(6861): 359-367.